Chef 実践入門
コードによるインフラ構成の自動化

吉羽龍太郎、安藤祐介、伊藤直也
菅井祐太朗、並河祐貴
［著］

技術評論社

本書は、2014年3月時点最新バージョンの次の環境で動作確認をしています。

- VirtualBox 4.3.8
- Vagrant 1.5.1
- Chef Client 11.10.4
- Chef Server 11.0.11
- CentOS 6.5
- Test Kitchen 1.2

クライアントはOS Xを利用しています。

環境や時期により、手順・画面・動作結果などが異なる可能性があります。

Chef社は以前はOpscodeという名前で、2013年12月に社名変更が行われました。その影響で、執筆時点ではChef社のサイトが新旧URLで混在していたり、古いURLのみで提供されているものが多数あります。今後新サイトに順次切り替わっていくと思われますので、動向に注意してください。本書では新しいURLに移行していることが確認できないものについては古いURLを記載しています。

本書の内容に基づく運用結果について、著者、ソフトウェアの開発元および提供元、株式会社技術評論社は一切の責任を負いかねますので、あらかじめご了承ください。

本書に記載されている会社名・製品名は、一般に各社の登録商標または商標です。本文中では、™、©、®マークなどは表示しておりません。

はじめに

　本書は、サーバ構築自動化・構成管理ソフトウェアであるChefについて解説する書籍です。

　Chefは増大する一方のサーバを手早く管理したいというニーズの高まりと周辺ツールの充実から注目が集まり、2012年から2013年にかけて多くの会社や組織、そして個人ユーザが利用を開始しました。

　ChefはChef Soloを使ったサーバ1台からの利用に始まり、Chef Serverを使った数千台、数万台のサーバでの利用をカバーする柔軟さがあり、その利用者の関心や問題意識も、同じソフトウェアの利用者とは思えないほどにさまざまです。

　本書では、1台の仮想サーバを対象にまずはChefを使ってみるという基本的な内容から始まって、後半では実践的なノウハウや大規模な環境での利用といった応用トピックを解説していますので、みなさんの関心にあわせて好きな個所から読みはじめられるようになっています。また巻末では、日々のChefを使った作業の手引きとして、コマンドの各種オプションやシンタックスを紹介しています。

　本書は次のような方を対象読者としています。

- サーバ構築の自動化や構成管理に関心があり、業務やプライベートなどでChefの利用を検討している方、またはすでにChefを利用している方
- Linuxの利用経験があり、基本的なコマンドを知っている方
- RubyやPHPを利用した開発やシェルスクリプトなどの作成経験がある方

　本書内の記述はこれらを前提にしていますので、必要に応じてほかの書籍やWebサイトなども参照するようにしてください。

　本書がみなさんのお役に立てることを筆者一同、心から願っています。

筆者を代表して　安藤祐介
2014年4月

謝辞

本書の執筆に際しては、原稿をMarkdownで記述して、GitHubでバージョン管理するとともに、Jenkinsを利用してコミットごとにビルドして、Dropbox経由でビルドされた原稿を配信するというしかけを使いました。各ツールの作者に感謝します。

内容については、浦底博幸（@urasoko）さん、岡本渉（@wokamoto）さん、小山健一郎（@k1LoW）さん、桑野章弘（@kuwa_tw）さん、新原雅司（@shin1x1）さん、藤原俊一郎（@fujiwara）さん、宮内隆行（@miya0001）さん、和田修一（@wadap）さん（五十音順）にレビューいただきました。年末の忙しい時期に細かい点までレビューいただいたことでより読みやすいものになりました。ありがとうございました。

サンプルコードのダウンロード

本書で利用しているサンプルコードはWebで公開しています。詳細は本誌サポートページを参照してください。本書の補足情報や正誤情報なども掲載しています。

http://gihyo.jp/book/2014/978-4-7741-6500-4/support

各章の執筆者と初出一覧

各章の執筆者と、既存の記事がある場合は初出情報を掲載しています。初出がある記事も、本書にあわせて大幅に加筆と修正を行っています。

章	執筆者	初出情報
1章	吉羽 龍太郎	新規書き下ろし
2章	伊藤 直也	・WEB+DB PRESS 連載「Emerging Web Technology研究室」Vol.75 ・『入門Chef Solo――Infrastructure as Code』
3章	伊藤 直也	
4章	伊藤 直也	
5章	菅井 祐太朗	新規書き下ろし
6章	菅井 祐太朗	新規書き下ろし
7章	吉羽 龍太郎	新規書き下ろし
8章	安藤 祐介	・「8.8 Chefのレシピが実行されるまでのサイクル」は次の記事をベースにしています。 http://www.engineyard.co.jp/blog/2013/chef-recipe-lifecycle/ ・「8.9 Chefを拡張する」は次の記事をベースにしています。 http://www.engineyard.co.jp/blog/2014/custom-chef/
9章	並河 祐貴	新規書き下ろし
10章	並河 祐貴	・「10.2 大量物理サーバへ迅速にセットアップする」は次の記事をベースにしています。 Software Design 2012年10月号特集1「サーバ管理自動化の恩恵とリスクを見直しませんか？ Chef入門」第5章
Appendix A	安藤 祐介	新規書き下ろし
Appendix B	安藤 祐介	新規書き下ろし

Chef実践入門──コードによるインフラ構成の自動化 ● 目次

はじめに iii
   謝辞 iv
   サンプルコードのダウンロード iv
   各章の執筆者と初出一覧 v

第1章 DevOpsの潮流とChef 1

1.1 今なぜChefが注目されているのか   2
   ビジネス速度の変化 2
   ソフトウェア開発プロセスの変化 3
   開発と運用の対立 4
      開発者と運用者の考えの違い 4
      DevOpsとは 5

1.2 Infrastructure as Code   6
   従来型のインフラ構築の問題点 6
   コードによるインフラ記述の優位性 6
   コードによるインフラ構築の実現方法 7
      シェルスクリプト 7
      デプロイツール 8
      インフラ構築自動化ツール 8

1.3 Chefの概要   9
   Chefの歴史と提供形式 9
   Chefの動作イメージ 10
      Chef Server／Chef Client 10
      Chef Solo 12
   Chefの動作環境 12
   Chefの特徴とPuppetとの違い 13
      Rubyを使って設定を記述する 13
      記述した順番に処理が実行される 13
      そのほかの違い 13
   Chefを利用している著名な企業 14

第2章 Chef Soloによるローカル開発環境の自動構築 ... 15

2.1 Chef Soloとは ... 16

2.2 検証環境を構築する ... 17
想定する環境 ... 17
VirtualBoxとVagrantとは ... 17
VirtualBoxをインストールする ... 18
Vagrantをインストールする ... 18
仮想イメージを取得する——vagrant box add ... 19
仮想サーバを起動する——vagrant up ... 20
仮想サーバを停止／破棄する——vagrant halt/destroy ... 21
SSH周りの設定を行う ... 21
仮想サーバのネットワーク設定を行う ... 22

2.3 Chef Soloをインストールする ... 23

2.4 Chefを動かしてみる ... 24
Chefの用語 ... 24
knifeコマンドでクックブックを作成する ... 25
レシピを編集する ... 25
Chef Soloを実行する ... 26

2.5 Chef Soloでパッケージをインストールする ... 27
dstatパッケージをインストールする ... 27
Chefのレシピとクロスプラットフォーム ... 28
Chef Soloを再度実行してみる ... 29

2.6 knife-soloでchef-soloをリモート実行する ... 30
knife-soloとは ... 30
knife-soloでリポジトリを作る ... 31
knife-soloでChef Soloをインストールする ... 31
クックブックを作成する ... 33

好きなエディタでレシピを編集する 33
　　　Nodeオブジェクトでサーバの状態を記述する 34
　　　　　ノードとは 34
　　　　　ノードの状態を設定するNodeオブジェクト 34
　　　knife-soloでChef Soloを実行する 35

2.7 Chef SoloでApache、MySQLをセットアップする　36
　　　クックブックを作成する 36
　　　Nodeオブジェクトを設定する 36
　　　Apacheのレシピを書く 37
　　　MySQLのレシピを書く 38
　　　Chef Soloを実行する 38
　　　ブラウザから動作確認する 39
　　　Apacheの設定ファイルをChefで取り扱う 40
　　　　　もとになる設定ファイルをVagrantの共有ディレクトリ経由でコピーする .. 40
　　　　　オリジナルの設定ファイルをコピーする 40
　　　　　設定ファイルを編集する 41
　　　　　レシピにtemplateリソースを記述する 41
　　　　　設定ファイルを実際に配備する 42
　　　仮想サーバを破棄して、再度Chef Soloを実行してみる 43

2.8 Chefリポジトリの扱い　44
　　　リポジトリをGitで管理する 44
　　　リポジトリのディレクトリレイアウト 45
　　　　　Berksfile 45
　　　　　Vagrantfile 46
　　　　　cookbooksディレクトリ 46
　　　　　data_bagsディレクトリ 46
　　　　　environmentsディレクトリ 46
　　　　　nodesディレクトリ 46
　　　　　rolesディレクトリ 47
　　　　　site-cookbooksディレクトリ 47
　　　クックブックのディレクトリレイアウト 47

2.9 Vagrant以外のサーバへChefを実行する　47

2.10 Chefの考え方　48
　　　冪等性(idempotence) 48
　　　「手順」ではなく「状態」を定義する 49
　　　状態を「収束」(convergence)させる 50

すべての状態はクックブックへ 50
アプリケーション領域との切り分け 51

第3章 レシピの書き方 53

3.1 リソースとは ... 54

3.2 td-agentのレシピを読む ... 55

groupとuser 58
directory 58
AttributeとOhai 60
template、package、service 61

3.3 主要なリソースの解説 ... 62

package 62
 基本的な使い方 62
 複数パッケージをインストールする 62
 バージョンを指定する 63
 パッケージを削除する 63
 パッケージを指定する 63
 オプションを指定する 64
service 64
 基本的な使い方 64
 Notificationとserviceを組み合わせる 65
 Notificationのタイミング 66
 Subscribe 66
template 67
 基本的な使い方 67
 テンプレート内ではAttributeが使える 68
userとgroup 69
 user 69
 group 69
directory 70
cookbook_file 71
 基本的な使い方 71
 チェックサムを利用する 72
インフラレイヤのリソース 72
 ifconfig 72
 mount 73

	script	73
	script（bash）	73
	creates	74
	not_if、only_if	75
	EC2のマイクロインスタンスにスワップファイルを作る例	76

3.4 そのほかのリソース — 78

git	78
gem_package	79
cron	79
file	80
http_request	80
link	81
route	81
ruby_block	81

3.5 AttributeとData Bag — 82

Attribute		82
	Attributeの初期値	83
	Attributeはノードの属性	84
Data Bag		84
	各ノードで共有したいデータを準備する	85
	データを利用する	86
	データを暗号化する	86

3.6 クックブックのディレクトリレイアウト — 87

CHANGELOG.md、README.mdファイル	88
attributesディレクトリ	88
definitionsディレクトリ	88
filesディレクトリ	88
librariesディレクトリ	88
metadata.rbファイル	89
providers、resourcesディレクトリ	89
recipes、templatesディレクトリ	89

第4章 クックブックの活用 ... 91

4.1 コミュニティクックブックを利用する　92

コミュニティクックブックを探す ... 93
- クックブックを検索する ... 93
- クックブックの詳細を見る ... 93
- クックブックの一覧を取得する ... 94

Berkshelfでクックブックをインポートする ... 94

コミュニティクックブックを使う ... 96
- yum-epelクックブックを使う ... 97
- default.rb以外のレシピ ... 97
- クックブック名が衝突した場合 ... 98
- apache2のクックブックを使う ... 99

4.2 Chef Soloで複数ノードを管理する　101

VagrantのマルチVM機能 ... 101
Nodeオブジェクト ... 102
ロール ... 102
- ロールを設定する ... 103
- ロールを適用する ... 104
- 複数のロールを割り当てる ... 104
- ロールでAttributeを管理する ... 105

Environments ... 105
- Environmentsの記述のしかた ... 106
- Attributeの優先度 ... 107

複数ノードへChef Soloを実行する ... 108
- xargs ... 108
- 外部ツールと連携する ... 109

第5章 Vagrantによるクックブック開発環境の構築 ... 111

5.1 Vagrantから直接クックブックを適用する　112

Vagrantfileへの記述 ... 112
Chef Client／Chef Soloを自動インストールする ... 113
Vagrant起動時にプロビジョニングを実行する ... 114

随時プロビジョニングを実行する 114

5.2　Saharaを使って何度もクックブック適用を試す　115
　　　Saharaを導入する 115
　　　Saharaによるロールバックを試す 116
　　　sandboxモードから抜ける 116
　　　sandboxモードの状態を確認する 117

5.3　Packerで開発環境用のboxを作成する　117
　　　Packerをインストールする 118
　　　CentOSのboxを作成する 119
　　　　　Packerの設定を記述する 119
　　　　　OSの初期設定を記述する 120
　　　　　必要なソフトウェア群の設定を記述する 121
　　　マシンイメージをビルドする 122
　　　Vagrantにboxを登録する 124
　　　作成したboxを起動する 124

5.4　変更を加えたboxを配布する　125

5.5　VagrantでVMware Fusionを利用する　125
　　　VMware Fusionをインストールする 126
　　　Vagrant VMware Fusion Providerを購入する 126
　　　Vagrant VMware Fusion Providerをインストールする 126
　　　VMware Fusionを使ってVagrant仮想サーバを起動する 127
　　　　　boxを追加する 127
　　　　　boxを起動する 127

5.6　VagrantでAmazon EC2を利用する　129
　　　vagrant-awsプラグインを導入する 129
　　　dummy boxを導入する 129
　　　セキュリティグループを作成する 129
　　　キーペアを作成する 131
　　　環境変数を設定する 133
　　　Vagrantfileを作成する 133
　　　EC2インスタンスを起動する 134

第6章 アプリケーション実行環境の自動構築 ……… 137

6.1 PHP環境を構築する　138

nginxを導入する ……… 138
- Bundlerを導入／実行する ……… 138
- vagrant initコマンドを実行する ……… 139
- クックブックを作成する ……… 140
- レシピを作成する ……… 140
- Berksfileを編集する ……… 140
- berks installコマンドを実行する ……… 141
- Vagrantfileを編集する ……… 141
- プロビジョニングを実行する ……… 142
- 動作確認する ……… 143

PHPを導入する ……… 143
- クックブックを作成する ……… 143
- レシピを作成する ……… 144
- Vagrantfileを編集する ……… 144
- Berksfileを編集する ……… 145
- プロビジョニングを実行する ……… 145
- nginxの設定を調整する ……… 146
- レシピを修正する ……… 147
- プロビジョニングを実行する ……… 149

OPcacheを導入する ……… 149
- レシピを修正する ……… 149
- プロビジョニングを実行する ……… 150
- 動作確認する ……… 150

PHP 5.5をインストールする ……… 152
- レシピを作成する ……… 152
- PHP 5.3と共存しないようにVagrantfileを編集する ……… 153
- プロビジョニングを実行する ……… 153
- 動作確認する ……… 154

6.2 Ruby環境を構築する　155

rbenvでRubyをインストールする ……… 156
- レシピを作成する ……… 157
- Attributeで初期値を設定する ……… 157
- templateで環境変数を変更する ……… 158
- プロビジョニングを実行する ……… 159
- 動作確認する ……… 159
- ruby-buildをインストールする ……… 160
- レシピを修正する ……… 160
- プロビジョニングを実行する ……… 161

動作確認する 162
　Unicornとnginxをインストールする 162
　　　レシピを修正する 162
　　　テンプレートを修正する 163
　　　Attributeで初期値を設定する 164
　　　プロビジョニングを実行する 165
　　　動作確認用にRuby on Railsのプロジェクトを作成する 165
　　　Gemfileを修正／Bundlerを実行する 166
　　　Unicornの設定ファイルを作成する 167
　　　Node.js導入のためにクックブックを作成する 167
　　　Node.js導入のためにBerksfileの修正する 167
　　　Node.js導入のためにクックブックを作成する 167
　　　Node.js導入のためにAttributeで初期値を設定する 168
　　　Node.js導入のためにVagrantfileを編集する 168
　　　Node.js導入のためにプロビジョニングを実行する 169
　　　動作確認する 169

6.3　MySQLを構築する　　171

　MySQLを導入する 171
　　　クックブックを作成する 171
　　　Berksfileを編集する 171
　　　Attributeで初期値を設定する 171
　　　レシピを作成する 172
　　　Vagrantfileを編集する 172
　　　MySQL導入のためにプロビジョニングを実行する 173
　レプリケーションを実現する 173
　　　マスタ、スレーブ2台の仮想サーバを作成する 174
　　　マスタを設定する 174
　　　スレーブ用アカウントを作成する 175
　　　レプリケーションに必要な設定をレシピに追加する 176
　　　マスタとスレーブにプロビジョニングを行う 176
　　　レプリケーション動作確認のためにテーブルを作成する 177
　　　テーブルをロックし、バイナリログの状態を確認する 177
　　　データベースをバックアップし、テーブルロックを解除する 178
　　　データベースをコピーする 178
　　　レプリケーションの開始と確認を行う 178
　　　マスタでデータを追加する 179
　　　スレーブでデータ追加を確認する 180
　レプリケーション構成で日次バックアップをとる 181
　　　シェルスクリプトを作成する 181
　　　レシピを作成する 181

6.4　Fluentdを構築する　　183

　Fluentdを導入する 183
　　　クックブックを作成する 183

Berksfileを編集する 183
レシピを作成する 183
Attributeで初期値を設定する 184
プロビジョニングを実行する 185
Fluentdを起動する 186
RubyGemsからインストールしたFluentdを起動する 186
RPMからインストールしたFluentdを起動する 186

第7章 テスト駆動インフラ構築 ... 187

7.1 インフラ構築用のコードにテストを用意する意味　188

7.2 Test Kitchenによるテスト　188

テスト作成の準備を行う 189
クックブックを作成する 189
Test Kitchenをインストールする 190
.kitchen.ymlを設定する 191
テストを記述する 193
Batsでテストを記述する 194
minitestでテストを記述する 194
serverspecでテストを記述する 195
テストを実行する 196
バージョン管理システムへ登録する 198
Test Kitchenのコマンド 199

7.3 継続的インテグレーション　200

クックブックの継続的なテスト 201
Jenkinsをインストールする 201
VirtualBoxとVagrant環境を準備する 202
Ruby環境を準備する 203
プラグインをインストールする 204
ジョブを作成する 205
ジョブを実行する 206
複数のクックブックをまとめてテスト 207
テスト用のクックブックを作成する 208
依存関係を定義する 209
レシピを作成する 210
テンプレートを作成する 211
テストを作成する 211
テストを実行する 213

第8章 Chefをより活用するための注意点 ... 217

8.1 Chefユーザの共通の悩み　218
- 何から手を付けてよいかわからない ... 218
- 書いたレシピがエラーになってしまう ... 218
- 自分の書き方が正しいかわからない ... 219

8.2 共通の悩みを解消する基本的な方針　219
- シェルでの作業をレシピに置き換える ... 219
- エラーの原因の確認方法を知る ... 219
  - 定義済みのキーワードのタイプミス ... 220
  - クオートや節の閉じ忘れ ... 221
  - 記号のエスケープし忘れ ... 222
  - サーバで実行されたコマンドのエラー ... 223
- 公開されているクックブックから学ぶ ... 224
  - Opscode ... 224
  - Basecamp ... 225
  - その他のコミュニティクックブック ... 226
  - クックブックを書くべきとき、そうでないとき ... 226

8.3 レシピの書き方の注意点　227
- 重複する記述をループで処理する ... 227
- クックブックへのハードコーディングを避ける ... 229
- if文ではなく条件付きアクションを使う ... 229
- ツールを使ってクックブックを検査する ... 230

8.4 Chefをデプロイツールとして使う際の問題点　232
- Applicationクックブックの利用 ... 232
- データ作成・スキーマ変更 ... 232
- 障害発生時のロールバック ... 233

8.5 大きくなったクックブックを分割する　234
- 大きなクックブックの利点と欠点 ... 234
- クックブックを分割するためのテクニック ... 234
  - 1つのレシピに記述した例 ... 235
  - ソフトウェアごとにクックブックを分割した例 ... 235
  - 1つのソフトウェア内でレシピを分割する ... 236

複数ディストリビューションに対応したクックブック 237

8.6　クックブックと実際の環境の食い違い　238

　　クックブックと環境が食い違ってしまう原因 238
　　クックブックの適用頻度をコントロールする 239
　　アンインストールやファイルの削除をクックブックで行う 239

8.7　クックブックの依存関係を管理する　240

　　Git 240
　　Librarian-Chef 240
　　　インストールする 241
　　　Chef社のコミュニティクックブックを導入する場合 241
　　　Chef社以外のコミュニティクックブックを導入する場合 241
　　Berkshelf 242
　　　インストールする 243
　　　Chef社のコミュニティクックブックを導入する場合 243
　　　Chef社以外のコミュニティクックブックを導入する場合 243
　　　クックブックを導入する 244
　　　クックブックを任意の場所に収集する 244

8.8　Chefのレシピが実行されるまでのサイクル　245

　　Chefの実行サイクルとリソースコレクション 245
　　　実行の順番を確認する 245
　　　リソースの処理をただちに実行するには 247
　　Rubyスクリプトの実行タイミング 247
　　通知（Notification）を活用する 248

8.9　Chefを拡張する　250

　　knifeプラグイン 250
　　　主要なknifeプラグイン 250
　　　インストールする 252
　　　作成する 252
　　Ohaiプラグイン 254
　　　作成する 254
　　　実行する 255
　　　実環境へ反映する 256
　　　公開されているプラグイン 256
　　Chefプラグイン 256
　　Definition 257
　　　作成する 258
　　　実行する 259

使いどころ 259
　LWRP 259
　　　作成する 260
　　　使いどころ 261

第9章 Chef Serverによる本番環境の構築と運用 ...263

9.1 Chef Serverを利用するメリット 264
Search機能でロールなどの絞り込みができる 264
クックブックの同期作業をしなくてよい 265
　Column Chef ServerにおけるClient（クライアント）とNode（ノード）の違い 265
Chef Clientをデーモンとして扱うこともできる 266

9.2 Chef Serverをセットアップする 267
Chef Serverをダウンロードしインストールする 267
　　　ダウンロードリンクを取得する 267
　　　インストールする 269
　　　名前解決を確認する 269
　　　セットアップを実行する 270
　　　動作確認用のテストを実行する 271
Chef Serverの設定を変更する 272
　Column テストでエラーが出力された場合 273
Chef Serverでのオペレーション 275
Chef ClientからChef Serverへ接続してみる 275
　　　Chef Clientを準備する 276
　　　Chef Clientを実行する 276

9.3 knifeコマンドを利用したオペレーション 278
knifeをセットアップする 278
knifeの主なサブコマンド 279
knifeの基本的な使い方 281
　　　クライアントを一覧表示する 281
　　　クライアントを作成する 281
　　　クライアントを表示する 283
　　　クライアントを編集／更新する 283
　　　クライアントを再登録する 284

9.4 Chef Serverを使った運用フロー　285

- クックブックを登録する……285
- ノードを登録する……287
- ロールを登録する……289
- クライアントで設定を適用する……290
  - Chef Serverと認証する……291
  - chef-clientコマンドを実行する……291

第10章 Chef Serverによる大規模システムの構築と運用　293

10.1 Chefを使って大量サーバへ一括適用する　294

- Chef Clientをデーモンとして起動する……294
- 各ノードでchef-clientコマンドを一括実行する……295
  - tomahawkを利用する……295
  - knife sshコマンドを利用する……296

10.2 大量物理サーバへ迅速にセットアップする　297

- PXE＋Kickstart＋Chefでサーバをセットアップする……297
- 導入の流れ……298
- KickstartでChef Clientを設定する……298
  - Chef Clientの設定内でサーバ自身のノード名を指定する……299
  - %postインストールスクリプトに記述する内容……300

10.3 Ohaiでマシンの情報を収集して活用する　301

10.4 複数メンバーでレシピ開発する際のリポジトリ運用　302

- 共用利用可能なChefリポジトリ……303
  - **Column** データベースのバックアップ……304
- 複数のChef Server（+Jenkins）……305
- テストプラットフォーム……305

10.5 Chefを活用して監視の自動設定を行う　306

Appendix A
コマンドチートシート ... 309

A.1 knifeコマンド ... 310

- bootstrap ... 310
- client ... 310
- configure ... 311
- cookbook ... 311
- cookbook site ... 311
- data bag ... 312
- delete ... 312
- deps ... 312
- diff ... 312
- download ... 312
- edit ... 313
- environment ... 313
- exec ... 313
- index rebuild ... 314
- list ... 314
- node ... 314
- raw ... 315
- recipe list ... 315
- role ... 315
- search ... 316
- show ... 316
- ssh ... 316
- status ... 317
- tag ... 317
- upload ... 318
- user ... 318

A.2 chef-soloコマンドのオプション ... 319

A.3 Ohaiで取得できる項目の例 ... 320

Appendix B
クックブックチートシート 321

B.1 各リソース共通の機能 　322

:nothingアクション 322
Attribute 322
ガード条件 323
ガード条件に指定できる引数 323
Attributeの遅延評価 323
notification 324
Timer 324
相対パス 324

B.2 リソース　325

package 325
 アクション 325
 Attribute 325
 プロバイダ 326
 利用例 327
chef_gem 327
 利用例 327
cookbook_file 328
 アクション 328
 Attribute 328
 利用例 329
file 329
 対応するアクションとAttribute 329
 利用例 329
remote_file 329
 Attribute 330
 利用例 330
template 330
 Attribute 330
 利用例 331
service 331
 アクション 331
 Attribute 331
 プロバイダ 332
 利用例 332
execute 332

  アクション 333
  Attribute 333
  利用例 333
 script 334
  Attribute 334
  プロバイダ 334
  利用例 334
 powershell_script 335
  Attribute 335
  利用例 336
 ruby_block 336
  アクション 336
  Attribute 336
  利用例 336
 cron 337
  アクション 337
  Attribute 337
  利用例 338
 deploy 338
  アクション 338
  Attribute 338
  利用例 339
 directory 340
  アクション 340
  Attribute 340
  利用例 340
 env 341
  対応するアクションとAttribute 341
 erl_call 341
  対応するアクションとAttribute 341
 git 342
  アクション 342
  Attribute 342
  利用例 342
 subversion 343
  アクション 343
  Attribute 343
  利用例 343
 user 344
  アクション 344
  Attribute 344
  利用例 344
 group 345

- アクション ... 345
- Attribute ... 345
- 利用例 ... 345

mount ... 346
- アクション ... 346
- Attribute ... 346
- 利用例 ... 346

ifconfig ... 347
- アクション ... 347
- Attribute ... 347
- 利用例 ... 347

http_request ... 348
- アクション ... 348
- Attribute ... 348
- 利用例 ... 348

link ... 349
- アクション ... 349
- Attribute ... 349
- 利用例 ... 349

log ... 349
- アクション ... 349
- Attribute ... 350
- 利用例 ... 350

mdadm ... 350
- アクション ... 350
- Attribute ... 350
- 利用例 ... 351

ohai ... 351
- 対応するアクションとAttribute ... 351
- 利用例 ... 351

registry_key ... 352
- アクション ... 352
- Attribute ... 352
- 利用例 ... 352

remote_directory ... 353
- 対応するアクションとAttribute ... 353
- 利用例 ... 353

route ... 353
- アクション ... 353
- Attribute ... 354
- 利用例 ... 354

B.3 Recipe DSL — 354

- attribute? — 354
- cookbook_name、recipe_name — 354
- data_bag、data_bag_item — 355
- platform? — 355
- platform_family? — 355
- resources — 355
- search — 356
- tag、tagged?、untag — 356
- value_for_platform — 356
- value_for_platform_family — 357

B.4 Windows向けDSL — 357

- registry_data_exists? — 357
- registry_get_subkeys — 357
- registry_get_values — 358
- registry_has_subkeys? — 358
- registry_key_exists? — 358
- registry_value_exists? — 358

B.5 Chef社がメンテナンスするクックブック — 359

索引 — 360

著者紹介 — 367

第1章
DevOpsの潮流とChef

第1章 DevOpsの潮流とChef

Chef[注1]は、サーバ構築自動化のためのツールの一つです。Rubyを使ってコードを記述し、その記述内容にしたがってサーバをあるべき状態にします。

本書ではChefの利用方法についてこれから解説していきますが、その前に本章では、Chefが注目されることになった背景や、現在に至るまでのソフトウェア開発方法の変化、Infrastructure as Codeの考え方、そしてChefの概要について見ていきます。

1.1 今なぜChefが注目されているのか

Chefが注目されている背景には、ビジネスが変化する速度とソフトウェア開発プロセスの変化があります。

ビジネスの変化に対応するために、ソフトウェアを短期間で繰り返しリリースできるような開発プロセスが多く採用されるようになってきた一方で、ソフトウェアの開発者と運用者の間では利害が相反することもありました。これを解消してより成果を出せるようにするための考え方としてDevOpsが提唱され、受け入れられるようになってきました。

ビジネス速度の変化

1990年代までは、多くのソフトウェアは、手作業でやっていた作業を置き換える、大量のデータを処理する、といった業務効率化を目的として作られました。したがって、最初に必要な機能を作って使いはじめると、大きな変更はないまま長い期間利用し続けることが多かったのです。

一方で、現在のソフトウェアはビジネスそのもののために作られる割合がとても増えています。たとえば、ソーシャルゲームではゲームを公開してユーザに使ってもらい、アイテムなどにお金を払ってもらうことでビジ

注1 http://www.getchef.com/chef/

ネスが成り立っています。頻繁に機能を追加したり、新しい環境に対応したり、新しいゲームを追加していくことによって、ビジネスを維持しています。

また、スタートアップ企業がわずかな期間と資金でWebサービスを立ち上げ、マーケットを獲得したといった話も多数あります。

ソフトウェア開発プロセスの変化

このような状況においては、アイデアをすぐに形にしたり、ユーザのフィードバックにどんどん対応して、ソフトウェアをすばやく継続的に届けられるようにする必要があります。

従来のソフトウェア開発でよく使われていたのはウォーターフォール型と呼ばれる手法でした（図1.1上）。これは最初に要求を集め、その要求が

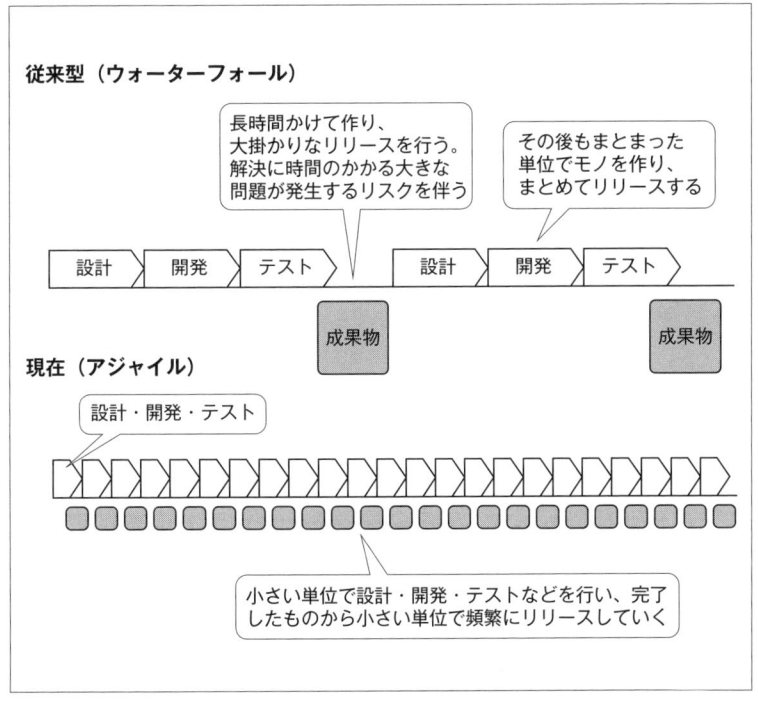

図1.1　ウォーターフォールとアジャイルの違い

正しいことを前提にして、設計、開発、テストといったフェーズに分割して進めていくものです。ソフトウェアは最後のテストが終わった段階で初めて利用可能になります。

この手法は最初に集めた要求が正しくて、途中で変化することがないようなソフトウェアを作るには有効ですが、逆に言うと、要求が正しいかどうかは評価してみなければわからないもの、要求が途中で変化する可能性があるものを作る場合にはうまく機能しません。この場合には、アジャイル開発型と呼ばれる手法を採用するのが適しています。

アジャイル開発でも最初に要求を集めますが、その要求に優先順位を付けて、その順位が高いものから順番に1つずつ設計、開発、テストを行っていきます(図1.1下)。作ったものは定期的にレビューされ、問題なければその時点でリリース可能になります。また外部からのフィードバックを受けて、新たな機能の要求を作成して、その優先順位を高くしてすばやく対応することもできます。もちろん途中まで作ってビジネス上の収益を上げられないことが判明した場合は、その時点で開発を中止すれば余計な費用を使う必要もなくなります。

開発と運用の対立

一方で、頻繁なリリースを行うのは簡単ではありません。ソフトウェアの規模が大きくなってくると、新しい機能を作る役目のある開発者(Dev)と、そのソフトウェアが安定して動作するシステムを構築、維持する役割を持つ運用者(Ops)の間に対立関係が生まれることがあります。

開発者と運用者の考えの違い

この対立の原因は、開発者は新たな機能を追加して頻繁にリリースしたいと考える一方で、運用者はそのソフトウェアが安定して動作するようになるべく変更は避けたいと考えるためです。しかしこの対立構造によってソフトウェアを頻繁にリリースできなくなると、ビジネスにも影響を及ぼしてしまいます。

そこで提唱されたのが、「DevOps」という考え方です。

DevOpsとは

DevOpsが注目されはじめたのは、2009年6月に開催された「Velocity 2009」の中での、当時Flickrに所属していたJohn Allspaw氏らによるプレゼンテーション[注2]です。

「10+ Deploys Per Day: Dev and Ops Cooperation at Flickr」と題されたこのプレゼンテーションの中で、ビジネス価値を届け続けるために開発者(Dev)と運用者(Ops)が取り組むべきことについて、組織の文化とツールの観点から次のように言っています。

- 組織の文化
  - ❶ Respect（お互いの尊重）
  - ❷ Trust（お互いに対する信頼）
  - ❸ Healthy attitude about failure（失敗に対する健全な態度）
  - ❹ Avoiding Blame（相手を非難しない）

- ツール
  - ❶ Automated Infrastructure（自動化されたインフラ）
  - ❷ Shared version control（バージョン管理システムの共有）
  - ❸ One step build and deploy（ワンステップによるビルドとデプロイ）
  - ❹ Feature flags（フィーチャーフラグ）[注3]
  - ❺ Shared metrics[注4]（メトリクスの共有）
  - ❻ IRC and IM robots（IRCとインスタントメッセンジャーのbot）[注5]

大事なことは、文化とツールを通じて変化に対応し、変化のリスクを減らすことです。DevOpsとはDevとOpsがお互いに協力しながら、ビジネスのために継続的に成果を出す、もしくは変化に対応するためにアジリティ[注6]を向上させていくことと言ってよいでしょう。そしてより多くの成果を出していくためには日々の改善にも取り組む必要があります。

注2　http://www.slideshare.net/jallspaw/10-deploys-per-day-dev-and-ops-cooperation-at-flickr
注3　アプリケーションの中に新たな機能を入れておくがそれを有効にするかどうかは設定ファイルの値によって決める方式のことです。
注4　サーバの負荷やアクセス数などさまざまな数値データのことです。
注5　自動的にIRCやインスタントメッセンジャーに投稿するしかけを作ることです。
注6　対応速度の度合いのことです。

1.2 Infrastructure as Code

　では、DevOpsの取り組みの一つとしてとらえられることの多いInfrastructure as Codeとはどういったものなのでしょうか。Infrastructure as Codeとは、自動化されたインフラを実現するための方法で、今まで手作業で行っていたインフラの構築作業をコードで記述することで自動化するものです。

従来型のインフラ構築の問題点

　従来インフラを構築する際には、あらかじめ手順書やチェックリストを用意しておいて、サーバにSSHなどで接続し、その手順書にしたがって人が1つずつ作業していくことが一般的でした。しかしこのやり方にはいくつか問題があります。

- ⓐ サーバの台数が増えると、その分作業に多くの時間がかかる
- ⓑ 手順書やチェックリストが時間の経過とともにメンテナンスされないことがある。そのため、手順書やチェックリストが正しいかどうかわからない
- ⓒ 人手による作業のため間違えやすい。作業の順番を間違えるとサーバの状態が変わってしまう[注7]。間違えたことに気づくしかけがないため、ある日障害という形でその問題が顕在化する
- ⓓ プロジェクトやサービスごとに異なる体裁や内容で手順書を作成していると、再利用が難しく、無駄が発生する

コードによるインフラ記述の優位性

　コードによるインフラの記述は、先ほど説明した従来型のやり方で発生する問題の多くを解決します。

注7　たとえば、CentOSでyumのリポジトリを追加してからパッケージをインストールする場合と、パッケージをインストールしてからyumのリポジトリを追加する場合とでは、導入されるパッケージが異なってくることがあります。

❶ サーバの台数が増えても、書いたコードを適用すればよいだけなので、構築に時間がかからない

❷ 「コード＝手順書」となるので、コードを常にメンテナンスしておけばよい

❸ コードで記述したとおりに実行されるので、手順を抜かしたり、手順を間違える心配がない。同じコードを動かせば同じサーバができあがる

❹ コードで記述されているので再利用が容易である。ほかのプロジェクトやサービスでコードを使いまわすことで無駄を省くことができる

なお、コードは書いたとおりに動きますので、仕様を誤って認識したコードを書いたり、誤った設定を自動化してしまったりする可能性は当然ながら存在します。したがって、コードによるインフラの記述を行った場合でも、構築されたインフラが**業務の要件として正しいことは自身で検証する必要**があります。もちろんその検証を自動化することも可能です[注8]。

コードによるインフラ構築の実現方法

コードによるインフラ構築を行うに際してはいくつか実現方法があります。

シェルスクリプト

たとえば、シェルスクリプトを使ってサーバ上で実行する処理をすべて書いておくというのも一つの方法です(**リスト1.1**)。

リスト1.1 シェルスクリプトを使った処理の自動化

```sh
#!/bin/sh
yum install -y httpd httpd-devel php php-mbstring php-pdo php-mysql mysql-server
/sbin/chkconfig --level 2345 httpd on
/sbin/chkconfig --level 2345 mysqld on
/etc/rc.d/init.d/mysqld start
/etc/rc.d/init.d/httpd start
```

しかし、シェルスクリプトをベースにしたやり方の場合、似たような処理を繰り返し記述しなければならなかったり、サーバの設定状況に合わせ

注8　詳しくは第7章で紹介します。

て制御構文を多数埋め込んだりといった不便さがあります。

デプロイツール

シェルスクリプトから派生したやり方として、CapistranoやFabricなどデプロイを自動化してくれるツールを使う方法もあるでしょう（**リスト1.2**）。

リスト1.2 Capistranoを使った処理の自動化

```
desc "Capistranoで必要なパッケージをインストールする例"
task :install_amp, roles => :web do
  run <<-CMD
    sudo yum install -y httpd httpd-devel php php-mbstring php-pdo php-mysql mysql-server &&
    sudo /sbin/chkconfig --level 2345 httpd on &&
    sudo /sbin/chkconfig --level 2345 mysqld on &&
    sudo /etc/rc.d/init.d/mysqld start &&
    sudo /etc/rc.d/init.d/httpd start
  CMD
end
```

しかし、デプロイツールはあくまでもアプリケーションをデプロイする目的で作られています。インフラ構築の自動化のために利用する場合は、結果的にコマンドラインの作業を多くデプロイスクリプトに埋め込む形となり、大規模になるにつれて可読性が悪くなりがちでメンテナンスが困難になってきます。

インフラ構築自動化ツール

インフラ構築の自動化ツールとしては、本書で扱うChefや、そのほかCFEngine、Puppetなどがあります。いずれのツールもコードによるインフラ記述のフレームワークとして作られているため、よくある定型的な作業を簡単に記述できるようになっています。

たとえば上記の例をChefを使ったものに書き換えると、**リスト1.3**のようになります。

リスト1.3 Chefを使った処理の自動化（一部抜粋）

```
%w{httpd httpd-devel php php-mbstring php-pdo php-mysql mysql-server}.each
do |p|
  package p do
    action :install
  end
end

service "httpd" do
  action [:enable, :restart]
  supports :status => true, :start => true, :stop => true, :restart => true
end

service "mysqld" do
  action [:enable, :restart]
  supports :status => true, :start => true, :stop => true, :restart => true
end
```

　パッケージのインストールやサービスの起動設定ではOSのコマンドを叩いていません。Chefで定められた記法やRubyの構文（繰り返しなど）を使って記述することで、可読性や再利用性が向上するのがわかると思います。

1.3 Chefの概要

　では本書でこれから詳細を解説していくChefについて、まずは概要を見ていきましょう。

Chefの歴史と提供形式

　ChefはChef社が中心となって開発が進められており、2009年1月15日に最初のバージョンがリリースされました。以降精力的に開発が進められており、現在、Open Source Chef（オープンソース版）、Enterprise Chef（エンタープライズ版）の2種類が提供されています。

第1章　DevOpsの潮流とChef

Open Source ChefはApacheライセンスが適用されています[注9]。2014年3月時点のオープンソース版の最新バージョンは、Chef Serverが11.0.11、Chef Clientが11.10.4です。

Enterprise Chefは有償版で、ロールベースのアクセスコントロール、レポーティング、アクティビティモニタリング、クライアントへのプッシュなどの機能が追加されており、ホスティング版とインストーラー版の双方が提供されています。またChef社によるサポートが含まれています。ホスティング版については管理対象のサーバ5台までであれば無料で利用することが可能です[注10]。

なお、Chef社は以前はOpscodeという名前で、2013年12月に社名変更が行われました。その影響で、執筆時点ではChef社のサイトが新旧URLで混在していたり、古いURLのみで提供されているものが多数あります。今後新サイトに順次切り替わっていくと思われますので、動向に注意してください。本書では新しいURLに移行していることが確認できないものについては古いURLを記載しています。

また、本書ではEnterprise Chefについては取り扱いませんので、詳細については公式サイトを確認してください。

Chefの動作イメージ

Chefの動作形態は2種類あります。1つはChef Server／Chef Clientの組み合わせによるクライアント／サーバ形式、もう1つはChef Soloによるスタンドアロン形式です。なお本書では、Chef Server／Chef ClientおよびChef SoloなどChef全般を表すものはChefと表記し、特にいずれかを指し示したいときは明示的に表記しています。

Chef Server／Chef Client

オープンソースで提供されているChefの基本形態で、クライアント／サーバ形式で動作します（図1.2）。したがって、全体を統合管理するための

注9　ライセンスの詳細についてはhttps://wiki.getchef.com/display/chef/Apache+Licenseを参照してください。

注10　この場合はサポートは含まれません。

Chef Serverを1台用意したうえで、設定対象となるノード[注11]にはChef Clientをインストールすることになります。実際のノードでの設定作業はすべてノードにインストールされたChef Clientに任せて、Chef Serverでは主に情報の管理を行うことで、ノードの数が多くなっても問題ないようになっています。

図1.2 Chef Server／Chef Clientの構成

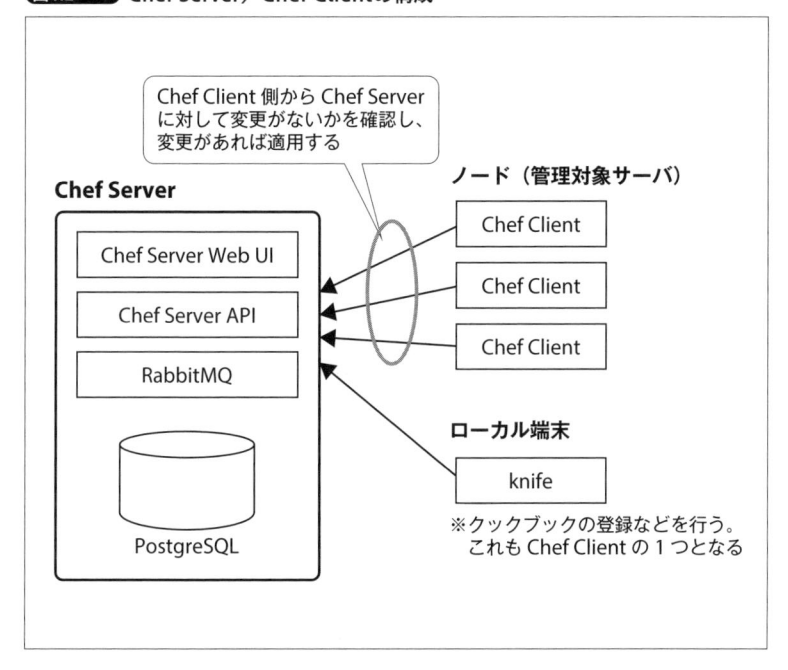

```
Chef Server
├ Chef Server Web UI
├ Chef Server API
├ RabbitMQ
└ PostgreSQL

Chef Client側からChef Serverに対して変更がないかを確認し、変更があれば適用する

ノード（管理対象サーバ）
├ Chef Client
├ Chef Client
└ Chef Client

ローカル端末
└ knife
※クックブックの登録などを行う。
　これもChef Clientの1つとなる
```

Chef ServerとChef Clientの組み合わせでは、次のようなことが可能です。

- 各ノード上にインストールされたChef Clientからの要求をChef Serverが受けて、ノードの設定内容などを応答する。ノード側ではその内容を受けてパッケージをインストールしたり設定内容を変更する
- 各ノードの設定内容を追加したり変更したりできる。またロールと呼ばれる機能を使ってノードを役割別に分けて管理し、特定のロールに属するノードのみ設定を変更することもできる

注11 Chefでは管理や設定の対象となるサーバのことをノードと呼びます。

- ノードを一覧で管理したり、適用されている設定情報、IPアドレス、FQDN、OSのバージョン、カーネルのバージョンなどノードに関するさまざまな詳細情報を確認できる

Chef Solo

　Chef Soloはオープンソースで提供されているChefのスタンドアロン版です。実行対象となるサーバに直接インストールして、設定内容となるクックブックなどを配置して実行します（**図1.3**）。動作にChef Serverを必要としないため、小規模な環境で用いられることが多いようです[注12]。

図1.3　Chef Soloの構成

```
対象ノード
┌─────────────┐
│ Chef Solo   │ ❷ノード上でchef-solo コマンドを実行する
└─────────────┘
       ▲
       │
┌─────────────┐
│ ローカル端末 │ ❶対象ノードにクックブックなどをアップロードする
└─────────────┘
```

Chefの動作環境

　2014年3月時点では、Chef Serverは、Ubuntu（10.04以降のx86_64アーキテクチャのもの）とRed Hat Enterprise Linux（5以降のx86_64アーキテクチャのもの）に正式に対応しています。

　Chef Clientについては、Debian GNU/Linux、Red Hat Enterprise Linux、OS X、FreeBSD、SUSE Enterprise Linux、Solaris、openSUSE、Ubuntu、Windowsの各OSに対応しています。また、Chef Clientはi386アーキテクチャでも動作します。インストールについてはオムニバスインストーラー

注12　Capistranoなどデプロイツールと組み合わせて大規模で利用している例もあります。

と呼ばれるインストーラーが用意されており、わずかなステップで導入することが可能です。動作環境の詳細については、http://www.getchef.com/chef/install/ を参照してください。

Chefの特徴とPuppetとの違い

ChefはPuppetやCFEngineに比べると後発になりますが、その分多くの改良が施されています。ここでは、Chefの特徴をPuppetと比較しながら簡単に見ていきましょう。

Rubyを使って設定を記述する

一番の大きな違いは、自動化のためのコードの記述方法です。Puppetは内蔵されている独自言語で設定を記述する（外部DSL[注13]と呼びます）一方で、ChefはRubyを使って設定を記述（内部DSLと呼びます）します。

すでにRubyの経験があれば新たな言語を習得する必要がない点や、Rubyを使った独自の拡張が容易にできる点が特徴です。

記述した順番に処理が実行される

もう1つの大きな違いとして、処理の実行順序があります。Puppetでは依存関係を解決する形で実行順序が決まるため、記述した順番どおりには動作しない一方で、Chefでは記述した順番に処理が実行されます。そのためChefのほうが処理の全体の流れを把握しやすくなっています。

そのほかの違い

そのほかの違いとしては、Chefはクックブックと呼ばれる単位で設定情報をまとめるため直感的に管理しやすく、第三者が作成したものを再利用しやすいことや、ChefのAPIを利用した多くの周辺ツールがChef社やコミュニティによって用意されていることなどが挙げられます。

注13 Domain Specific Languageの略で、日本語ではドメイン特化言語と呼ばれます。

Chefを利用している著名な企業

Chefは小規模なインフラから大規模なインフラまで多くの利用事例がありますので、いくつか**表1.1**に紹介します。

表1.1 Chefを利用している著名な企業

企業名	説明
Facebook	SNSの最大手。Enterprise Chefを使って数千台のノードを管理
サイバーエージェント	アメーバピグをはじめとする各サービスの管理にオープンソース版Chefを利用。約3,000台のノードを管理
Prezi	オンラインでのプレゼンテーション作成ツールを提供。Enterprise Chefを使ってAmazon EC2上の数百台のノードを管理

第2章

Chef Soloによるローカル開発環境の自動構築

第2章 Chef Soloによるローカル開発環境の自動構築

本章ではChefの基本について、Chef Soloを題材に解説します。

Chef SoloはChefのスタンドアロン版で、Chefのパッケージに含まれています。Chef Soloを動作させるにあたって、まずは仮想サーバを簡単に構築できるOSS（*Open Source Software*）のツール「Vagrant」（ベイグラント）の使い方を解説します。その後、Vagrantで立ち上げた検証用の仮想サーバにChefをインストールしてChef Soloを実行するまでを見ていきましょう。

実用性を考えると、Chefはノード（管理される対象のサーバ）にSSHなどでログインし、そのサーバ内で直接実行するのではなく、その管理をknife-soloというユーティリティに任せるほうが賢明です。knife-soloの使い方についても網羅的に見ていきます。

そして実際に「レシピ」と呼ばれるコードを書いて、ApacheやMySQLなどの定番ソフトウェアをChefで構成します。これらの作業を通じてChef利用時の基本ワークフローを覚えましょう。

本章の最後では、「冪等性」や「収束」「状態の管理」といったChefの考え方・哲学を解説し、Chefというフレームワークをどうとらえるのが正しいかについて述べ、続く章への橋渡しとします。

2.1 Chef Soloとは

第1章でも触れたとおり、Chefには

- Chef Server／Chef Client
- Chef Solo

と大きく2つの利用形態があります。

中規模以上のシステムでの利用を想定したChef Server／Chef Clientモデルが中央集権のサーバやデータベースを必要とするのに対して、Chef Soloはサーバもクライアントも必要としないただのコマンドとして実装されていて、Chefをまず触ってみたいという用途にはこちらのほうが向いています。

Chef Server／Chef ClientとChef Soloは利用形態は違うとはいえ、後に

解説するレシピの書き方、Chefの実行のしかたそのほかの手続きはほとんど同一ですので、まずはChef SoloでChefの使い方を覚えるところから始めていきましょう。

なお、実際にはChef SoloでもChefの主要な機能はほとんどカバーしているため、Chef Soloで数十台以上のサーバ管理を行っている事例もあります。そのあたりの議論については第4章の後半でまた詳しく見ていくことにします。

2.2 検証環境を構築する

Chefの解説に入る前に、Chefの検証環境の構築や、第7章で解説するテスト駆動インフラ構築を実践するときにも便利なツールVagrantを紹介します。

想定する環境

第2〜4章でソフトウェアをインストールする環境はOS X Mavericks 10.9.1を想定しています。Rubyは安定版で最新である2.1.0を利用します。

なお、Chefおよび Ruby、また VagrantやVirtualBoxはWindowsやLinuxデスクトップでも動作しますので適宜ご自身の環境に合わせて読み進めてください。

VirtualBoxとVagrantとは

Vagrant[注1]は、VirtualBox[注2]などのサーバ仮想化ソフトウェアのフロントエンドになるRuby製のOSSです。Vagrantを使うと、コマンドラインから

注1 http://www.vagrantup.com/
注2 https://www.virtualbox.org/

vagrantコマンドを発行するだけで、簡単に新しい仮想サーバを立ち上げることができます(図2.1)。

図2.1 Vagrantによる仮想サーバ立ち上げの例

```
$ vagrant init centos
$ vagrant up
```

実にこの2つのコマンドだけで、自分のPC内に新しい仮想サーバが立ち上がります。作っては壊してを繰り返してもかまわないホストを用意するのにVagrantは非常に便利です。

Chefのようにサーバ構成を自動化するツールは一般的に「プロビジョニング(構成)ツール」と呼ばれますが、最近このプロビジョニングツールの世界では、Vagrantを併用するのが定番になりつつあります。

VirtualBoxをインストールする

Vagrantは2013年3月にリリースされたバージョン1.1でVirtualBox以外の仮想化ツールやクラウドサービスにも対応しましたが、ここでの用途にはVirtualBoxが最適ですので、まずはじめにVirtualBoxの最新版(4.3.8)をインストールします。

VirtualBoxはx86およびAMD64/Intel64の仮想化ツールで、WindowsやOS Xの中にLinuxなど別のOSのサーバを立ち上げるためのOSSです。インストールは、VirtualBoxのダウンロードページ[注3]の「VirtualBox platform packages」から使用しているOSのパッケージをダウンロードし、インストーラーに従うだけです。本書ではVirtualBoxを単独で使う場面はありませんので、インストールが完了したらVagrantのインストールに移りましょう。

Vagrantをインストールする

Vagrantのインストールも、ダウンロードページ[注4]からダウンロードし

注3 https://www.virtualbox.org/wiki/Downloads
注4 http://www.vagrantup.com/downloads.html

たインストーラーに従うだけです。執筆時点での最新版はバージョン1.5.1
です。
　無事Vagrantのインストールが完了すると、**図2.2**のようにシェルから
vagrantコマンドが使えるようになっているはずです。

図2.2　Vagrantコマンドの確認

```
$ vagrant -v
Vagrant 1.5.1
```

仮想イメージを取得する──vagrant box add

　これでVagrantを使う準備が整いましたが、初回のみ、Vagrantで利用し
たいOSのイメージを取得する必要があります。CentOS 6.5を利用するこ
とにしましょう。

　Vagrant用のOSイメージは「box」と呼ばれます。boxはインターネット
上で公開されているものを利用することもできますし、自分で作る[5]こと
もできます。インターネット上で公開されているものとしては、Vagrantbox.
es[6]というサイト、あるいはChef社によるプロジェクトBento[7]などがあ
ります。自作のbox以外を使う場合は、そのboxが安全なものなのかどう
か自身で検証するようにしてください。

　ここでは、Bentoで公開されているCentOS 6.5のboxを使うことにしま
す。なお、BentoではOSのバージョンアップに追随して新しいboxを公開
しているようですので、最新バージョンの有無についてはBentoプロジェ
クトのサイトを確認するようにしてください。

　Current Baseboxesの個所のVirtualBoxの一覧の中から「opscode-
centos-6.5」のURLをコピーして、`vagrant box add`コマンドでそのイメー
ジを取得します。引数として、

❶ boxの名前（opscode-centos-6.5）
❷ boxのURL

注5　boxの作成方法は第5章で紹介します。
注6　http://www.vagrantbox.es/
注7　https://github.com/opscode/bento

を指定します（**図2.3**）。名前は自分で好きなものを付けてもよいのですが、第7章で解説するクックブックのテストを行う際に「opscode-centos-6.5」という名前にしておくと都合がよいのでそれを採用しています。

図2.3 Vagrantでのboxの追加

```
$ vagrant box add opscode-centos-6.5 http://opscode-vm-bento.s3.amazonaws.com/vagrant/virtualbox/opscode_centos-6.5_chef-provisionerless.box  実際は1行
```

OSイメージのダウンロードが始まり、~/.vagrant.d以下にメタデータとともにそれが保存されます。ここでは「opscode-centos-6.5」という名前で該当イメージをaddしています。

仮想サーバを起動する──vagrant up

これで準備は整いました。適当な作業用ディレクトリを用意して、**図2.4**のようにコマンドを実行してください。

図2.4 仮想サーバの起動

```
$ vagrant init opscode-centos-6.5
$ vagrant up
```

vagrant initコマンドでカレントディレクトリにVagrantfileという設定ファイルが作成されて、vagrant upコマンドでそのファイルの内容に基づき仮想サーバが立ち上がります（**図2.5**）。

図2.5 仮想サーバ起動時の画面出力内容

```
$ vagrant up
Bringing machine 'default' up with 'virtualbox' provider...
==> default: Importing base box 'opscode-centos-6.5'...
==> default: Matching MAC address for NAT networking...
略
==> default: Machine booted and ready!
==> default: Checking for guest additions in VM...
==> default: Mounting shared folders...
    default: /vagrant => /Users/naoya/vm/chapter02
```

起動が完了したらvagrant sshコマンドでSSHログインしてみましょう

（図2.6）。なお、Windowsを使っている場合はvagrant sshコマンドは利用できません。後述の「仮想サーバのネットワーク設定を行う」（22ページ）を行い仮想サーバにIPアドレスを付与したあと、Tera TermやPuTTYなどのターミナルソフトウェアで、そのIPアドレスを直接指定してログインしてください。

図2.6　仮想サーバへのログイン

```
$ vagrant ssh
Last login: Sat May 24 04:55:22 2014 from 10.0.2.2
[vagrant@localhost ~]$ cat /etc/redhat-release
CentOS release 6.5 (Final)
```

無事接続できたでしょうか？ あっと言う間に検証環境が手に入りました。

vagrant initコマンド実行時に生成されたVagrantfileは仮想サーバの動作条件などを調整するための設定ファイルです。vagrant upコマンドはこのVagrantfileの内容に基づきサーバを立ち上げますので、消さないでとっておきましょう。

仮想サーバを停止／破棄する──vagrant halt/destroy

Vagrantで立ち上げた仮想サーバの停止と破棄は次のコマンドで行います。

- 仮想サーバを止めたい場合はvagrant halt
- 仮想サーバを破棄したいときはvagrant destroy

haltは次回vagrant upした際にイメージの内容はhalt時点に復元されますが、destroyではすべてまっさらな状態に戻ります。

SSH周りの設定を行う

Vagrantで立ち上げたホストにはvagrant sshコマンドでログインできますが、あとあとのことを考えて通常の方法、すなわちssh <hostname>でもログインできるようにしておきましょう。vagrant ssh-configコマンドでssh config向けの設定が出力されますので、それを~/.ssh/configにリダイレクトしてください（図2.7）。

第2章 Chef Soloによるローカル開発環境の自動構築

図2.7 SSHの設定

```
$ vagrant ssh-config --host webdb >> ~/.ssh/config
```

これでssh webdbで仮想サーバにログインできるようになります。

仮想サーバのネットワーク設定を行う

　デフォルトのVagrantfileを使って仮想サーバを起動した場合、この仮想サーバへの接続はポートフォワーディングを使って行われます。たとえば、上記のvagrant ssh-configコマンドによって作成されたSSHの設定を確認してみると、この仮想サーバへの接続はlocalhostの2222番ポートに接続しているのがわかります。

　ただし、実際に検証用の環境を作る場合、外部から直接IPアドレスを指定して接続できなければならない場合が多々あるでしょう。そのような場合は、Vagrantfileに**リスト2.1**のようにプライベートネットワークの記述を追記してください。

リスト2.1 プライベートネットワーク設定（Vagrantfile）

```
略
Vagrant.configure(VAGRANTFILE_API_VERSION) do |config|
  略
  config.vm.box = "opscode-centos-6.5"
  略
  config.vm.network :private_network, ip: "192.168.33.10"
  略
end
```

　この例では、ホストマシンからこの仮想サーバに対して192.168.33.10で接続できるようになります。

　なお、Vagrantにより仮想サーバがすでに動いている際にプライベートネットワーク設定を追加する場合は、一度サーバの再起動が必要です（**図2.8**）。

図2.8 Vagrantの再起動
```
$ vagrant halt
$ vagrant up
```

　Vagrantについてのより詳しい使い方は第6章で解説します。続けてChefのインストールに移りましょう。

2.3 Chef Soloをインストールする

　Chef SoloはChef本体をインストールすると一緒にインストールされます。Vagrantで立ち上げたCentOSにChefをインストールしましょう。

　ChefのインストールについてはRPMパッケージその他いくつかありますが、一番確実なのはChef社が提供しているオムニバスインストーラーを用いる方法です。vagrant sshコマンドでログインして、コマンドラインから図2.9のコマンドを実行しましょう。Chefがダウンロードされたあと、インストールが始まります。

図2.9 ゲスト側でオムニバスインストーラーを使ってChefをインストール
```
$ curl -L https://www.opscode.com/chef/install.sh | sudo bash
```

　Chefの実行にはRubyが必要になりますが、オムニバスインストーラーでインストールを行った場合、パッケージ内にRubyの実行ファイルも同梱されてきます。このRubyは、Chef ClientやChef Soloを実行するためにのみ利用されて、システムにあらかじめ入っているRubyを上書きしないようになっていますので安心してください。

　インストールが完了したらchef-soloコマンドが実行できるか確認しましょう（**図2.10**）。

図2.10 ゲスト側でインストール完了の確認
```
$ chef-solo -v
Chef: 11.10.4
```

2.4 Chefを動かしてみる

試しにChefを動かしてみましょう。

Chefの用語

ここでいくつかChefの用語を覚えましょう。Chefでは「コードで書いたサーバ設定の手順」をレシピと呼びます。レシピを書いて、それをサーバに適用していきます。のちほど詳しく見ますが、レシピは**リスト2.2**のようなRubyのスクリプトファイル（.rbファイル）です[注8]。

リスト2.2 レシピの例

```
package "git" do
  action :install
end
```

それから、ファイルに対するディレクトリ、あるいはクラスに対する名前空間のように、特定のレシピに必要なデータやファイルをまとめる「クックブック」と呼ばれる入れ物があります。

そしてクックブック群を含む、Chefの実行に必要な一連のファイルをまとめる入れ物もあり、それが「リポジトリ」あるいは「キッチン」と呼ばれます。本書ではリポジトリと呼んでいきます。

つまりChefでは、

リポジトリ＞クックブック＞レシピ

という階層でレシピ群が管理されるということです。

注8 リスト2.2はGitをパッケージでインストールするレシピです。

knifeコマンドでクックブックを作成する

デフォルトでは、Chefのリポジトリは/var/chefディレクトリが使われます。このリポジトリの中にクックブックを作成してみましょう。

Chefをインストールすると、knifeというリポジトリを操作するためのツールがインストールされます[注9]。

クックブックはこのknifeコマンドを使って作成します。具体的にはknife cookbook create <クックブック名>を実行します。

図2.11のコマンドをChefをインストールした仮想サーバにログインして実行します。-oオプションはクックブックの出力先ディレクトリの指定です。

図2.11　ゲスト側でknifeコマンドによるクックブックの作成
```
$ sudo knife cookbook create hello -o /var/chef/cookbooks
```

/var/chef/cookbooksディレクトリ内にhelloというクックブックが作られます。

knifeはこのようにknife cookbookやknife soloあるいはknife ec2のようなサブコマンドによってコマンドの動きが変わるツールです。このサブコマンドは多数あるのですが、その多くはChef Server環境でサーバとクライアントを管理するためのコマンドです。Chef Solo環境で利用するのはknife cookbookコマンドとのちほど解説するknife soloコマンド程度になります。

レシピを編集する

次はレシピを作ります。クックブックを作った時点でレシピファイルのひな型がrecipesディレクトリの中にdefault.rbという名前で作成されているので、それを編集しましょう。

```
$ sudo vi /var/chef/cookbooks/hello/recipes/default.rb
```

リスト2.3のように「Hello, World!」をログ出力するだけのレシピを書きます。

注9　のちほど登場するChef Solo用のknife-soloは、knifeのためのプラグインという位置付けになっています。

第2章 Chef Soloによるローカル開発環境の自動構築

リスト2.3 Hello, World!をログ出力するレシピ（default.rb）

```
#
# Cookbook Name:: hello
# Recipe:: default
#
# Copyright 2014, YOUR_COMPANY_NAME
#
# All rights reserved - Do Not Redistribute
#
log "Hello, World!"
```

Chef Soloを実行する

さて、クックブックを作りレシピも用意したので、改めてchef-soloコマンドを実行してみましょう。-oオプションでhelloクックブックを使うことを明示的に指定し、実行します（**図2.12**）。

図2.12 ゲスト側でchef-soloコマンドによるhelloクックブックの実行

```
$ sudo chef-solo -o hello
[2014-03-24T12:21:06+00:00] WARN: *********
[2014-03-24T12:21:06+00:00] WARN: Did not find config file: /etc/chef/sol
o.rb, using command line options.
[2014-03-24T12:21:06+00:00] WARN: *********
Starting Chef Client, version 11.10.4
[2014-03-24T12:21:08+00:00] WARN: Run List override has been provided.
[2014-03-24T12:21:08+00:00] WARN: Original Run List: []
[2014-03-24T12:21:08+00:00] WARN: Overridden Run List: [recipe[hello]]
Compiling Cookbooks...
Converging 1 resources
Recipe: hello::default
  * log[Hello, World!] action write

Running handlers:
Running handlers complete
Chef Client finished, 1/1 resources updated in 1.713308761 seconds
```

いろいろと警告が出ていますが、たしかに先ほどのレシピが実行されて「Hello, World!」が出力されているのがわかります。Chef Soloでのプロビジョニングは、基本このように

❶クックブックを作る
❷レシピを書く
❸chef-soloコマンドを実行する

という手順で行います。

2.5 Chef Soloでパッケージをインストールする

　Chef Soloが動くようになったとはいえ、Hello, World!を出力するだけではおもしろくありません。システムに何かソフトウェアを追加してみましょう。

dstatパッケージをインストールする

　CentOS 6.5には、サーバモニタリングの定番ツールdstatがインストールされていません。dstatをChefでインストールしましょう。
　まず新たにdstatクックブックを作ります（**図2.13**）。

図2.13 ゲスト側でknifeコマンドを使ってdstatクックブックを新規作成

```
$ sudo knife cookbook create dstat -o /var/chef/cookbooks
```

　レシピを**リスト2.4**のように編集します。

リスト2.4 dsatをインストールするレシピ
（/var/chef/cookbooks/dstat/recipes/default.rb）

```
package "dstat" do
  action :install
end
```

※コメント部分は省略

　上記はChefの文法で「dstatパッケージをインストールする」という命令になります。このあたりの文法については本章の後半や第3章で見ていくとして、現時点ではそういうものだと思って書いてください。

第2章 Chef Soloによるローカル開発環境の自動構築

　Chef Soloを実行してみましょう。試しに先ほどのhelloクックブックも一緒に実行してみましょう。-oオプションの引数で調整します（**図2.14**）。

図2.14 ゲスト側でchef-soloによるhelloクックブックとdstatクックブックの実行

```
$ sudo chef-solo -o hello,dstat
略
Compiling Cookbooks...
Converging 2 resources
Recipe: hello::default
  * log[Hello, World!] action write

Recipe: dstat::default
  * package[dstat] action install
    - install version 0.7.0-1.el6 of package dstat

Running handlers:
Running handlers complete
Chef Client finished, 2/2 resources updated in 31.512805112 seconds
```

　先ほどとは出力が変わり、2つのレシピが実行されて、「Hello, World!」が出力されたあとdstatパッケージがインストールされたことがわかります。パッケージがインストールされたことを確認するため**図2.15**のように実行してみましょう。

図2.15 ゲスト側でrpmコマンドによるインストール確認

```
$ rpm -q dstat
dstat-0.7.0-1.el6.noarch
```

　たしかにdstatがインストールされていることがわかります。
　このように、レシピ内でpackage "dstat" ……と書いてChef Soloを実行すると、指定したパッケージがインストールできます。なんとなく、Chefでソフトウェアの構成作業を自動化するイメージが湧いてきたのではないでしょうか。

Chefのレシピとクロスプラットフォーム

　ところで、先のレシピにはどこにも「rpm」だとか「yum」といったRed Hat

系Linuxに特有の文字列が見当たりません。それにもかかわらず、インストールされたのはCentOS向けのdstatパッケージでした。

　たとえば同じレシピをDebian系Linuxの上で実行した場合は、rpmではなくdebパッケージがインストールされます。ほかのOSでも同様です。Chefがこのあたりのsosごとの違いを裏側で吸収してくれるようになっています。

Chef Soloを再度実行してみる

　先ほどはdstatがインストールされていない状態でchef-soloコマンドを実行しました。これをdstatがインストールされた状態で実行すると、果たしてどうなるでしょうか？ 再びパッケージがインストールされるのでしょうか？ エラーで停止してしまうのでしょうか？ やってみましょう（図2.16）。

図2.16 ゲスト側でdstatクックブックの複数回実行

```
$ sudo chef-solo -o hello,dstat
略
Compiling Cookbooks...
Converging 2 resources
Recipe: hello::default
  * log[Hello, World!] action write

Recipe: dstat::default
  * package[dstat] action install (up to date)

Running handlers:
Running handlers complete
Chef Client finished, 1/2 resources updated in 4.24875853 seconds
```

　dstatレシピは実行されましたが、エラーにはならず、そしてパッケージのインストールも行われずに全体のプロセスが正常終了しました。つまり、Chefが当該パッケージの有無を確認してよしなに判断してくれているのです。

　これは、Chef Soloはレシピの内容にシンタックスエラーがあるなどの例外時を除き、何度実行してもサーバの状態に同じ結果をもたらすことを意味します。こういった何度実行しても同じ結果になる性質のことを冪等性（べきとうせい）

と呼びます。冪等性はプロビジョニングフレームワークを理解するうえで非常に重要な概念ですので、のちほど「Chefの考え方」（48ページ）でもう少し詳しく見ることにします。

2.6 knife-soloでchef-soloをリモート実行する

　ここまでは、クックブックおよびレシピの作成や、Chef Soloの実行はプロビジョニング対象のサーバに直接ログインして操作を行っていました。容易に想像がつくとおり、これではサーバの増加に対して作業量が増えていってしまいますし、何より面倒です。

　手元の作業用のマシン、たとえば手元のOS X上でクックブックおよびレシピを作成し、Chef Soloの実行もそのOS Xからリモートのサーバに対し命令するだけで済むようにしたいものです。ここでknife-soloの出番です。

knife-soloとは

　knife-soloは、ChefをChef Solo環境で利用するためのユーティリティツールです。knife-soloを使うと、手元で作ったクックブックをリモートのサーバに転送してchef-soloコマンドを実行するといった一連の作業を自動化できます。

　knife-soloはRubyGemsとして公開されています。gemでインストールしましょう（図2.17）。なお、knife-soloのインストールが必要なのはVagrant上の仮想サーバ（ゲストOS）ではなく手元のローカルのOS（ホストOS）のみですので間違えないようにしてください。

図2.17　knife-soloのインストール

```
$ gem install knife-solo
```

　knife-soloをインストールすると、knife-soloに依存関係のあるChefも同

時にインストールされます。それに伴いknifeコマンドもインストールされます。そしてknifeのサブコマンドとしてknife soloコマンドが実行できるようになります。

なお、knife-soloは、ほかのgemのインストール有無によってデフォルトのオプションが変化します。第4章以降で利用する、クックブックの依存関係を管理するBerkshelfというツールも、knife-soloの動作に作用するソフトウェアの一つです。次のコマンドを実行してBerkshelfをインストールしておいてください（図2.18）。

図2.18 Berkshelfのインストール
```
$ gem install berkshelf
```

knife-soloでリポジトリを作る

先にサーバ上で直接作ったクックブックのことはもう忘れてください。ゼロからリポジトリを用意します。

knife-soloでChef Soloを利用するにあたって、まずはChefリポジトリを新規にローカル側に作成します。knife solo initコマンドを実行しましょう。Vagrantfileがあるのと同じディレクトリ内でよいでしょう（図2.19）。

図2.19 カレントディレクトリにリポジトリを準備
```
$ knife solo init .
```

ディレクトリ内にChefに必要な各種ファイルとディレクトリが展開されます（図2.20）。

各ファイルとディレクトリの役割については「リポジトリのディレクトリレイアウト」（45ページ）で解説します。

knife-soloでChef Soloをインストールする

Vagrantで用意した仮想サーバでは、オムニバスインストーラーを使って、SSHログインしてからChef Soloをインストールしました。せっかくknife-soloを使ってサーバにログインせずにChefを管理できるようになる

図2.20　リポジトリのディレクトリ構造

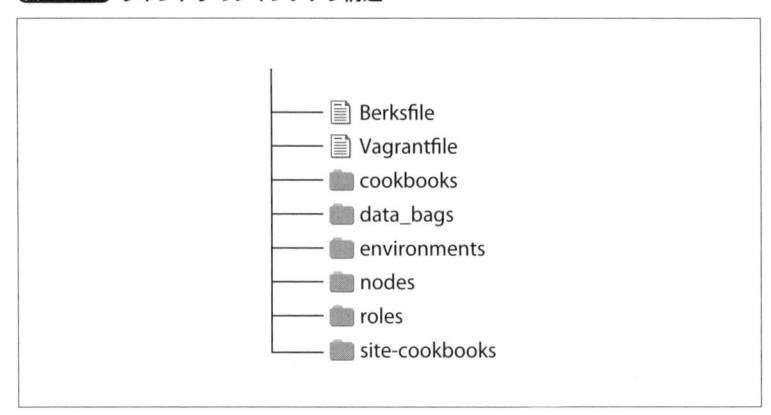

```
├── Berksfile
├── Vagrantfile
├── cookbooks
├── data_bags
├── environments
├── nodes
├── roles
└── site-cookbooks
```

のですから、Chef Soloのインストール自体もログインせずに行ってみましょう。

`knife solo bootstrap <ホスト名 or IPアドレス>`コマンドを実行すると、手元のマシンからほかのサーバに対してChef Soloのインストールが可能です。

Vagrantを起動したときに仮想サーバにはwebdbというホスト名でログインできるようにしたはずです。したがって、コマンドは図2.21のようになります。

図2.21　knife solo bootstrapによるChef Soloのインストール

```
$ knife solo bootstrap webdb
```

今回はすでにChefはインストール済みなので`knife solo bootstrap`で再度Chefがインストールされ、上書きされることになります。`vagrant destroy`して改めて仮想サーバを起動した場合には新規にChefがインストールされることになります[注10]。

注10　`knife solo bootstrap`コマンドはChefをインストールしたあとに一度Chefの実行も行いますが、インストールだけを実行したい場合は`knife solo prepare <ホスト名 or IPアドレス>`コマンドを使います。

クックブックを作成する

リポジトリもできたし、Chef Soloを実行する準備もできました。次はクックブックの作成です。先ほどと同じくdstatのクックブックを作りましょう。

クックブックの作成はknife-soloではなく、先ほどと同じくknifeで作ります。この辺がちょっと混同してしまうところなのですが、knifeはChefに付属のツールで、knife-soloはChef Solo用にknifeを拡張するプラグインという関係になっています。したがって、knifeがもともと持っている機能で事足りるものはknifeで、knife-soloで拡張しないと使えない機能はknife soloのようにサブコマンドsoloを付けて実行します。

改めて、knife cookbook createします。このとき-oのクックブックの出力先としてsite-cookbooksディレクトリを指定します（図2.22）。Chefにおいては自作のクックブックはsite-cookbooksに置くのが慣習になっていますのでそれに従いましょう。

図2.22 site-cookbooks以下にdstatクックブックを作成

```
$ knife cookbook create dstat -o site-cookbooks
```

なお、サーバ上で直接実行していたときは出力先が/varディレクトリ以下で書き込みに管理者権限が必要だったためsudo付きで実行していましたが、今回は自分のワーキングディレトリですのでその必要はありません。

好きなエディタでレシピを編集する

そして、site-cookbooks/dstat/recipes/default.rbを編集します（**リスト2.5**）。今回はローカル環境での作業なので、編集に好きなエディタが使えます。VimでもEmacsでもSublime Text 2でも、自分の好きなエディタでRubyのコードを書きましょう。

リスト2.5 dsatをインストールするレシピ（default.rb）

```
package "dstat" do
  action :install
end
```

Nodeオブジェクトでサーバの状態を記述する

クックブックも作ったので、Chef Soloの実行といきたいところですが、ここで「Nodeオブジェクト」というJSON（*JavaScript Object Notation*）ファイルを1つ作っておきましょう。

ノードとは

ところで、Chefの文脈ではChefで管理するサーバのことを「サーバ」ではなく「Node」「ノード」と呼ぶことが多いようです。以降、それに倣ってその文脈では「ノード」と呼ぶことにします。

ノードの状態を設定するNodeオブジェクト

Nodeオブジェクトは任意のノードの状態を記述するための設定ファイルです。「ノードの状態」は、これまでの文脈でいくと「このノードにはdstatクックブックを適用する」などの設定項目がそれに相当します。

ホスト名webdbのノード用のNodeオブジェクトを記述するJSONファイルは、`knife solo bootstrap`時に、nodesディレクトリの中にwebdb.jsonという名前で作成されています。初期状態では**リスト2.6**のようになっています。

リスト2.6 デフォルトのNodeオブジェクト設定ファイル（webdb.json）

```
{"run_list":[]}
```

これをJSONの文法に気を付けながら、**リスト2.7**のように編集しましょう。

リスト2.7 編集後のNodeオブジェクト設定ファイル（webdb.json）

```
{
  "run_list":[
    "recipe[dstat]"
  ]
}
```

これは「webdbノードにはdstatのレシピが適用される」という状態を定義しています。先ほどはChefの実行の際に`-o`オプションで実行したいクックブックを羅列していましたが、それをNodeオブジェクトに記述した、と

も言えます。「run_list」(ランリスト) というのはそのノードに適用されるべきレシピのリストのことを指します。

Nodeオブジェクトには適用したいレシピ以外にも、Chef Soloを本格的に使うにつれていろいろな属性を定義していくことになります。

knife-soloでChef Soloを実行する

さて、準備が整いました。knife-soloを使って手元のローカル環境からリモートのノードをプロビジョニングしましょう！

プロビジョニングを走らせるには、knife solo cook <ホスト名>コマンドを実行します(図2.23)。

図2.23 プロビジョニングの実行とその結果

```
$ knife solo cook webdb
Running Chef on webdb...
Checking Chef version...
Installing Berkshelf cookbooks to 'cookbooks'...
Uploading the kitchen...
Generating solo config...
Running Chef...
Starting Chef Client, version 11.10.4
Compiling Cookbooks...
Converging 1 resources
Recipe: dstat::default
  * package[dstat] action install (up to date)

Running handlers:
Running handlers complete
Chef Client finished, 0/1 resources updated in 4.360414841 seconds
```

いろいろメッセージが表示され、たしかにdstatレシピがノードに適用されたことがわかります。

実際にはknife solo cookコマンドの裏側では、rsyncでローカルからリモートにクックブックが転送され、SSH経由でsudo付きでchef-soloコマンドが実行されています。その際、先に作ったNodeオブジェクトからノードの状態が読み込まれます。今回のケースではその結果としてdstatレシ

ピが適用されます。

2.7 Chef SoloでApache、MySQLをセットアップする

より実用的な例に踏み込んでいきましょう。定番のApacheとMySQLのインストール、それからサービスの立ち上げをChef Soloでやってみましょう。

クックブックを作成する

まずはクックブックを作ります（**図2.24**）。

図2.24 ApacheおよびMySQLクックブックの作成

```
$ knife cookbook create apache -o site-cookbooks
$ knife cookbook create mysql -o site-cookbooks
```

Nodeオブジェクトを設定する

nodes/webdb.jsonを編集してランリストに2つのレシピを追加し、それぞれが適用されるようにしましょう（**リスト2.8**）。

リスト2.8 Nodeオブジェクト設定ファイルにApacheとMySQLのレシピを追加（webdb.json）

```
{
  "run_list":[
    "recipe[dstat]",
    "recipe[apache]",
    "recipe[mysql]"
  ]
}
```

フォーマットはJSONなのでMySQLの行の末尾にカンマを付けないようにしてください。シンタックスエラーになります。

このランリストへの追加をせずにChef Soloを実行したのにレシピが実行さ

れないで悩むということがよくありますので、忘れないようにしてください。

Apacheのレシピを書く

次に、レシピを書いていきましょう。まずはApacheからです。site-cookbooks/apache/recipes/default.rbを編集します（**リスト2.9**）。

リスト2.9 Apache用のレシピ（site-cookbooks/apache/recipes/default.rb）

```
package "httpd" do
  action :install
end

service "httpd" do
  action [ :enable, :start ]
end
```

注目のポイントは2つです。

1つは、packageやserviceに渡している引数が「apache」ではなく「httpd」であることです。これはCentOSにおけるApacheのパッケージ名およびサービス名が「httpd」なので、それを指定していることになります[注11]。

もう1つは、serviceという初出のシンタックスを使っていることです。字面からもわかるとおり、packageはパッケージを扱うためのシンタックスで、一方のserviceはサービスを扱うためのものです。Apacheの場合、インストールだけでなくhttpdサーバを有効にして起動する必要があります。それをレシピとして記述しているのがserviceのブロックです。

アクションには:enableと:startを指定しています。それぞれ

- :enableはOS起動時のサービスの有効化（/sbin/chkconfig httpd onに相当）
- :startはサービスの起動（/sbin/service httpd startに相当）

という命令になります。

このpackageやserviceといったキーワードは「リソース」と呼ばれます。リソースの記述方法については第3章で詳しく解説します。

注11　さすがにここまでは、Chefは抽象化をしてくれません。

MySQLのレシピを書く

続けてMySQLのレシピも書きましょう。こちらもパッケージからのインストールと、サービスの起動です。site-cookbooks/mysql/recipes/default.rbを編集します(**リスト2.10**)。

リスト2.10 MySQL用のレシピ(site-cookbooks/mysql/recipes/default.rb)

```
package "mysql-server" do
  action :install
end

service "mysqld" do
  action [ :enable, :start ]
end
```

引数に注意してください。CentOSの場合パッケージ名はmysql-server、それからサービス名はmysqldです。

Chef Soloを実行する

レシピができたら、knife-soloでノード上のChef Soloを実行しましょう(**図2.25**)。

図2.25 knife-soloでChef Soloを実行

```
$ knife solo cook webdb
```

dstatに加えてApacheとMySQLのレシピが実行されて、必要なパッケージが入りWebサーバとMySQLサーバが立ち上がります。vagrant sshしてからpsコマンドなどで期待しているとおりになっているか確認してみてください(**図2.26**)。

図2.26 ゲスト側で実行結果の確認

```
$ vagrant ssh
$ ps auxw | egrep "(httpd|mysql)"
```

ブラウザから動作確認する

せっかくのWebサーバなので、仮想サーバの中からではなく、仮想サーバの外からネットワーク経由でブラウザを使ってその動作確認をしてみましょう。

ホストOS側でブラウザを立ち上げ、仮想サーバで起動しているApacheにアクセスします。このときホストOS側からゲストOS側のIPアドレスを特定できる必要があります。そのためには先に「仮想サーバのネットワーク設定を行う」(22ページ)で説明したVagrantfileでのプライベートネットワーク設定が必須になります。

仮想サーバにプライベートアドレスを割り当てたら、そのアドレスに対してブラウザからアクセスしてみましょう。たとえばアドレスが192.168.33.10ならURLはhttp://192.168.33.10/です。Apacheのデフォルト画面が表示されるはずです(**図2.27**)。

図2.27 Apacheのデフォルト画面

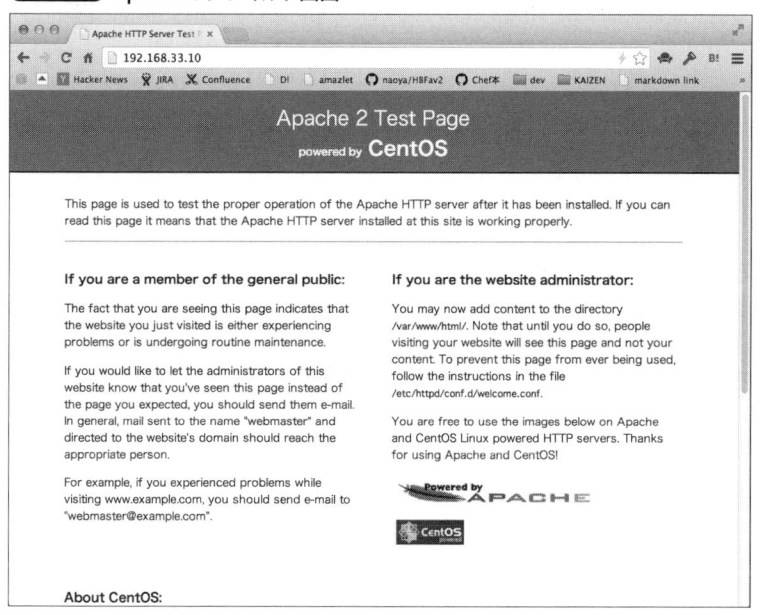

Apacheの設定ファイルをChefで取り扱う

インストールとサービスの管理をChefでできるなら、加えてApacheの設定、いわゆるhttpd.confもChefで管理できるとよいと誰もが思うところでしょう。やってみましょう。

クックブック内で設定ファイルなどを扱う場合、

- クックブックのtemplateディレクトリ内に設定ファイルを置く
- templateリソースで、その設定ファイルをChef実行時に望んだパスに配置するよう記述する

という作業を行います。

Apacheの設定をゼロから書くのは面倒なので、先にインストールしたものからコピーしてきましょう。/etc/httpd/conf/httpd.confです。

もとになる設定ファイルをVagrantの共有ディレクトリ経由でコピーする

このときファイルの転送にscpを使うのでもよいのですが、Vagrantの共有ディレクトリを使うと楽です。

Vagrantにはホスト OS(作業用マシン側)とゲストOS(仮想サーバ側)の間でディレクトリを共有する機能があり、初期状態で有効になっています。ゲストOS側の/vagrantディレクトリをlsしてみてください(**図2.28**)。

図2.28 ゲスト側でディレクトリ共有機能の確認

```
$ ls /vagrant
Berksfile        Vagrantfile    data_bags      nodes    site-cookbooks
Berksfile.lock   cookbooks      environments   roles
```

ホストOS側で作ったVagrantfileそのほかのファイルが見えています。Vagrantfileを置いたディレクトリがゲストOSの/vagrantディレクトリとしてマウントされているわけです。このディレクトリを使ってホストOSとゲストOSでのファイルのやりとりが可能です。

オリジナルの設定ファイルをコピーする

httpd.confをコピーするにあたって、もとになるゲストOSのhttpd.conf

をホストOSにあるクックブック内のtemplate/defaultディレクトリにコピーします。そしてファイルの拡張子を.erbに変更します(**図2.29**)。

図2.29 ゲスト側でhttpd.conf用のテンプレートファイルの準備

```
$ cp /etc/httpd/conf/httpd.conf /vagrant/site-cookbooks/apache/templates/d
efault/httpd.conf.erb  実際は1行
```

.erbはRubyの標準ライブラリにおけるテンプレートエンジンであるERBの拡張子です。ERBを使うと任意のテキストファイルにRubyスクリプトを埋め込み実行できます。

設定ファイルを編集する

ディレクトリ名が「template」だったり、ERBにしたことからもわかるとおり、コピーしたhttpd.confは設定ファイルの「テンプレート」として活用されます。Chefで設定ファイルを配置する際に、何かしらの値を動的にファイル内に挿入したりすることができます。

ただし、現時点では動的な書き換えまでは行いませんのでひとまず単なる設定ファイルとして扱っていきましょう。

httpd.conf.erbを適当に編集します。たとえば、

```
ServerName webdb:80
```

とサーバ名を設定してもよいでしょう。

レシピにtemplateリソースを記述する

これで設定ファイル自体の準備は整ったので、あとはレシピにその設定ファイルを配備するよう書き込むだけです。Apacheのレシピに**リスト2.11**を追記します。

リスト2.11 Apacheのレシピでの設定ファイル配備の設定
(site-cookbooks/apache/recipes/default.rb)

```
template "httpd.conf" do
  path "/etc/httpd/conf/httpd.conf"
  owner "root"
  group "root"
  mode 0644
```

第2章 Chef Soloによるローカル開発環境の自動構築

```
  notifies :reload, 'service[httpd]'
end
```

少し長いですが、内容は見たとおりです。先ほど用意したhttpd.confのテンプレートを、/etc/httpd/conf/httpd.confに配置せよ、その際ownerとgroupはrootでパーミッションは0644である、という記述です。

```
notifies :reload, 'service[httpd]'
```

上記の部分だけ少しややこしいですが、これはこのテンプレートの配置が終わったらhttpdをリロードしろ、つまり設定を再読み込みしろ、という命令です。このあたりは第3章で詳しく解説します。

設定ファイルを実際に配備する

あとはknife solo cook webdbを実行すればOKです。実際の出力（抜粋）を見てみましょう（**図2.30**）。

図2.30 knife solo cookコマンドの実行結果

```
$ knife solo cook webdb
Recipe: apache::default
  略
  * template[httpd.conf] action create
    - update content in file /etc/httpd/conf/httpd.conf from beb8a6 to 2b811c
        --- /etc/httpd/conf/httpd.conf  2013-08-02 11:59:13.000000000 +0000
        +++ /tmp/chef-rendered-template20140324-7937-1qnvglq    2014-03-24 10:59:04.279070256 +0000
        @@ -274,6 +274,7 @@
        # redirections work in a sensible way.
        #
        #ServerName www.example.com:80
        +ServerName webdb:80


        #
        # UseCanonicalName: Determines how Apache constructs self-referencing
Recipe: apache::default
  * service[httpd] action reload
    - reload service service[httpd]
```

新たに定義されたtemplateリソースが適用されて、その結果、実際の設定ファイルにどんな変更が行われたかのdiffが表示されています。その後httpdがreloadされていることもわかります。

仮想サーバを破棄して、再度Chef Soloを実行してみる

　dstat、Apache、MySQLをインストールしサービスを立ち上げ、設定を行うところまでをレシピ化しました。
　さて、ここで仮想サーバをいったん破棄して（**図2.31**）、今までのレシピを再度適用したらどうなるか見てみましょう。

図2.31　仮想サーバの破棄
```
$ vagrant destroy -f
```

　destroyすると、仮想サーバはサーバ上に保存されたデータも含めてすべて破棄されてしまいます。なお、引数に-fを付けると確認のプロンプトの表示がなく強制的に仮想サーバが破棄されます。再度サーバを起動して確認してみましょう（**図2.32**）。

図2.32　仮想サーバの起動とログイン
```
$ vagrant up
$ vagrant ssh
```

　たとえば、rpm -qa | grep dstatなどで、dstatやhttpdなどこれまでに入れたソフトウェアが入っているか見てみてください。すべてまっさらな状態に戻ってしまっていますね。でも、慌てないでください。
　このサーバにknife solo bootstrap webdbコマンドを実行します（**図2.33**）。

図2.33　knife solo bootstrapコマンドの実行
```
$ knife solo bootstrap webdb
```

　knife solo bootstrapコマンドは、Chefのインストールを行ったあとにNodeオブジェクトを見て、実際にChef Soloを実行するところまでやるコマンド……つまり、prepareとcookを一度に実行します。

この場合、立ち上げたばかりのまっさらな仮想サーバにChefをインストールして、先ほど定義したdstat、Apache、MySQLのレシピが適用されることになります。結果はどうでしょうか。dstat、Apache、MySQLが正しくインストールされて、サービスが立ち上がったはず。つまり仮想サーバを破棄する直前とまったく同じ状態のノードを作ったことになります。

一度レシピを書いてしまえば、たとえサーバがなくなったとしてもまったく同じ状態にサーバを戻すことができる。これがプロビジョニングフレームワークを使う醍醐味です。

2.8 Chefリポジトリの扱い

Chef Soloの基本的な扱い方がわかってきたところで、改めてChefリポジトリについて見ていきましょう。

リポジトリをGitで管理する

ここまで見てきたとおり、Chefを使ってサーバ管理を行った場合、そのサーバの設定や状態はすべてChefリポジトリの中に定義されていくことになります。こうなってくると、設定を施したサーバよりもむしろこのChefリポジトリのほうが資産としての重要性を帯びてきます。

このリポジトリを何かしらのミスで紛失してしまうとか、大きく書き換えすぎて動かない状態から戻せなくなった……なんてことはあってはならないことです。しっかりバージョン管理を行いましょう。

今どきはバージョン管理と言えばGit[注12]です。特別な理由がない限り、ChefリポジトリはGitで管理しましょう（**図2.34**）。knife-soloがinitで作るChefリポジトリには、.gitignoreなどGitで管理するのに必要な設定なども同梱されています。

注12 http://git-scm.com/

図2.34　GitによるChefリポジトリの管理

```
$ git init
$ git add .
$ git commit -m 'First commit'
```

　クックブックやレシピをGitでバージョン管理するのは、単にバックアップやコードの復元という意味だけにとどまりません。Gitによって履歴が管理されることになるので、すべてのサーバの構成変更記録を残すことができます。何月何日にあの設定ファイルのどこを書き換えたか。誰がいつ、どのパッケージを追加したか。そのすべてを追跡できるようになります。

　また、Gitリポジトリで管理することにより、GitHub[注13]などにpushしてチームで共有できます。これまでサーバ環境では、どんなソフトウェアで構成されていて、どういうサービスが立ち上がっているかを確認するにはそのサーバの中に入って調べるしか手段がなかったのが、一転してすべてをGitHub上で見ることができるようになります。これはとても大きな変化です。

　サーバ構成をすべてレシピで書く、つまりRubyのコードで書く。それによって、アプリケーション同様にインフラの構成もGitやGitHubで管理できるようになる。「Infrastructure as Code」とはこういうことです。

リポジトリのディレクトリレイアウト

　knife-soloで作成したリポジトリにはいろいろなファイルとディレクトリが含まれていました。一つ一つ見ていきましょう（**図2.35**）。

Berksfile

　Berksfileは、第三者が公開しているクックブック（コミュニティクックブック）をRubyの依存性管理ツールであるBundlerのように管理するための設定ファイルです。第4章で解説します。

注13　https://github.com/

図2.35 リポジトリの構造

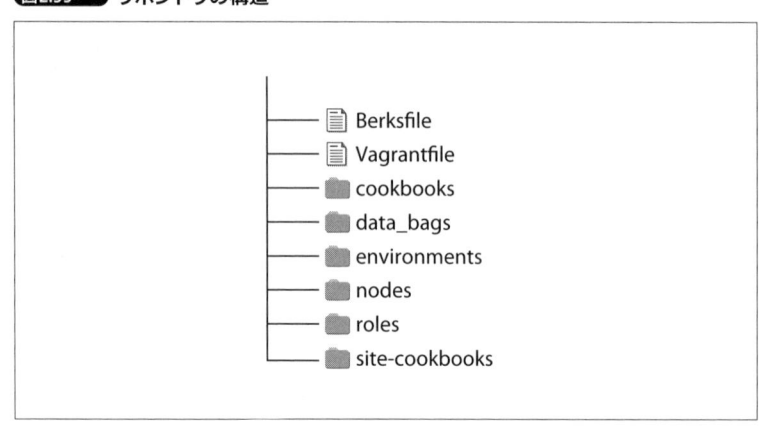

```
├── 📄 Berksfile
├── 📄 Vagrantfile
├── 📁 cookbooks
├── 📁 data_bags
├── 📁 environments
├── 📁 nodes
├── 📁 roles
└── 📁 site-cookbooks
```

Vagrantfile

Vagrantfileはすでに紹介したとおり、Vagrantで仮想サーバを起動するための設定ファイルです。詳細は第5章でも紹介します。

cookbooksディレクトリ

cookbooksディレクトリはまだ利用していませんが、ここにはコミュニティクックブックを置きます。

data_bagsディレクトリ

data_bagsディレクトリは、Data Bagと呼ばれるChefのクックブック内で利用したい任意のデータを格納する場所です。データベースのようなものだと思ってください。第3章で解説します。

environmentsディレクトリ

environmentsディレクトリは、Environmentという機能を利用する際に使用するディレクトリで開発用・本番用の設定を切り分けたい場合、それに紐づく各種変数などを格納する場所です。第4章で解説します。

nodesディレクトリ

nodesディレクトリは、ここまでに見たとおりNodeオブジェクトを記述

したJSONファイルの格納場所です。

rolesディレクトリ

rolesディレクトリは、ロール機能の設定ファイルを置く場所です。ロールは、たとえば同じリポジトリ内でWebサーバとデータベースサーバなど役割の違うサーバを扱いたい場合にその差を吸収するのに使える機能です。ロールについても第4章で解説します。

site-cookbooksディレクトリ

ここまで見てきたとおり、site-cookbooksディレクトリには自分で作ったクックブックを置きます。

クックブックのディレクトリレイアウト

リポジトリより一段粒度の細かい概念であるクックブック内にもいろいろなディレクトリとファイルがあります。今のところ、

- レシピを入れるrecipesディレクトリ
- 設定のテンプレートを入れるtemplatesディレクトリ

のみ利用しました。こちらはレシピの書き方の詳細を知ってから見るほうがわかりやすいので、第3章で解説します。

2.9 Vagrant以外のサーバへChefを実行する

ここまではVagrantで立ち上げた仮想サーバに対してknife-soloでレシピを適用してきましたが、Vagrantの仮想サーバ以外、つまり普通のノードに対してレシピを適用する場合はどうしたらよいでしょうか？

knife-soloはリモートでのChef Soloの実行にSSHを利用します。そしてSSHでログインしたのちsudo付きで`chef-solo`コマンドを実行します。し

たがって、ノードにSSHでログインすることが可能で、かつパスワードなしでsudoできるアカウントがあれば、今までと同じ手順でknife solo cookコマンドを実行可能です（**図2.36**）。

図2.36 Vagrant以外のノードでのchef-soloの実行
```
$ knife solo cook myserver.example.com
```

なお、knife solo cookコマンドの引数やオプションを通じてSSHに利用するアカウントなどの調整が可能です（**図2.37**）。

図2.37 knife solo cookコマンド実行時のオプション設定
```
$ knife solo cook naoya@myserver.example.com -i ~/.ssh/id_rsa
```

取り得るオプションの詳細はknife solo cook -hコマンドで確認してください。

2.10 Chefの考え方

本章の最後に、Chefを使っていくにあたって前提となる「Chefの哲学」とも呼ぶべきいくつかの「考え方」について述べます。

冪等性（idempotence）

本章の途中で、Chefを何度適用してもサーバが同じ状態になることを「冪等性」と言うと述べました。

冪等性はもともと数学などで使われる言葉で、Wikipediaによれば「ある操作を1回行っても複数回行っても結果が同じであることをいう概念」のことだそうです[注14]。たとえばある数値に1を掛ける演算は、何度行っても結

[注14]「冪等」『フリー百科事典　ウィキペディア日本語版』（http://ja.wikipedia.org/）。2014年3月2日17時（日本時間）現在での最新版を取得。

果はもとの数値と同一です。

　冪等性、これをサーバプロビジョニングの世界で解釈すると、たとえ対象のサーバが今どんな状態であれ、プロビジョニングを行ったあとは必ず同じ状態に収束する、ということに相当します。Chefは冪等性の性質を持ったフレームワークです。そして、レシピの書き手は冪等性を保証しながら書く必要があります[注15]。

　「冪等性を保ちながらレシピを書く必要がある」と言われると難しく感じてしまいますが、実際にはその大部分はChefが面倒を見てくれるため、書き手が意識しなければならない場面はほとんどありません。このあたりは第3章で実際にレシピの書き方の詳細を見ながら見ていきましょう。

「手順」ではなく「状態」を定義する

　Chefは「サーバ構築作業の自動化ツール」として紹介されることも多いため、ほとんどの方がそういうものだと認識しているでしょう。これは実際には間違いではないのですが、本質的にはChefは「サーバ構築作業」を扱うフレームワークと言うより「サーバの状態」を扱うフレームワークだと言えます。

　ノードの中ではWebサーバやデータベースサーバなどいろいろなソフトウェアが多種多様な設定を施され動いていて、またdstatやそのほかたくさんのツールがインストールされています。サーバがどんな設定になっていて、どんなソフトが入っていて、どんなサービスが動いているか。これらはそのノードの持つ状態であると言えます。Webサーバが新しく起動したら状態が変わったと言えますし、新しいツールがインストールされたときも同様です。

　そして、Chefはこの「サーバの状態」を外部化するためのフレームワークです。サーバの状態は今までサーバ自身が保持しているものでしたが、Chefはそれをコードという外部表現で管理することを可能にします。こうしてサーバの状態が外部化されたからこそ、先に見たように、GitやGitHubでサーバの状態が管理できるようになりますし、手元の環境で好きなエディ

[注15] レシピを適用するたびにサーバが異なる状態になってしまうというのでは、とても怖くて使えません。

タでそれらの状態を書き換えられるようになったわけです。

第3章で詳しく見ていきますが、この「作業ではなく状態を定義する」という観点からいくと、レシピの中に書くのは作業手順ではなくサーバの状態です。

たとえば**リスト2.12**の記述は「dstatをインストールしろという作業」ではなく「dstatという『リソース』がインストールされているという『状態』」と見るのがChef的な考え方です。

リスト2.12 サーバの状態設定の例

```
package "dstat" do
  action :install
end
```

状態を「収束」(convergence)させる

こうして、レシピにはノードの「あるべき状態」を記述していき、そのあるべき状態にノードを収束(converge)させるのが、Chefを実行することに相当します。

実際、Chefを実行すると"Converging 6 resources"(6つのリソースを収束させる)といったメッセージが出ます。ノード内の状態を構成するものをpackageやserviceという「リソース」としてとらえ、そのリソースの状態をレシピに定義し、その状態にノードを収束させる。そして冪等性により、Chefを実行したらノードは「あるべき状態」に必ず収束することを保証する——これがChefの本質的なとらえ方である、と言えます。

すべての状態はクックブックへ

Chefはサーバの状態を定義するフレームワークで、それによってサーバの状態を外部化できると述べました。

ということは、ノードの状態をChefとは異なる手段で変更する行為はどうなのでしょうか。すべてのノードのリソースをChefで管理するからこそ、Chefはノードの最終状態を把握できるわけで、たとえばChefを使わずSSHログインしてソフトウェアの状態を変える、つまり設定したりイン

ストールや削除を行ってしまっては、Chefが把握していない状態ができてしまうことになります。

よってChefのベストプラクティスとしては、Chefでサーバプロビジョニングを行うなら、一貫してChefですべてを行うべきです。SSHして直接設定を書き換えるのは御法度です。

実際には、たとえばChefで管理しているApacheの設定ファイルをChefを使わずに書き換えると、後日Chefを再度実行した際、その設定ファイルの内容は書き換え前に戻ることになります。これは「設定ファイルというリソースをChefがレシピに書かれた『状態』に戻した」ことに相当し、Chef的には望ましい動作です。一方、設定を施した担当者にとっては、書き換えた設定がもとに戻ってしまうので困りものです。やるならすべてをChefで管理しましょう。

ただし、すべてをChefでやらなければいけないからといって、すでに構築したサーバにはChefが使えないかというとそんなことはありません。この場合は、Chefを使うと決めたその時点以降の変更をChefで管理するようにしてください。そうすれば、少なくともそれ以降はChefに知り得ない状態が混入することはなく、Chefでの管理が可能になります。そして過去に手で変更を行った状態を折を見て少しずつレシピとして再現していくとよいでしょう。

アプリケーション領域との切り分け

「すべてをChefで」と言いましたが、当たり前ですがこれはログを見たり、そのほか何かを調査するといったことまで含めてChefでやれ、という意味ではありません。「ノードの状態の変更が伴うような作業は、Chefで一貫して行うこと」という意味です。

状態の変更という観点でいくと、アプリケーションのデプロイまでをChefでやるかはおそらく議論の分かれるところでしょう。ここで言うアプリケーションとはApacheやMySQLといったパッケージ化されたソフトウェアのことではなく、自分たちで書いたRailsアプリケーションといったアプリケーションのことです。

アプリケーションのデプロイにはより細かな制御、緊急時のロールバッ

第2章 Chef Soloによるローカル開発環境の自動構築

クの機能といった固有の要求事項が多くあります。このあたりは、やはりそれに特化したツール、たとえばCapistrano[注16]などに任せたほうがよい、という考え方のほうが正解のようです。すなわちChefで行うのはアプリケーションデプロイ以前までのプロビジョニング、というのが定番のプラクティスです。詳細については第8章「Chefをデプロイツールとして使う際の問題点」（232ページ）も参照してください。

注16 http://capistranorb.com/

第3章

レシピの書き方

第3章 レシピの書き方

第2章ではChefのインストールに始まり、簡単なレシピを作ってノードに適用する方法をひととおり見てきました。Chefを使って行うプロビジョニングのうちの大半は、レシピを書くことに相当するということが実感できたのではないかと思います。本章ではレシピの書き方について、特にレシピを構成する各種「リソース」について詳しく見ていきます。

はじめにtd-agentという公開されているレシピを見て、実践的なレシピがどんな内容になっているのかを確認し、その後、主要な各リソースごとの詳細を解説します。

レシピを書いていると、ハードコードしたくない値、たとえばIPアドレスなどノードのシステム情報に紐づく固有の情報をどう扱うか悩むことになるでしょう。それらの静的な値を抽象化するためのしくみとして、AttributeやData Bagの使い方を覚えましょう。

第2章で触れなかったクックブックのディレクトリ構成についても本章で見ていきます。

3.1 リソースとは

第2章で見たとおりChefのレシピはノードのあるべき状態を記述したものであり、それを構成するserviceやpackage、templateといった部品は「リソース」と呼ばれます（**リスト3.1**）。

リスト3.1 リソース記述の例

```
template "httpd.conf" do
  path "/etc/httpd/conf/httpd.conf"
  owner "root"
  group "root"
  mode 0644
end
```

この記述は、「httpd.confのテンプレートファイルを指定したパスに置いて、ownerはrootにして……」という命令と読むこともできますが、よりChef

的な文脈で解釈するなら「httpd.confというtemplateリソースがあり、そのowner属性がrootである」という状態を定義しているということになります。

リソースは文字どおりノード内の何かしらの資源のことであり、具体的にはそれはパッケージであったり、ユーザであったり、任意のファイルであったり、あるいはサービスであったりします。そしてそれぞれのリソースには、そのリソースの性質を決定付ける属性としてオーナー、グループなどがあって、場合によってはリソースに紐づくアクションなどが設定されています。そしてノードの状態とは、それらリソースの集合であるととらえるのがChef的な考え方で、それを記述する場所がレシピです。

結局、Chefのレシピを書くというのは、状態を属性として付与した形でリソースを定義することに相当します。「Rubyで手順を書く」というよりは「Chefというフレームワークが用意したpackageやserviceといったDSLでリソースを定義する」ということです。

Chefが用意するリソースの一覧はドキュメントに詳しく解説されています[注1]。レシピを書いていてわからないことがあったらまずはこのドキュメントを当たってみるとよいでしょう。

3.2 td-agentのレシピを読む

リソースを一つ一つ見ていく前に、複数のリソースをうまく使ったレシピ例を見てみましょう。

サンプルに利用するのはtd-agentというパッケージのレシピです[注2]。td-agentは、Fluentdというログ収集ソフトウェアの配布パッケージです。定番のリソースが複数上手に使われている例として紹介します。

このレシピを実行すると、td-agentがインストールされたうえ、テンプレートとして用意された設定ファイルがノードに展開されます。よくある

注1 http://docs.opscode.com/resource.html
注2 https://github.com/treasure-data/chef-td-agent

第3章 レシピの書き方

動きです。各項目はあとで見ていきますので、まずはざっと眺めてみてください（**リスト3.2**）。

リスト3.2 td-agentのレシピ

```
#
# Cookbook Name:: td-agent
# Recipe:: default
#
# Copyright 2011, Treasure Data, Inc.
#

group 'td-agent' do
  group_name 'td-agent'
  gid        403
  action     :create
end

user 'td-agent' do
  comment  'td-agent'
  uid      403
  group    'td-agent'
  home     '/var/run/td-agent'
  shell    '/bin/false'
  password nil
  supports :manage_home => true
  action   [:create, :manage]
end

directory '/etc/td-agent/' do
  owner 'td-agent'
  group 'td-agent'
  mode  '0755'
  action :create
end

case node['platform']
when "ubuntu"
  dist = node['lsb']['codename']
  source = (dist == 'precise') ? "http://packages.treasure-data.com/precise/" : "http://packages.treasure-data.com/debian/"
  apt_repository "treasure-data" do
    uri source
    distribution dist
    components ["contrib"]
```

3.2 td-agentのレシピを読む

```
    action :add
  end
when "centos", "redhat"
  yum_repository "treasure-data" do
    url "http://packages.treasure-data.com/redhat/$basearch"
    action :add
  end
end

template "/etc/td-agent/td-agent.conf" do
  mode "0644"
  source "td-agent.conf.erb"
end

package "td-agent" do
  options value_for_platform(
    ["ubuntu", "debian"] => {"default" => "-f --force-yes"},
    "default" => nil
  )
  action :upgrade
end

service "td-agent" do
  action [ :enable, :start ]
  subscribes :restart, resources(:template => "/etc/td-agent/td-agent.conf")
end
```

このレシピで定義されているリソースは、

- group
- user
- directory
- apt_repository
- yum_repository
- template
- package
- service

です。そのうち apt_repository と yum_repository は第4章で解説するコミュニティクックブック、つまり外部のクックブックからインポートされた

第3章 レシピの書き方

リソースで、それ以外がChefが標準で提供するリソースです。template、package、serviceは第2章でも登場しました。

ここから、td-agentのレシピを詳しく見ていきます。

groupとuser

groupとuserは、それぞれOSのグループとユーザを定義するためのリソースです（**リスト3.3**）。アクションとして:createが定義されているので、このレシピを定義して適用するとノード内にユーザやグループが作成されます。もしすでに当該ユーザが作成済みの場合は、冪等性により新規作成は行われません。

リスト3.3 グループとユーザのリソース

```
group 'td-agent' do
  group_name 'td-agent'
  gid        403
  action     :create
end

user 'td-agent' do
  comment  'td-agent'
  uid      403
  group    'td-agent'
  home     '/var/run/td-agent'
  shell    '/bin/false'
  password nil
  supports :manage_home => true
  action   [:create, :manage]
end
```

属性としてここではgidやuidなどが設定されています。おそらくほとんどの項目が特に説明なしでも把握できるのではないでしょうか。

directory

directoryは任意のディレクトリを定義するためのリソースです（**リスト3.4**）。

リスト3.4 ディレクトリのリソース

```
directory '/etc/td-agent/' do
  owner 'td-agent'
  group 'td-agent'
  mode  '0755'
  action :create
end
```

　アクションとして:createを設定していますから、この/etc/td-agentディレクトリが存在しない場合は作成されます。そして、属性として定義されているowner、group、modeがディレクトリのメタデータとして設定されます。

　リスト3.5の部分はRubyの文法が少し複雑なので読み解くのにちょっと時間がかかるかもしれません。

リスト3.5 case文によるOS判定

```
case node['platform']
when "ubuntu"
  dist = node['lsb']['codename']
  source = (dist == 'precise') ? "http://packages.treasure-data.com/precise/" : "http://packages.treasure-data.com/debian/"
  apt_repository "treasure-data" do
    uri source
    distribution dist
    components ["contrib"]
    action :add
  end
when "centos", "redhat"
  yum_repository "treasure-data" do
    url "http://packages.treasure-data.com/redhat/$basearch"
    action :add
  end
end
```

　node['platform']という変数に入っている値を軸にcase文で分岐処理を行っています。見てわかるとおり、Ubuntu系ディストリビューションの場合とRed Hat系ディストリビューションの場合とで分岐して、両ディストリビューションどちらにも対応できるようにしています。td-agentは公に配布するクックブックなので、相手のOSを選ばず使えるようにするための配慮でしょう。

　ところでこのnode['platform']という値は何でしょうか？

第3章 レシピの書き方

AttributeとOhai

　ChefにはAttributeと呼ばれるテンプレートやレシピの中から参照できる、さまざまなkey-valueの値を管理するしくみがあります。node['platform']はまさにそのAttributeで、ここではキーにplatformが使われていて、その値にはredhatやubuntuといった値が入ってきます。

　Attributeの値はNodeオブジェクトに対して自分で設定することもできますが、Chefがシステムからあらかじめ抽出した値も入っています。node['platform']はまさにそのChefがシステムから抽出したAttributeです。

　Chefは、OSから各種情報を集めてAttributeを構成するのにOhaiというシステムを利用しています。OhaiはChefをインストールしたときに一緒にインストールされるRubyライブラリで、システム上のさまざまな値を抽出してJSONのデータ構造でそれを扱えるようにしてくれるものです。

　ohaiコマンドはそのフロントエンドのツールで、これを使うと、実際にどのような値がAttributeとしてセットされているのか確認できます。ohaiコマンドの実行結果は非常に長いので少しだけ載せておきましょう(図3.1)。

図3.1　ohaiコマンドの実行結果

```
$ ohai | head
{
  "languages": {
    "ruby": {
      "platform": "x86_64-linux",
      "version": "1.8.7",
      "release_date": "2011-06-30",
      "target": "x86_64-redhat-linux-gnu",
      "target_cpu": "x86_64",
      "target_vendor": "redhat",
      "target_os": "linux",
```

　Rubyのバージョンなども調べられそうなのがわかります。なお、図3.2のようにして、引数にキーを指定するだけで任意の値だけを取得することも可能です。

図3.2　キーを指定したohaiコマンドの実行

```
$ ohai platform
[
  "centos"
```

これらOhaiの収集する値をChefで使いたい場合には、レシピ内でnode[:platform]などと書いて取得できます。

Attributeについてはまたのちほど詳しく解説します（82ページ）。

template、package、service

話をもとに戻しましょう。先のコードでは、node['platform']のAttributeの値を軸に分岐してそれぞれUbuntu用、Red Hat用のパッケージリポジトリを追加する、ということが読みとれたと思います。

続くtemplate、package、serviceのリソース定義は第2章で見たものとほとんど同じです（**リスト3.6**）。

リスト3.6 テンプレート、パッケージ、サービスのリソース

```
template "/etc/td-agent/td-agent.conf" do
  mode "0644"
  source "td-agent.conf.erb"
end

package "td-agent" do
  options "-f --force-yes"
  action :upgrade
end

service "td-agent" do
  action [ :enable, :start ]
  subscribes :restart, resources(:template => "/etc/td-agent/td-agent.conf")
end
```

packageリソースのoptions属性やserviceリソースのsubscribesアクションなど少し見慣れない定義がありますが、これはのちほどまた見ていきましょう。

以上がtd-agentのレシピです。こうして一つ一つ個別に見ていくと、「Infrastructure as Code」と言っても実際に書くのはリソースの状態定義で

あり、ちょっとした設定ファイル程度であることがよくわかるでしょう。すでに詳しい解説を参照しなくても、見よう見まねでレシピを書くことも難しくはないと思います。

3.3 主要なリソースの解説

　以下、Chefが標準で提供しているリソースのうちよく使うものを中心に少し詳しく見ていきます。利用頻度の少ないリソースや、各リソースごとの細かなオプションについてはAppendix Bを参照してください。

package

基本的な使い方
　ここまでに何度もお世話になっているpackageは、文字どおりOSのソフトウェアパッケージを扱うためのリソースです。おそらく最も頻繁に記述するリソースでしょう。**リスト3.7**のように書きます。

リスト3.7　packageリソース記述の基本
```
package "git" do
  action :install
end
```

　packageは実際の動作時にはプラットフォームにあわせてパッケージシステムを選択してくれます。Red Hat系ならyum、Debian系ならAPTが選ばれます。

複数パッケージをインストールする
　複数のパッケージをまとめて入れたいなら、**リスト3.8**のようにしてRubyのシンタックスをうまく活かせばよいでしょう。

リスト3.8 複数パッケージの記述

```
%w{gcc make git}.each do |pkg|
  package pkg do
    action :install
  end
end
```

バージョンを指定する

リスト3.9のようにversion指定でバージョンを固定できます。

リスト3.9 バージョンの指定

```
package "perl" do
  action :install
  version "5.10.1"
end
```

アクション:installはパッケージをインストールするだけですが、これを:upgradeにすると、レシピを複数回実行したとき既存のパッケージが古い場合にはそれを最新版に入れ替えます[注3]。

パッケージを削除する

パッケージの削除は、**リスト3.10**のように記述します。

リスト3.10 パッケージの削除

```
package "perl" do
  action :remove
end
```

パッケージを指定する

パッケージをファイルを指定してインストールしたい場合もあるでしょう。その場合は、たとえば**リスト3.11**のように書きます。

リスト3.11 パッケージを指定したファイルからインストール

```
package "tar" do
  action :install
```

注3 パッケージがインストールされていない場合は:installと同じ動作になります。

```
  source "/tmp/tar-1.16.1-1.rpm"
end
```

オプションを指定する

　パッケージインストール時にオプションを渡したい場合は、options属性を使って**リスト3.12**のように定義できます。

リスト3.12 パッケージインストール時にオプションを指定
```
package "debian-archive-keyring" do
  action :install
  options "--force-yes"
end
```

　後述するcookbook_fileリソース(71ページ)と組み合わせて、RPMやdebファイルもChefリポジトリに置いて管理しておき、それをChefで入れるという合わせ技も可能です。

service

　Webサーバやデータベースのような「サービス」のパッケージをpackageで定義しても、そのままではサービスの起動やOS起動時の登録は行われません。packageはあくまでパッケージのリソースであり、そのパッケージから起動したプロセスは別のリソースとして扱われるからです。そのサービスの状態を記述するリソースがserviceリソースです。

基本的な使い方

　第2章のApacheの例でも見たとおり、serviceには設定ファイルが必要な場合がよくあります。ファイルを更新したらサービスをreloadもしくはrestartするなどして設定を再読み込みする必要があります。その場合、Notification(通知)アクションやSubscribe(購読)アクションを使ってserviceと連携させます。

　リスト3.13はCentOSでApache(サービス名はhttpd)を起動するレシピです。

リスト3.13 Apacheを起動する

```
service "httpd" do
  action [ :enable, :start ]
  supports :status => true, :restart => true, :reload => true
end
```

action行でサービスを有効にし、かつ起動させています。

続くsupportsの行ですが、これはほかのリソースに「このサービスはstatus、restart、reloadアクションを受け付ける」ことを教えるためのオプションです。

たとえば:restart => trueが指定されていなかった場合、Chefはサービスのrestartをstop + startで代用しようとします。各種サービスのinitスクリプトはstop + startでは吸収しきれない動作をrestartとして定義している場合もあるので、restartできるならそちらに任せるほうが賢明です。

Notificationとserviceを組み合わせる

Notificationアクションを使うと、ほかのリソースの状態変化に合わせてサービスを再起動する、といった動作を記述できます。第2章で紹介したとおり、httpdサービスをhttpd.confが更新された場合にreloadするには、templateリソースと組み合わせて**リスト3.14**のように書きます。

リスト3.14 httpd.confが更新された場合にreloadする

```
service "httpd" do
  supports :status => true, :restart => true, :reload => true
  action [ :enable, :start ]
end

template "httpd.conf" do
  path "/etc/httpd/conf/httpd.conf"
  owner "root"
  group "root"
  mode 0644
  notifies :reload, 'service[httpd]'
end
```

templateリソースの定義にnotifies :reload, 'service[httpd]'という行があります。これがNotificationアクションで、ほかのリソースから特定のリソ

ースにNotification（通知）を送ることで、任意のアクションをトリガできます。

notifiesは第一引数にアクション、第二引数にresource_type[resource_name]という形式で記述します。resource_typeにはserviceやtemplateといったリソースの種類、resource_nameは自分でレシピ内に定義したリソースです。たとえばservice[httpd]やtemplate[httpd.conf]といった形になります。

ここではservice[httpd]に通知を送ることで設定の再読み込み（:reloadアクション）をキックしていますが、通知先に指定できるのはserviceに限りません。

```
notifies :run, "execute[test-nagios-config]"
```

としてexecuteリソースを実行することもできます[注4]。

Notificationのタイミング

Notificationの実行は、デフォルトではnotifiesの行が実行されたタイミングですぐ通知内容が実行されるのではなく、キューに入れられてChef全体の実行の限りなく終盤で実行されることになります。これにより通知を送る側はあまり順番を気にせずにただ通知を送ればよい、というしくみになっています。

notifiesの第三引数に:immediatelyを渡すと、即座に通知が実行されるように設定できます。ただし利用場面はそれほど多くないように思います。

```
notifies :reload, 'service[httpd]', :immediately
```

Subscribe

Notificationは何かしらのリソースにアクション「させたいとき」に利用しますが、それとは逆に、何らかのリソースに変化があったらアクション「したいとき」に利用するのがSubscribeです。td-agentのレシピでも利用されていました（**リスト3.15**）。

リスト3.15 Subscribeの例

```
service "td-agent" do
  supports :status => true, :restart => true, :reload => true
```

注4　executeリソースについてはAppendix Bを参照してください。

```
    action [ :enable, :start ]
    subscribes :restart, "template[td-agent.conf]"
end
```

td-agent.confが更新されたらサービスをrestartするというアクションになっています。Notificationの例ではtemplate側にnotifiesを記述したのに対して、こちらではservice側にsubscribesを書いています。実現される動作はNotificationとまったく同じで通知の向きが違っているだけです。その都度都度で可読性の高いほうを選択してください。

template

設定ファイルなどの外部ファイルを扱うリソースがtemplateです。templateはその名のとおりテンプレートで、Attributeの値をテンプレート内で展開したい場合に利用します。Attributeを一切利用しないのであればテンプレートではなく静的なファイルを操作する目的のcookbook_file（71ページ参照）を使って定義します。

Apacheの例でも見たとおり、httpd.confのようないかにも設定ファイルといった類のファイルは、長く使っているうちにいずれAttributeを差し込みたくなることも多いので、Attributeを利用しないにしてもtemplateとして扱っておくもよいと思います。

基本的な使い方

/etc/httpd/conf/httpd.confをテンプレートから生成したい場合、**リスト3.16**のように記述します。

リスト3.16 httpd.confをテンプレートから作成する

```
template "httpd.conf" do
  path "/etc/httpd/conf/httpd.conf"
  source "httpd.conf.erb"
  owner "root"
  group "root"
  mode 0644
end
```

テンプレートはクックブックディレクトリ内のtemplates/default/httpd.conf.erbが利用されます。

上記の記述はやや冗長で、**リスト3.17**のように書くこともできます。

リスト3.17 httpd.confをテンプレートから作成する（簡略化）

```
template "/etc/httpd/conf/httpd.conf" do
  source "httpd.conf.erb"
  owner "root"
  group "root"
  mode 0644
end
```

さらに省略して、**リスト3.18**のようにそもそもソースファイルを書かないで済ませることもできます。

リスト3.18 httpd.confをテンプレートから作成する（Chefの規約の利用）

```
template "/etc/httpd/conf/httpd.conf" do
  owner "root"
  group "root"
  mode 0644
end
```

この場合Chefの規約によって、templates/default/httpd.conf.erbが自動で選ばれることになります。好みに応じて選択してください。

テンプレート内ではAttributeが使える

テンプレート内ではAttributeの値を展開できます。たとえばnode[:platform]というAttributeをテンプレート内で使うには、

```
<%= node[:platform] %>
```

と書きます。これはRubyのテンプレートエンジンであるERBのシンタックスです。拡張子からもわかるとおりChefのtemplateリソースはERBが前提になっています。

userとgroup

ユーザやグループの定義は、それぞれuserとgroupリソースを使って記述します。

user

リスト3.19に例を示します。

リスト3.19 ユーザの定義の例

```
user "naoya" do
  comment  "naoya"
  home     "/home/naoya"
  shell    "/bin/bash"
  password nil
  supports :manage_home => true
  action   [:create, :manage]
end
```

ほとんどの属性は字面どおりで自明なので解説は不要でしょう。

userが取り得るアクションには:createのほかに:remove、:modify、:manageなどがあります。:modifyと:manageはいずれも既存のユーザを修正するためのアクションですが、それぞれユーザが存在しなかった場合の動きが異なります。:modifyでは例外となってエラーになるのに対し、:manageでは何も起こりません。

`supports :manage_home => true`は、ユーザを新規作成したときにホームディレクトリを一緒に作るためのオプションです。上記では利用していませんが`supports :non_unique => true`は新規ユーザ作成時にノンユニークIDが振られてもかまわない、というオプションになります。より詳しくはドキュメントを参照してください。

group

グループの定義はgroupリソースを使います。新規にwebdbというグループを作ってそのメンバーにnaoyaとinaoというユーザを追加するには、**リスト3.20**のようにします。

リスト3.20 グループ追加の例

```
group "webdb" do
  gid 999
  members ['naoya', 'inao']
  action :create
end
```

既存のグループにユーザを追加したい場合は、**リスト3.21**のようにアクションを:modifyにします。

リスト3.21 既存グループへのユーザ追加の例

```
group "admin" do
  action :modify
  members [ 'dikeda' ]
  append true
end
```

directory

ディレクトリを定義するのはdirectoryリソースを用います。td-agentでは**リスト3.22**のように使われています。

リスト3.22 ディレクトリの定義

```
directory '/etc/td-agent/' do
  owner  'td-agent'
  group  'td-agent'
  mode   '0755'
  action :create
end
```

取り得るアクションは:createもしくは:deleteです。

templateやcookbook_fileで扱うファイル置き場となるディレクトリが存在しない場合にChefが良い感じにディレクトリを作成してくれるかというと、残念ながらそこまでは面倒を見てくれません。この場合directoryを使って明示的にディレクトリを定義する必要があるため、意外とよく利用するリソースです。

cookbook_file

cookbook_fileを使うと、クックブックに同梱したファイルを任意のパスへ転送して配置できます。templateはAttributeを使いたい場合、cookbook_fileは静的なファイルを扱いたい場合と使い分けるとよいでしょう。

なおcookbook_fileとは別にfileというリソースもあります。こちらはファイルを転送するのではなく、ファイルをゼロから作成する場合のリソースです。詳細は80ページで解説します。

基本的な使い方

たとえばcookbook_fileを使ってRPMファイルをテンポラリディレクトリに転送するには、**リスト3.23**のように書きます。

リスト3.23 cookbook_fileによるファイル転送の例

```
cookbook_file "#{Chef::Config[:file_cache_path]}/supervisor-3.0a12-2.el6.noarch.rpm" do
  mode 00644
end
```

テンポラリディレクトリのパスはハードコードせずにChefが設定で持っているパスを指定します。

これでクックブックディレクトリ内のfiles/default/supervisor-3.0a12-2.el6.noarch.rpmというファイルがテンポラリディレクトリ以下に転送されます。転送先でファイル名を変えたい場合などソースファイル名を明示的に指定したい場合は、**リスト3.24**のようにsource属性を使います。

リスト3.24 ソースファイル名の明示

```
cookbook_file "#{Chef::Config[:file_cache_path]}/supervisor-3.0.rpm" do
  source "supervisor-3.0a12-2.el6.noarch.rpm"
  mode 00644
end
```

ほかにもowner、group、pathなどの属性があります。意味は字面のとおりです。詳しくはドキュメントを見てください。

チェックサムを利用する

ファイルを転送する際、破損していたり改ざんされたファイルを転送してしまうリスクを軽減するためにチェックサムを使うことができます（**リスト3.25**）。

リスト3.25 チェックサムの利用

```
cookbook_file "#{Chef::Config[:file_cache_path]}/supervisor-3.0a12-2.el6.n
oarch.rpm" do
  source "supervisor-3.0a12-2.el6.noarch.rpm"
  mode 00644
  checksum "012f34db9e08f67e6060d7ab8d16c264b93cba82fb65b52090f0d342c406fbf7"
end
```

転送しようとしたファイルのチェックサムが合致しない場合、実行時エラーになります。

Chefのファイルチェックサムは SHA-256が前提になっています。SHA-256のファイルチェックサムはshasumコマンドなどで生成するとよいでしょう。

```
$ shasum -a 256 supervisor-3.0a12-2.el6.noarch.rpm
```

インフラレイヤのリソース

もう少し低いレイヤのリソースも、「この手のリソースもあります」という例として紹介しておきましょう。

ifconfig

ifconfigはネットワークインタフェースを定義するためのリソースです（**リスト3.26**）。

リスト3.26 ifconfigの例

```
ifconfig "192.168.30.1" do
  device "eth0"
end
```

これでeth0にIPアドレスをセットできます。属性についてはドキュメン

トを参照してください。

mount

ディスクのマウントポイントなども定義できます。mountリソースを使います（**リスト3.27**）。

リスト3.27 mountの例

```
mount "/mnt/volume1" do
  device "volume1"
  device_type :label
  fstype "xfs"
  options "rw"
end
```

こちらも属性はドキュメントを参照してください。

script

やりたいことが組込みのリソースを使ってなかなか記述できない場合、任意のスクリプトを実行できるscriptリソースを利用することで解決できることが多々あります。scriptはリソース内に定義したシェルスクリプトなどのスクリプトをroot権限で実行できるので、ほぼすべてのことが実現可能と言っても過言ではありません。

ただしscriptは何でも定義できる反面、ほとんど抽象化がなされていません。冪等性は自分で保証する必要があるし、クロスプラットフォームなどの汎用性も同様です。もしpackageなど、より抽象度の高いリソースを使って記述できるなら、そちらを使うべきです。

script（bash）

ここでは例として、scriptリソースの一つであるbashを使って、perlbrew[注5]をインストールするレシピを見ていきましょう。

通常、perlbrewをインストールするにはcurlでインストーラーを実行す

注5 http://perlbrew.pl/

る必要があります。

```
$ curl -kL http://install.perlbrew.pl | bash
```

このシェルスクリプトによるインストーラーの取り扱いがpackageでは難しいので、**リスト3.28**のようなレシピを記述します。

リスト3.28 bashの例

```
bash "install perlbrew" do
  user 'vagrant'
  group 'vagrant'
  cwd '/home/vagrant'
  environment "HOME" => '/home/vagrant'
  code <<-EOC
    curl -kL http://install.perlbrew.pl | bash
  EOC
  creates "/home/vagrant/perl5/perlbrew/bin/perlbrew"
end
```

スクリプトは特に指定がなくても基本root権限(正確にはchef-soloを実行したユーザの権限)で動きますが、userやgroupで指定のユーザで動かすこともできます。perlbrewはユーザのホームディレクトリに入れるものなので、上記ではvagrantユーザとグループを指定しています。

cwdはカレントワーキングディレクトリを、environmentは環境変数をそれぞれ設定する属性です。perlbrewをホームディレクトリにインストールするためには環境変数HOMEがセットされている必要があるため、わざわざ指定しています。

そして、codeに設定したスクリプトが実行されます。ここではヒアドキュメント[注6]でスクリプトを定義しています。

creates

このbashを使った定義でひときわ重要なのがcreatesの行です。createsは、このコマンドがこのファイルを作成するであろうことを指示し、かつすでにそのファイルがある場合はこのコマンドを**実行しない**ことを指定し

注6　コードの中に文字列を埋め込む方法の一つです。

ます。

　scriptレシピは冪等性を保証しないと述べたとおり、特に何もしなければ**毎回実行されます**。つまり、この場合perlbrewがインストールされていようがいまいが、何度もレシピが実行されてしまうということです。

　そこでcreatesによって実行をガードすることで、すでに「あるべき状態」になっているノードにそれ以上の操作は行わない、つまりすでにperlbrewがインストールされているならインストールしない、ということを指示しているわけです。

　ここではperlbrewの実行ファイルがあるかどうかをインストールされた／されていないの判定に使っているのですが、ここがscriptを使う場合の欠点です。何かがインストールされている／そうではないの判定を独自に記述しなければいけないので、何かとアドホックな書き方になりがちです。

not_if、only_if

　createsはファイルの有無を見てコマンドの実行をガードしますが、より詳細に条件を指定したいときはnot_ifやonly_ifを使います。

- not_if：指定した条件が真でないならコマンドを実行する
- only_if：指定した条件が真のときのみコマンドを実行する

　たとえばcreatesと同じことは、

```
not_if { File.exists?("/home/vagrant/perl5/perlbrew/bin/perlbrew") }
```

と記述することもできます。このとき、not_ifに与えた値によって条件判定のしかたが変わります。

- 文字列が与えられたとき：与えられたコマンドをインタプリタ（例：bash）で実行してその終了ステータスを判定
- Rubyのブロックが与えられたとき：与えられたコードブロックをRubyで解釈してその真偽値で判定

　たとえば**リスト3.29**のように記述します。

リスト3.29 not_ifの利用例

```
bash "install-rubybuild" do
  not_if 'which ruby-build'
  code <<-EOC
    cd /tmp/ruby-build
    ./install.sh
  EOC
end
```

こちらもperlbrewの例に同じくruby-buildの存在有無をwhichで確認してガードに使っています。

なお、not_ifやonly_ifではその条件判定の処理の実行に使われるユーザやカレントワーキングディレクトリ、あるいは環境変数を指定できます（リスト3.30）。

リスト3.30 not_ifやonly_ifでの条件判定の例

```
not_if <<-EOC, :user => 'vagrant', :environment => { 'HOME' => '/home/vagrant' }
    略
EOC
```

not_if、only_ifはscriptリソースに限定の要素ではなくほかのリソースでも利用できますが、もっぱらよく使うのはscriptリソースの定義時です。

EC2のマイクロインスタンスにスワップファイルを作る例

scriptの使い方の例をもう少し挙げておきましょう。Amazon EC2のマイクロインスタンスは、インスタンス起動直後にはスワップ領域が設定されていません。マイクロインスタンスを使うにあたってはスワップイメージを作ってスワップを有効化するのはもはやFAQです。

リスト3.31はマイクロインスタンスならスワップを有効にしたい、という場合のレシピです。

リスト3.31 マイクロインスタンスの場合にスワップを有効にする

```
bash 'create swapfile' do  ❶
  code <<-EOC
    dd if=/dev/zero of=/swap.img bs=1M count=2048 &&
    chmod 600 /swap.img
    mkswap /swap.img
  EOC
  only_if { not node[:ec2].nil? and node[:ec2][:instance_type] == 't1.micro' }
  creates "/swap.img"
end

mount '/dev/null' do # swap file entry for fstab  ❷
  action :enable # cannot mount; only add to fstab
  device '/swap.img'
  fstype 'swap'
  only_if { not node[:ec2].nil? and node[:ec2][:instance_type] == 't1.micro' }
end

bash 'activate swap' do  ❸
  code 'swapon -ae'
  only_if "test `cat /proc/swaps | wc -l` -eq 1"
end
```

まずはddやmkswapコマンドでスワップファイルを作ります。Ohaiはノードが EC2 なのかどうか、また EC2 のインスタンスタイプが何なのかも収集してくれます。その値を見てマイクロインスタンスならスワップを作ります。また、/swap.imgがあるかどうかもガード条件に加えます(❶)。

次はmountリソースを使ってディスクマウントの設定を行います(❷)。

最後にswapon -aeで、スワップファイルをマウントして有効化します。実際のスワップエントリを調べて1つエントリがあればスワップが有効になっているとみなし、それをガード条件にしています(❸)。

このようにscriptリソースを使うことで、スワップファイルを作って有効にするといった芸当も実現できるのですが、ここまで見たようにガード条件をうまく調整する必要があるなどscriptは両刃の剣です。ほかのリソースを利用する場合よりも慎重にレシピの調整をしていく必要があるでしょう。

3.4 そのほかのリソース

　主要なリソースは以上です。本書で解説していないそのほかのリソースについてはドキュメントに一覧がありますので、必要に応じてそちらも参照してください。
　ここでは、取り扱わなかったリソースについてサンプルをドキュメントから引用しつつ、簡単に概要だけ紹介していきましょう。

git

　GitHubなどで管理されているGitリポジトリからファイルを取ってきて利用したい場合はgitリソースを使います。なおgitリソースを定義する場合、対象ノードにあらかじめgitがインストールされている必要がありますので注意してください。
　リスト3.32はoh-my-zshというzshの設定ファイル集をGitHubから持ってきて設置する例です。

リスト3.32 gitリソースの使用例

```
git "/home/vagrant/.oh-my-zsh" do
  repository "git://github.com/robbyrussell/oh-my-zsh.git"
  reference "master"
  action :checkout
  user "vagrant"
  group "vagrant"
end
```

　このレシピを適用すると、/home/vagrant/.oh-my-zshディレクトリに、リモートのGitリポジトリから取得してきたファイルが置かれます。
　アクションに:checkcoutを指定していますが、この場合Gitからファイルをチェックアウトするのは初回時のみで以降リモートリポジトリから取得するというようなことはありません。言うなればpackageのアクション:installに近しい動きです。毎回必要に応じてリポジトリを更新したい場合は:syncを指定します。

gem_package

　gem_packageを使うとRubyGemsのgemを扱うことができます。使い方は通常のpackageと同じで、**リスト3.33**のように記述します。

リスト3.33 gemリソースの使用例

```
gem_package "rake" do
  action :install
end
```

　これでRakeがインストールされます。

　RubyGemsを入れたい場合、gemコマンドのパスを明示的に指定したい場合があります。たとえばtd-agentで利用するプラグインはgemでインストールするのですが、その際td-agent組込みのgemコマンドを使う必要があります。システムにある素のgemコマンドを使ってしまうと、td-agentが使うRubyバイナリが期待するのとは違うパスにgemが入ってしまうためです。

　こういう場合は、**リスト3.34**のようにgem_binaryオプションでパスを指定します。

リスト3.34 gem_binaryオプションの設定

```
gem_package 'fluent-plugin-extract_query_params' do
  gem_binary "/usr/lib64/fluent/ruby/bin/fluent-gem"
  version '0.0.2'
  action :upgrade
end
```

cron

　cronリソースは、crontabを取り扱うためのものです。cronを使って定期バッチ処理の状態を定義しておくとChefが良い感じにcrontab周りを設定して、あるべき状態に収束させてくれます(**リスト3.35**)。

リスト3.35 cronリソースの使用例

```
cron "name_of_cron_entry" do
  hour 8
  weekday 6
  mailto admin@example.com
  action :create
end
```

file

71ページで解説したcookbook_fileはクックブック内に置いたファイルをノードへ転送するものでしたが、fileはノード上のファイルを直接扱いたいときに利用します（**リスト3.36**）。

リスト3.36 fileリソースの使用例

```
file "/path/to/something" do
  owner "root"
  group "root"
  mode 00755
  action :create
end
```

リスト3.37のようにcontentオプションを使って任意の文字列をファイル内に書き込むこともできます。

リスト3.37 contentオプションによる文字列の書き込み

```
file "/path/to/something" do
  content "Chef Practical Guide Sample"
  owner "root"
  group "root"
  mode 00755
  action :create
end
```

http_request

ノードを調整するにあたって、そのノードからどこかしらのURLへHTTP

リクエストを飛ばしたいこともあるかもしれません。その場合は、http_requestを使います（**リスト3.38**）。

リスト3.38 HTTPリクエストの送信

```
http_request "please_delete_me" do
  url "http://www.example.com/some_page"
  action :get
end
```

link

ファイルやディレクトリを扱うリソースは解説済みですが、シンボリックリンクやハードリンクを取り扱うこともももちろん可能です（**リスト3.39**）。

リスト3.39 ハードリンクの設定

```
link "/tmp/passwd" do
  to "/etc/passwd"
  link_type :hard
end
```

route

ルーティングテーブルの状態を管理するためのリソースはrouteです（**リスト3.40**）。

リスト3.40 ルーティングテーブルの管理

```
route "10.0.1.10/32" do
  gateway "10.0.0.20"
  device "eth1"
end
```

ruby_block

ruby_blockは、任意のRubyのコードを実行するためのリソースです。**リスト3.41**はChefの設定ファイルを再読み込みするためのレシピ例です。

リスト3.41 任意のRubyコードを実行

```
ruby_block "reload_client_config" do
  block do
    Chef::Config.from_file("/etc/chef/client.rb")
  end
  action :create
end
```

3.5 AttributeとData Bag

　レシピやテンプレート内で動的に扱いたい値はAttributeを使うことで取得できました。node[:platform]などで取得できる値です。

　Chefはこのような動的な構成をサポートするしくみとして、AttributeとData Bagという2つのしくみを持っています。

　Attributeはより本質的に見るなら、それはAttribute（属性）という名前のとおり、基本的にノードに紐づく**属性**のうち、固定的に扱うのではないものを定義する概念です。一方、システムに追加されるべきユーザの各種データなどはノードの**属性**でもないし、特定のリソースの**属性**でもないデータと見ることができます。こういったグローバルなスコープのデータはChefのデータ管理のしくみであるData Bagを使うとうまく扱うことができます。

　それぞれ詳しく見てみましょう。

Attribute

　Attributeは、たとえばテンプレートの中で<%= node[:platform] %>と書いたり、あるいはレシピの中でnode[:platform]として取得するものでした。node[:platform]はOhaiが収集したそのノードの属性ですが、JSONファイルのNodeオブジェクトへの記述を通して自分でAttributeの値を決めることもできます。

　リスト3.42は、httpdのポートをAttributeで設定したい場合のNodeオ

ブジェクトへの記述例です。

リスト3.42 Nodeオブジェクトの記述例

```
{
  "httpd" : {
    "port" : 80
  },
  "run_list":[
    "recipe[git]",
    "recipe[apache]",
    "recipe[mysql]"
  ]
}
```

　Nodeオブジェクトに定義したAttributeも、Ohaiが収集したのと同じように取り出すことができます。上記値であればnode['httpd']['port']で取得します。なお、Ohaiの値のキーは:platformとしてシンボルで指定するのに対し、Nodeオブジェクトに定義したものはnode['httpd']['port']とキーに文字列を使うのが慣習です。

Attributeの初期値

　Attributeはそのデフォルト値をあらかじめ決めておくこともできます。クックブック内のディレクトリのattributesディレクトリにdefault.rbという名前でファイルを作り**リスト3.43**のように定義すると、テンプレートやレシピからnode["apache"]["dir"]と記述してこれらの値を取り出すことができます。

リスト3.43 Attributesの初期値の記述例（attributes/default.rb）

```
default["apache"]["dir"] = "/etc/apache2"
default["apache"]["listen_ports"] = [ "80", "443" ]
```

　このようにAttributeは、

- 初期値をあらかじめクックブック内に定義しておく
- JSONファイルでノードごとに値を定義しておく

といくつかの方法で定義できますが、それぞれ同じキーで値を定義した場

第3章 レシピの書き方

合、attributesディレクトリに定義されたデフォルト値よりも、JSONファイル内のNodeオブジェクトに定義された値のほうが優先されます。

この優先順位をうまく利用して、普段は初期値に任せつつ、特定のノードのみ別の値でAttributeを上書きするという使い方が可能です。Attributeの優先順位については第4章でも再度説明します。

Attributeはノードの属性

Attributeはその名のとおり「属性」です。属性というからには「何か」に属した性質ということになりますが、その何かとは何でしょうか。答えはノードです。

レシピを書いていると、どうしても対象ノードがどんなものかを意識しなければ定義できないリソースというのが出てきます。td-agentの例では、そのレシピを適用するノードが何のプラットフォーム（ディストリビューション）を使っているか、という情報が必要になりました。

Attributeはノードに固有の情報、つまりはノードの属性を変数によって抽象化しておいて、実行時にその値を決定することで、ノードの状態に依存しないレシピやクックブックを構成するための機能なのです。

自分でAttributeを記述する場所がnodesディレクトリ以下にあるJSONファイルですが、そのJSONファイルが「Nodeオブジェクト」と呼ばれる理由もわかってきたことでしょう。Nodeオブジェクトは、特定のノードに固有の属性をまとめたオブジェクトです。Attributeをそこに記述するのは当然ですし、ランリストも、そのノードに適用されるべきレシピの一覧ということで、ノード固有の属性と言えます。

すなわち、Attributeは「ノードの属性」を扱うのに向いた機能であると言えます。

Data Bag

一方、各ノードで共有するようなデータはData Bagを使って扱うとよいでしょう。Chefで複数台のノードを扱っている際、それらのノードすべてに複数のユーザを追加したい場合——よりChefらしく言うと、各ノードに複数ユーザがいる状態を定義したい場合——があります。それらユーザの

データが、Data Bagで扱うべき類のデータです[注7]。

各ノードで共有したいデータを準備する

　Data Bagはクックブック単位ではなく、リポジトリ全体にグローバルなスコープのデータです。ここではシステムに2人のユーザを定義する例を示しましょう。

　Data Bagで扱うデータは<リポジトリ>/data_bagsディレクトリに置きます。ここではusersというサブディレクトリを作成し、その中にユーザデータのオブジェクトを定義するJSONファイルを作ります（**図3.3**）。

図3.3　Data Bagディレクトリの構造例

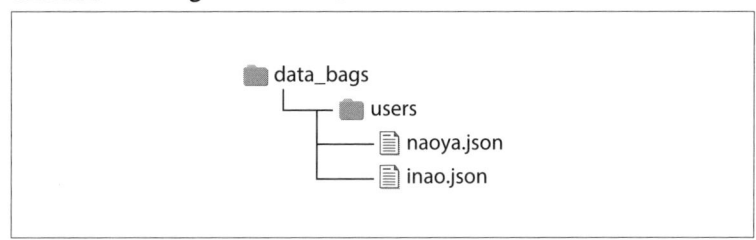

```
data_bags
    └── users
            ├── naoya.json
            └── inao.json
```

　それぞれのデータオブジェクトは**リスト3.44**、**リスト3.45**のようにJSONで定義します。

リスト3.44　naoya.json

```
{
  "id" : "naoya",
  "username" : "naoya",
  "home" : "/home/naoya",
  "shell" : "/bin/bash"
}
```

リスト3.45　inao.json

```
{
  "id" : "inao",
  "username" : "inao",
  "home" : "/home/inao",
```

注7　LDAPやActive Directoryで共有するリソースを思い浮かべる方もいると思いますが、まさにそういう感じだと思ってください。

```
  "shell" : "/bin/inao"
}
```

データを利用する

これでData Bagへのデータの格納は完了です。これらのデータを取得して、実際にユーザを定義するレシピをほかに用意しましょう。たとえばlogin_usersというクックブックを用意して、そのレシピに**リスト3.46**のように書きます。

リスト3.46 Data Bagからの値の取得例

```
# login_users/recipes/default.rb
data_ids = data_bag('users')

data_ids.each do |id|
  u = data_bag_item('users', id)
  user u['username'] do
    home  u['home']
    shell u['shell']
  end
end
```

data_bag('users')でdata_bags/usersディレクトリに置かれたユーザデータオブジェクトのid一覧が取得できます。data_bag_item('users', id)で、指定したIDのオブジェクトをData Bagから取り出すことができます。あとはいつもどおりuserリソースを使ってそのユーザを追加、つまりリソースの状態を定義しているわけです。

このように、Data BagはJSONファイルをデータベースのようなものと見立てて、そこにデータを登録してレシピから検索するのに使える機能です。

データを暗号化する

なお、Data Bagにはパスワードや鍵などのデータを暗号化して格納しセキュアに扱う方法も用意されています。その機能をChef Soloで使う方法は、「Chef Solo encrypted data bags」[注8]を参照してください。また暗号化の

注8 http://ed.victavision.co.uk/blog/post/4-8-2012-chef-solo-encrypted-data-bags

手続きを簡略化した「Knife Solo Data Bag」[注9]という knife-solo 用の knife プラグインも公開されていますので、こちらを利用するのもよいでしょう。

3.6 クックブックのディレクトリレイアウト

最後に、クックブックの中の各ファイルやディレクトリの役割について確認しておきましょう。第2章で作ったクックブックのディレクトリ内は図3.4のような構成になっています。

図3.4 クックブックのディレクトリ構造

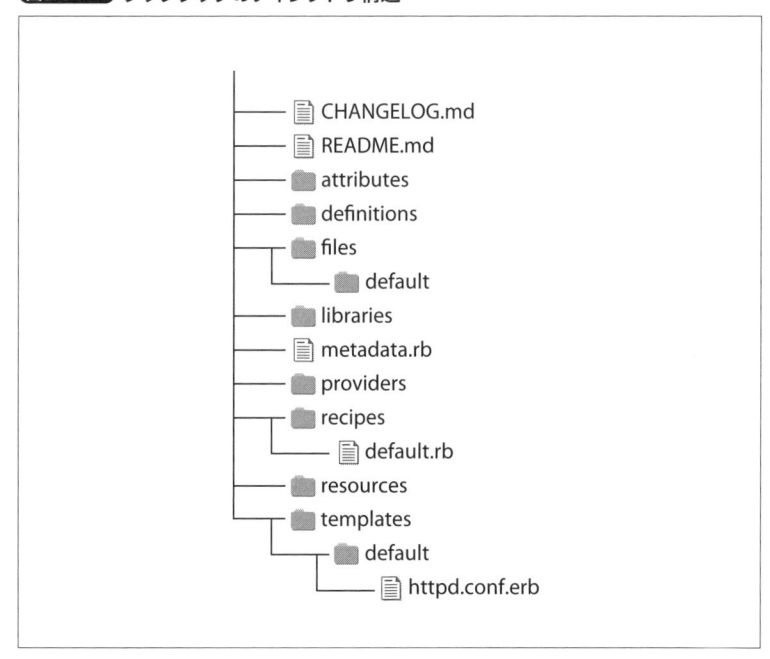

```
├── CHANGELOG.md
├── README.md
├── attributes
├── definitions
├── files
│   └── default
├── libraries
├── metadata.rb
├── providers
├── recipes
│   └── default.rb
├── resources
└── templates
    └── default
        └── httpd.conf.erb
```

注9　https://github.com/thbishop/knife-solo_data_bag

第3章 レシピの書き方

CHANGELOG.md、README.mdファイル

CHANGELOG.mdおよびREADME.mdは、このクックブックの履歴および使い方を書くためのドキュメントです。クックブックを長く使い、また複数のプロジェクトで再利用する場合はドキュメントを残しておくと後々助かります。第4章で解説するコミュニティクックブックとしてクックブックを広く公開する場合は、これらドキュメントの更新は必須と言えます。

attributesディレクトリ

attributesは先に見たとおり、Attributeの初期値を定義したファイルを格納するディレクトリです。

definitionsディレクトリ

definitionsはリソースを自分で拡張したい場合に、その拡張定義スクリプトを置く場所です[注10]。

filesディレクトリ

filesはcookbook_fileリソースで扱う静的ファイルを置く場所でした。

librariesディレクトリ

librariesには、レシピその他で共通化したいRubyのコードがあったとき、そのコードを置きます。librariesディレクトリに置かれたコードはChefにより自動で読み込まれるようになっています。詳しい使い方はドキュメントを参照してください。

注10 Definitionと呼ばれる機能を用います。Definitionについては第8章の257ページで改めて解説しています。

metadata.rbファイル

metadata.rbは、このクックブックが依存するほかのクックブックの名前やバージョン、ライセンス、このクックブックが拡張するリソースなど、クックブックについてのメタデータを記載するファイルです。主にクックブックを公開する場合に記述するファイルです。

providers、resourcesディレクトリ

providersとresourcesディレクトリは、LWRPと呼ばれるリソース拡張のしくみで使われるディレクトリです[注11]。

recipes、templatesディレクトリ

recipesはこれまで見てきたとおり、レシピの置き場所で、templatesはテンプレートファイルの置き場所です。

注11 LWRPについては第8章の259ページで改めて解説します。

第4章
クックブックの活用

第4章 クックブックの活用

本章は第2章、第3章のフォローアップとして、Chef Soloでのサーバプロビジョニングを実践するにあたって避けては通れないであろういくつかの応用的な話題について取り上げます。

まずはコミュニティクックブックについてです。しっかりと書かれたChefのクックブックは再利用が可能です。Chef社のサイトでは再利用を前提としたクックブックが公開されています。コミュニティクックブックをうまく使えば自分でレシピを書く手間を省くことができるかもしれません。

Chef Soloによる複数ノードの管理についても見ておきましょう。2つ以上のノードを管理しようとすると、対象が1つのときにはなかった課題が浮き彫りになるでしょう。たとえば、ノードごとのランリストをどうメンテナンスしていくかです。これに対しては、役割ごとにノードの状態を管理するロールというしくみ、あるいは環境ごとの状態差を定義できるEnvironmentsなどの機能を導入して解決しましょう。

サーバが複数台になると、その複数台サーバに対してChefの実行をどのように行うかも考えなければいけません。そのあたりも少し見ていきます。

4.1 コミュニティクックブックを利用する

第3章まではレシピを自分で書く前提で解説してきましたが、「Opscode Community」[注1]に、「コミュニティクックブック」と呼ばれる誰でもダウンロードしてそのまま使えるChefクックブックが集積されています。

自分でレシピを書くかコミュニティクックブックを使うべきかは、Chefユーザの間でも議論の分かれるところです。いずれにせよ、やり方としては両方覚えておいて損はないでしょう。

まずその導入のしかたを見てみましょう。

注1　http://community.opscode.com/cookbooks

コミュニティクックブックを探す

「Opscode Community」には、カテゴリごとにいろいろなクックブックが並んでいます。たとえば「Web Servers」には「apache2」や「nginx」が、「Programming Languages」には「java」や「python」とメジャーどころのソフトウェアの名前が並んでいます。

これらのクックブックをインポートしてきて利用することで、自分でクックブックを書く手間が省けます。また、しっかりと書かれているクックブックはソフトウェアをインストールするだけにとどまらず、ディストリビューションや環境の違いを吸収してくれたり、追加プラグインの設定もできるようになっていたりと気が利いているものも多くあります。

クックブックを検索する

クックブックはWebサイト上の検索窓にクエリを入れて検索できます。また`knife cookbook site`コマンドを使って、コマンドラインから探すこともできます。`knife cookbook site search <クエリ>`で、クエリに指定したキーワードでクックブックを探すことができます(**図4.1**)。

図4.1 knife cooobook site searchコマンドによるクックブックの検索

```
$ knife cookbook site search apache2
apache2:
  cookbook:              http://cookbooks.opscode.com/api/v1/cookbooks/apache2
  cookbook_description: Installs and configures all aspects of apache2 usin
g Debian style symlinks with helper definitions
  cookbook_maintainer:  opscode
  cookbook_name:        apache2
apache2-windows:
  cookbook:              http://cookbooks.opscode.com/api/v1/cookbooks/apac
he2-windows
  cookbook_description: Installs/configures Apache2 on Windows Azure
  cookbook_maintainer:  dlrobinson
  cookbook_name:        apache2-windows
略
```

クックブックの詳細を見る

`knife cookbook site show <クックブック名>`とすると、指定したクッ

クブックの詳細を見ることができます（図4.2）。

図4.2 knife cooobook site showコマンドによるクックブック詳細の表示

```
$ knife cookbook site show apache2 | head -20
average_rating:  4.75
category:        Web Servers
created_at:      2009-10-25T23:47:55Z
description:     Installs and configures all aspects of apache2 using Debian
style symlinks with helper definitions
external_url:    github.com/opscode-cookbooks/apache2
latest_version:  http://cookbooks.opscode.com/api/v1/cookbooks/apache2/vers
ions/1_9_6
maintainer:      opscode
name:            apache2
updated_at:      2014-02-28T16:33:09Z
versions:
   http://cookbooks.opscode.com/api/v1/cookbooks/apache2/versions/1_9_6
   http://cookbooks.opscode.com/api/v1/cookbooks/apache2/versions/1_9_4
   略
```

　詳細には評価レートやメンテナの名前、最終更新日などの情報が記載されています。これらの情報はこのクックブックが信頼するに値するものかのヒントになるでしょう。

クックブックの一覧を取得する

　knife cookbook site listコマンドはすべてのクックブックの一覧を取得できます。

Berkshelfでクックブックをインポートする

　コミュニティクックブックは、knife cookbook site install <クックブック名>を実行すると、リポジトリからcookbooksディレクトリ内にコードがダウンロードされるようになっています。

　ただし、knife-soloを使う場合はknifeコマンドでインストールするのではなく、Berkshelfというツールを使ってインポートすることが前提になっています。

　Berkshelfはまた第8章でも触れますが、Chefにおける外部クックブック

を管理するツールです。Rubyに慣れた人ならRubyGemsにおけるBundler と同等のツールだと考えればわかりやすいでしょう。

knife solo initコマンドで生成されたファイルに、Berksfileというファイルがあります（第2章の45ページ参照）。これがBerkshelfの設定ファイル（実際にはRubyのコード）です。たとえばyum-epelとapache2とmysqlクックブックの3つをインポートするなら、**リスト4.1**のように記述します。

リスト4.1 Berkshelfによるクックブックのインポート（Berksfile）

```
site :opscode

cookbook 'yum-epel'
cookbook 'apache2'
cookbook 'mysql'
```

そしてberksコマンドを実行すると、~/.berkshelf/cookbooksディレクトリ内にクックブックがダウンロードされるようになっています。依存関係のあるopensslやbuild-essentialクックブックもダウンロードされていることに注目してください（**図4.3**）。

図4.3 berksコマンドの実行

```
$ berks
Using yum-epel (0.2.0)
Using apache2 (1.8.14)
Using mysql (4.0.20)
Using yum (3.0.4)
Using openssl (1.1.0)
Using build-essential (1.4.2)
```

berksコマンドを実行するとBerksfile.lockというファイルが更新されます。中身はクックブック名と利用しているバージョンを記載したJSONファイルになっています（**リスト4.2**）。

リスト4.2 Berksfile.lockの中身

```
{
  "sources": {
    "yum-epel": {
      "locked_version": "0.2.0"
    },
    "apache2": {
```

第4章 クックブックの活用

```
    "locked_version": "1.8.14"
  },
  "mysql": {
  略
```

berksコマンドはこのBerkshelf.lockをもとに、利用するクックブックのバージョンを判断します。これにより、以降同リポジトリ内で利用するクックブックのバージョンは確実に固定／統一されるようになっています。

knife-soloはknife solo cookコマンド実行時にBerkshelfを実行し外部クックブックを取り込んだうえで、それらクックブックをすべてリモートのノードに転送します。したがって、コミュニティクックブックをインポートするにあたっての手順は、

❶ Berksfileに必要なクックブックを列挙する
❷ ノードのランリストに追加する
❸ knife solo cookでノードにレシピを適用する

ということになります。

補足ですが、knife-soloはBerkshelfを利用するためのテンポラリなディレクトリとしてcookbooksディレクトリ内を使っています。cookbooksディレクトリの中身は、knife-solo実行のたびに増えたり消えたりを繰り返します。よって、このディレクトリ内に自作のクックブックを置くべきではありません。代わりにsite-cookbooks内に配置するようにしてください。

knife-soloで初期化したリポジトリの.gitignoreにはcookbooksディレクトリが含まれており、このことからもcookbooksディレクトリはテンポラリディレクトリであることがわかります。外部クックブックの管理には、BerksfileとBerksfile.lockを利用するようにしましょう。

コミュニティクックブックを使う

コミュニティクックブックはインポートしただけではノードに適用されません。Nodeオブジェクトのランリストに当該クックブックを適用するように設定しましょう。

yum-epelクックブックを使う

たとえばコミュニティクックブックのyum-epelのクックブックを利用してCentOSの拡張パッケージリポジトリであるEPEL(*Extra Packages for Enterprise Linux*)を有効化するには、Nodeオブジェクトに**リスト4.3**のように記載すればよいでしょう。

リスト4.3 Nodeオブジェクトへyum-epelのクックブックを追加

```
{
    "run_list":[
        "recipe[yum-epel]",
        略
    ]
}
```

これでknife solo cookコマンドを実行してノードを収束させると、EPELが有効になった状態になるはずです。

default.rb以外のレシピ

ところで、コミュニティクックブックを利用していると、場合によってはrecipe[apache2::mod_deflate]という記述を要求されることがあります。この書式は本書では初出です。これまではrecipe[apache2]など、::付きの指定はありませんでした。

apache2::mod_deflateは、apache2クックブック内のdeflate.rbというレシピを参照するときの記法です。apache2と特に指定がない場合はdefault.rbが利用されます。

Berkshelfでインポートしたapache2クックブックを~/.berkshelf/cookbooksの中から参照してみてください。recipesディレクトリ内にはdefault.rb以外にもいくつかのレシピがあります(**図4.4**)。

recipe[apache2::mod_deflate]は、このmod_deflate.rbを個別に指定するための記法です。通常自分でクックブックを作っている場合はdefault.rb以外のレシピファイルを作成する機会はまれですが、外部クックブックの場合、このように用途に応じてクックブックが分割されているものがよくあります。

クックブックの分割については第8章で改めて解説します。

図4.4 apache2クックブックのrecipesディレクトリの内容

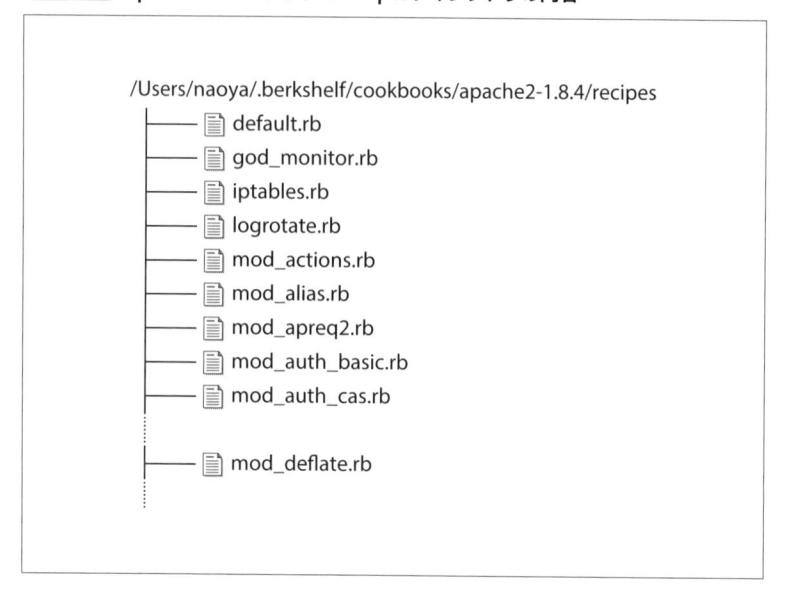

```
/Users/naoya/.berkshelf/cookbooks/apache2-1.8.4/recipes
├── default.rb
├── god_monitor.rb
├── iptables.rb
├── logrotate.rb
├── mod_actions.rb
├── mod_alias.rb
├── mod_apreq2.rb
├── mod_auth_basic.rb
├── mod_auth_cas.rb
⋮
└── mod_deflate.rb
```

クックブック名が衝突した場合

　場合によっては、自作のクックブックとインポートしたコミュニティクックブックの名前に同じものを使っていて、それらが衝突することもあるかもしれません。その場合は、Chefが持っているクックブックパスの優先度によってどちらが採用されるかが決まります。先に定義されているパスにおけるクックブックの内容は、あとから定義されたパスにおけるクックブックの内容によって上書きされます。

　クックブックパスはリポジトリ内の.chef/knife.rbに記載されています（**リスト4.4**）。knife.rbの詳細は、http://docs.opscode.com/config_rb_knife.html を参照するとよいでしょう。

リスト4.4 クックブックパスの設定内容

```
cookbook_path      ["cookbooks", "site-cookbooks"]
node_path          "nodes"
role_path          "roles"
environment_path   "environments"
data_bag_path      "data_bags"
#encrypted_data_bag_secret "data_bag_key"
```

```
knife[:berkshelf_path] = "cookbooks"
```

　cookbook_path以外の項目についても、ノードの情報や後述するロールの情報など、それぞれの情報の格納先のパスを設定しています。最後のknife[:berkshelf_path]の項目は、前述のとおりBerkshelfが依存関係のあるクックブックをダウンロードするパスです。

apache2のクックブックを使う

　代表的なコミュニティクックブックでもあるapache2クックブックの使い方も見ておきましょう。**リスト4.5**のように書いてknife solo cookコマンドを実行すると、これだけでRPMパッケージからApacheが入り、サービスが起動します。

リスト4.5 Nodeオブジェクトへapache2のクックブックを追加

```
{
    "run_list":[
        "recipe[apache2]"
    ]
}
```

　このApacheのクックブック、中身をちょっと覗いただけでもわかるのですが、Attributeを使って非常に細かな設定ができるようになっています。たとえばapache2のクックブック内の、Attributeの初期値を決めるファイルであるapache2/attributes/default.rbがどうなっているか見てみましょう（**リスト4.6**）。

リスト4.6 apache2のクックブックのAttributeの初期値
（apache2/attributes/default.rb）

```
default['apache']['root_group'] = 'root'

# Where the various parts of apache are
case node['platform']
when 'redhat', 'centos', 'scientific', 'fedora', 'suse', 'amazon', 'oracle'
  default['apache']['package']   = 'httpd'
  default['apache']['dir']       = '/etc/httpd'
  default['apache']['log_dir']   = '/var/log/httpd'
```

第4章 クックブックの活用

```
default['apache']['error_log']   = 'error.log'
略
```

いろいろな項目が並んでいます。これらの値を上書きして、クックブックを適用したあとの状態をカスタマイズする場合、Nodeオブジェクトを使うとよいでしょう。**リスト4.7**はhttpdがバインドするポートを8080に変更し、KeepAliveをOffに、ドキュメントルートを変更する場合の例です。

リスト4.7 NodeオブジェクトでのAttributeの値の上書き

```
{
    "apache": {
        "listen_ports": [ 8080 ],
        "keepalive": "Off",
        "docroot_dir": "/home/vagrant/htdocs"
    },
    "run_list":[
        "recipe[apache2]"
    ]
}
```

apache2のようにしっかり書かれているクックブックはAttributeによる抽象化が施されていて、自分であれこれしなくても細かい調整が可能なように配慮されています。

ただし、使いたいクックブックがどのように構成・抽象化されていて、どういった使い方を前提としているかは特に標準化されているわけではないので、そのあたりを把握するにはドキュメントを読むか、クックブックの中を直接覗いてみるしかありません。構成対象のソフトウェアだけでなく、クックブックの中身や使い方まで一つ一つ理解する必要があるという意味で、ここがコミュニティクックブックを利用する際の最も悩ましい課題かもしれません。コミュニティクックブック利用の是非については第8章の226ページで解説します。

4.2
Chef Soloで複数ノードを管理する

ここまで、基本的に1台のノードのみを対象にしてきました。Chef Soloで複数のノードを管理する場合にはどういったことを考慮していくのかを見ておきましょう。

VagrantのマルチVM機能

複数ノード環境の検証にあたって、VagrantでマルチVM機能を使って仮想サーバを複数立ち上げる方法を紹介しておきます。

Vagrantは初期設定ではVMを1つだけ起動しますが、Vagrantfileを編集すると任意の数のVMを立ち上げることができるようになっています。**リスト4.8**のようにVagrantfileに記載します。

リスト4.8 VagrantのマルチVM機能の設定（Vagrantfile）

```
Vagrant.configure(VAGRANTFILE_API_VERSION) do |config|
  config.vm.box = "opscode-centos-6.5"
  略

  # 次の2行を追加
  config.vm.define :node01
  config.vm.define :node02
end
```

vagrant upコマンドを実行すると、node01とnode02という名前のノードが2つ起動します（**図4.5**）。

図4.5 マルチVMの起動

```
$ vagrant up
Bringing machine 'node01' up with 'virtualbox' provider...
Bringing machine 'node02' up with 'virtualbox' provider...
==> node01: Importing base box 'opscode-centos-6.5'...
Progress: 60%
```

各ノードごとに何かVMの設定を施したい場合は、**リスト4.9**のように

ブロックを指定します。

リスト4.9　VM固有の設定を行う（Vagrantfile）
```
config.vm.define :node01 do |node01|
  node01.vm.box = "opscode-ubuntu-12.04"
end
```

マルチVM機能を使った場合は`vagrant ssh`その他のコマンドを実行する際、引数に仮想サーバ名を指定する必要があります。node01にSSHログインするなら`vagrant ssh node01`です（**図4.6**）。

図4.6　マルチVMを使用した場合の仮想サーバへのログイン
```
$ vagrant ssh node01
$ vagrant ssh-config node01 >> ~/.ssh/config
$ vagrant halt node01
$ vagrant destroy node01
$ vagrant up node01
```

なお、up、haltやdestroyは、引数を省略すると現在カレントディレクトリにあるVagrantfileから生成した仮想サーバすべてが対象になります。

Nodeオブジェクト

nodesディレクトリ以下のJSONファイルに記載されるNodeオブジェクトは、繰り返し説明してきたとおり、特定のノードの状態を記述するためのオブジェクトです。したがって複数のノードを対象とする場合は、ノードの数と同じ分、Nodeオブジェクトを用意することになります。

たとえばnode01とnode02の`knife solo bootstrap`が終わったあとのnodesディレクトリ内は**図4.7**のようになります。

中身はそれぞれこれまで同様のNodeオブジェクトです。

ロール

たとえば、2つのサーバがまったく同じ構成だった場合、それぞれのランリストはまったく同じ内容になります。サーバが2台ならともかく、こ

図4.7 nodesディレクトリの内容

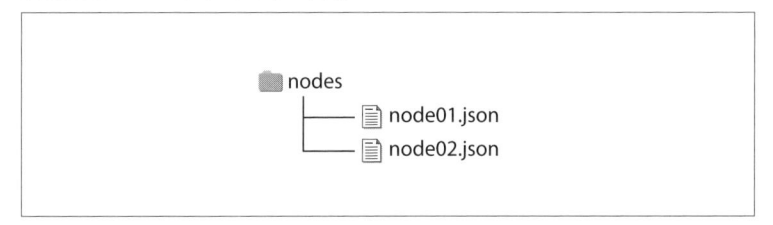

```
nodes
├── node01.json
└── node02.json
```

れが5台、10台と増えていった場合、適用レシピを1つ追加するたび10のNodeオブジェクトを編集することになってしまいます。

また、そのノードの用途が異なる場合はどうでしょうか。5台がWebサーバ、5台がデータベースサーバだった場合などです。Webサーバとデータベースサーバごとに異なるランリストを持ち、1つレシピを追加するたびどのノードがどういった役割だったかを思い出しながらランリストを編集していく……。考えたくない操作でしょう。そこでロール機能の出番です。

ロールはノードの1つ上の抽象度で、名前のとおりノードの「役割」を定義するものです。RoleオブジェクトはNodeオブジェクト同様JSONで記述します。

ロールを設定する

たとえばWebサーバの役割をするwebというロールを定義してみましょう。roles/web.jsonを作り**リスト4.10**のように記入します。

リスト4.10 webロールの設定例（roles/web.json）

```
{
  "name": "web",
  "chef_type": "role",
  "json_class": "Chef::Role",
  "run_list": [
    "recipe[git]",
    "recipe[apache2]"
  ]
}
```

このロールには、gitとapache2のレシピをランリストに持つよう設定しました。chef_typeとjson_classという見慣れないプロパティがあります

が、これはロールの場合は固定の値なのでそのまま書いてください。

ロールを適用する

node01 と node02 はいずれも Web サーバだと仮定し、このロールを適用します。nodes/node01.json、nodes/node02.json は**リスト4.11**のようになります。

リスト4.11 webロールの適用（nodes/node01.json、nodes/node02.json）

```
{
  "run_list":[
    "role[web]"
  ]
}
```

ランリストの中にロールを使うよう指示します。これでChefを適用すると、web.jsonに記載されたランリストが両ノードに適用されます。

ロールを使うと、このように役割ごとにランリストその他を定義し、ノードを役割ベースで管理できます。Chefで複数ノードを管理する必要が出てきたら迷わずロールを導入しましょう。

複数のロールを割り当てる

なお、1つのノードに複数のロールを割り当てることも可能です。**リスト4.12**はその例です。

リスト4.12 複数ロールの適用

```
{
    "run_list":[
        "recipe[git]",
        "role[web]",
        "role[db]"
    ]
}
```

gitのレシピは個別に適用し、webとdbのロールを割り振っています。

ランリストが長大になってきた場合に、そのレシピを役割ベースでカテゴリ分けしてロールにまとめると管理が楽になります。

ロールでAttributeを管理する

ロールではランリストに加えてAttributeを扱うこともできます(**リスト4.13**)。

リスト4.13 ロールでのAttributeの設定

```
{
  "name": "web",
  "chef_type": "role",
  "json_class": "Chef::Role",
  "default_attributes": {
      "apache": {
          "listen_ports": [
              "80",
              "443"
          ]
      }
  },
  "override_attributes": {
      "apache": {
          "max_children" : "50"
      }
  },
  "run_list": [
      "recipe[git]",
      "recipe[apache2]"
  ]
}
```

読んで字のごとく、default_attributesはこのロールを割り当てた側にそのAttributeが定義されていなかったら利用される値で、override_attributesは上書きする値です。

ノード単位ではなく複数サーバでAttributeをまとめて定義したい場合にはロール側で管理するとよいでしょう。

Environments

ロールは、役割ごとに共通するランリストやAttributeを定義するための機能ですが、よく似た機能にEnvironmentsがあります。

ロールは「Webサーバ」だったり「データベースサーバ」といったノードの

役割に応じて状態を定義できる機能です。一方Environmentsは、「開発」「ステージング」「プロダクション」といったノードの環境に応じて状態を定義できる機能です。

よく似ていますが「Webサーバ」の役割をしているノードが開発環境、プロダクション環境ごとにそれぞれ存在しているなどの例は、実システムではよくあります。そして開発環境はこちらのデータベースに接続、プロダクションではあちらのデータベースに接続して……といった具合に、同じ役割でもノードの状態が微妙に異なることもまたよくあることです。Environmentsを使うとその環境ごとの差分をきれいに表現できます。

なお、ロールはランリストとAttributeを定義できましたが、Environmentsは主にAttributeを定義するのに利用します[注2]。

Environmentsの記述のしかた

Environmentsの定義ファイルは、リポジトリのenvironmentsディレクトリ以下に置きます。たとえばenvironments/development.jsonという名前で開発環境用の定義ファイルを作ります。書式はほぼロールと同じです（**リスト4.14**）。

リスト4.14 Environmentsの設定（environments/development.json）

```
{
  "name": "development",
  "description":"Development environment",
  "chef_type": "environment",
  "json_class": "Chef::Environment",
  "default_attributes": {
    "apache": {
      "max_children": "10"
    }
  },
  "override_attributes": {}
}
```

そして、Nodeオブジェクト側でこのdevelopment環境であることを宣言

注2　Chef SoloではなくChef Server環境においてのみ利用できるEnvironmentsの機能がいくつかありますが、ここでは省略します。

します。たとえばWebサーバの役割をしている、開発環境のNodeオブジェクトであれば**リスト4.15**のように定義できるでしょう。

リスト4.15 Nodeオブジェクト側でEnvironmentsを設定

```
{
  "environment": "development",
  "run_list":[
    "role[web]"
  ]
}
```

これで、このNodeオブジェクトで定義されているノードに対しては、先に定義したdevelopment.jsonに定義されたAttributeが適用されることになります。

プロダクション用の定義を追加する場合は、新たにenvironments/production.jsonを用意して同様に定義していくことになるでしょう。

Attributeの優先度

第3章でも説明しましたが、クックブック、ロール、Environments、そしてNodeオブジェクトと、Attributeの値を定義できる個所がいくつもあります。それぞれで同名のAttributeを定義した場合にはどうなるのでしょうか。

その場合、最終的により優先度の高いAttributeの値が最終的に利用されることになります。詳しくはAttributeのドキュメント[注3]に記載されていますが、簡単に言うと、

- クックブック内のAttributeファイル
- レシピの中で定義されたAttribute
- Environments
- ロール
- Nodeオブジェクト

の順で、上から下へ優先度が高くなっていきます。すなわち、Environments

注3 http://docs.opscode.com/essentials_cookbook_attribute_files.html

で定義されたAttribute値をロールやNodeオブジェクトで上書きできるようになっています。

これにより、たとえば開発環境全体で共通しているAttributeをEnvironmentsに定義しておき、特定のノードのみ異なる設定項目は対象のノードのNodeオブジェクト側で上書きする、といった使い方が可能になっています。

なお、Chef Soloではバージョン11.6よりEnvironmentsをサポートしています。11.4以前のバージョンではEnvironmentsの定義がサポートされないため、古いバージョンを使っていてかつEnvironmentsを利用したい場合は、Chef Soloのバージョンを上げるか、Chef Serverと組み合わせて利用してください。Chef Serverについては第9章で説明します。

複数ノードへChef Soloを実行する

複数のノードに対してChef Soloを実行する場合に、knife solo cookコマンドを都度都度実行していくのは面倒です。複数サーバへの一括適用についても考える必要があります。

xargs

ノードの台数がそれほど多くなく、かつChefの適用が逐次でよい、つまり1台ずつ順番に済ませていくので問題ない場合は、単にコマンドラインからxargsなどでまとめてしまうのが楽でしょう。

```
$ echo node01 node02 node03 | xargs -n 1 knife solo cook
```

これをシェルスクリプトにしておいて、Chefリポジトリの中にconverge.shなどして置いておくのもよいでしょう。

knife-soloは並列実行やノード一覧の管理などはサポートしていません。「複数にまとめて実行したい場合はxargsを使いなさい」というのはFAQのようです。xargsであれば、-Pオプションを付けることで並列実行も一応は可能です。詳しくはxargsのマニュアルを参照してください。

外部ツールと連携する

これがある程度以上の規模になってくると、さすがにxargsでの実行では済ませられないようになってくるでしょう。より望ましい並列実行のサポート、対象ノードを別途ほかのデータベースから取得する必要性など、課題が出てくると思います。

詳しい方法の解説は省略しますが、大きく2つの方針があります。

- Capistrano、MCollective、Fabricなどのほかのツールを利用し、Chef Soloを実行する
- Chef Serverに移行する

CapistranoはRailsアプリケーションのデプロイで有名なデプロイツールで、複数サーバに対して任意のタスクを並列に実行しその出力を手元のホストに集めてくる機能を持っています。CapistranoとChef Soloを連携させてプロビジョニングを行うという事例はよく耳にします。このように、リモートホストでのタスク実行に特化した外部ツールをChef Soloと連携するよう設定して使うのが一つの手です。

プロビジョニングフレームワークで作成したコードをどうやって複数サーバ群に適用するかという概念は「オーケストレーション」と呼ばれます。Capistrano、MCollective、Fabricなどはオーケストレーションツールと見ることもできます。Chef Soloは、「Solo」という名前のとおりオーケストレーションについてまでは関知しないので、そのあたりは自分でソリューションを探す必要があるわけです。

オーケストレーションのもう一つの解決策は、Chef Soloを卒業し、本書の第9章以降で解説するChef Serverに移行することです。そもそもChef Serverは大規模システムでの用途を考慮したアーキテクチャになっています。Chefによって管理される側のサーバにはChef Clientというエージェントがインストールされていて、Chef Serverに接続します。Chef Serverは中央にデータベースを持ち、そこでクックブックやロールを管理しています。サーバはエージェントから問い合わせがあると、データベースを参照しつつそのエージェントにレシピの適用などを指示します。

外部ツールに頼ったオーケストレーションは、そのツールとの連携部分を自分たちで作り込み管理保守しなければいけませんし、ツールのアーキ

テクチャ的にも十数台は対応できても数十台以上になると厳しい、というものもあります。そのあたりの見極めが必要です。

　Chef Serverを使えば数千台規模でも対応はできるのですが、Chef Serverのしくみ自体がそれなりに大規模ですし、Chef Serverのアーキテクチャが何の欠点もないかというとそういうわけでもありません。Chefでシステムを管理するのに別途Chef Serverも管理しなければいけない、という点がその最たるものです。

　このあたりはまだまだコミュニティでも議論の分かれるところで、基本的には、自らの管理したいサーバの要件に合わせて適切なソリューションを自分で考えるべき……というのが現状の回答と言えます。

第5章

Vagrantによる
クックブック開発環境の構築

第5章 Vagrantによるクックブック開発環境の構築

第2章では、クックブックを動作させるための環境としてVagrantを利用する方法を簡単に説明しました。本章ではVagrantを使って、より効率的にクックブックを開発する方法や独自のクックブック実行環境を作る方法について説明します。

5.1 Vagrantから直接クックブックを適用する

第2章では、Vagrantを使って起動した仮想サーバに対して、SSHでログインしたり、knife-soloコマンドを使うことでクックブックの適用を行っていました。

一方でVagrantには、起動時または任意のタイミングでクックブックを適用する機能があらかじめ用意されています。この機能のことをVagrantではProvisioner(プロビジョナー)と呼んでいます。Chef SoloまたはChef Client以外に、Puppetやシェルスクリプトなどにも対応しています。

Vagrantfileへの記述

Vagrantのプロビジョニングに Chef Soloを使うには、Vagrantfileに**リスト5.1**のようにconfig.vm.provisionの個所のコードを追加します。

リスト5.1 VagrantでChef Soloを利用する設定(Vagrantfile)

```ruby
# -*- mode: ruby -*-
# vi: set ft=ruby :

VAGRANTFILE_API_VERSION = "2"

Vagrant.configure(VAGRANTFILE_API_VERSION) do |config|

  config.vm.box = "opscode-centos-6.5"
  config.vm.box_url = "http://opscode-vm-bento.s3.amazonaws.com/vagrant/virtualbox/opscode_centos-6.5_chef-provisionerless.box"
  # Chef Clientの最新版を利用可能にする
```

5.1 Vagrantから直接クックブックを適用する

```ruby
    config.omnibus.chef_version = :latest
略

    config.vm.provision :chef_solo do |chef|
      # ❶クックブックの配置場所を指定
      chef.cookbooks_path = "./cookbooks"
      # ❷Attributeの定義
      chef.json = {
        nginx: {
          env: "ruby"
        },
        fluentd: {
          installer: "rpm"
        },
        mysql: {
          server_root_password: 'rootpass'
        }
      }
      # ❸適用するクックブックの定義
      chef.run_list = %w[
        recipe[yum-epel]
        recipe[nginx]
        recipe[mysql]
        recipe[fluentd]
      ]
    end
end
```

この例では、❶でクックブックの配置場所をVagrantfileと同じディレクトリにあるcookbooksディレクトリに指定し、❷のchef.jsonから始まる個所でクックブックの適用の際に利用するAttributeを定義し、❸のchef.run_listの個所で適用するクックブックを定義しています。

Chef Client／Chef Soloを自動インストールする

また、この例ではBentoのboxを利用しているため、boxの中にはChef ClientやChef Soloが含まれていません。したがって、vagrant-omnibusプラグインを利用して、これらのインストールを自動で行います。このプラグインを使うと、仮想サーバの起動時にChef Clientがインストールされて

いるかを確認したうえで、インストールされていない場合はインターネット経由でインストーラーをダウンロードし自動で仮想サーバにインストールします。

vagrant-omnibusのインストールは、**図5.1**のコマンドで実行します。

図5.1 vagrant-omnibusのインストール
```
$ vagrant plugin install vagrant-omnibus
```

またこの機能を有効にするには、Vagrantfileに**リスト5.2**のような記述を追記してください。バージョン番号を文字列で指定することも可能です。

リスト5.2 vagrant-omnibusの有効化（Vagrantfile）
```
config.omnibus.chef_version = :latest
```

Vagrant起動時にプロビジョニングを実行する

準備が終わったら、仮想サーバを起動します（**図5.2**）。起動と同時にプロビジョニングを実行します。

図5.2 Vagrant起動時にプロビジョニングを実行
```
$ vagrant up --provision
```

Vagrantを起動した際には、Vagrantfileがあるディレクトリが仮想サーバ上で/vagrantというディレクトリとしてマウントされます。したがって起動した仮想サーバ上で利用したいファイルは同じディレクトリに配置しておくとよいでしょう。

随時プロビジョニングを実行する

一度起動した仮想サーバに対して再度プロビジョニングを実行する場合は、**図5.3**のようにしてください。

図5.3 Vagrantで随時プロビジョニングを実行
```
$ vagrant provision
```

以上の例でわかるように、Vagrantfileやクックブックをバージョン管理システムに登録しておけば、Vagrantを実行するだけで、いつでも同じ環境を構築できることになります。

5.2 Saharaを使って何度もクックブック適用を試す

Vagrantの特徴として、プラグインを使った機能拡張ができることが挙げられます。Vagrant自体も内部的に独立した複数のプラグインによって構成されており、たとえばVirtualBox以外の環境への対応もプラグインを使って行われます。

現在公開されているプラグインの一覧は、https://github.com/mitchellh/vagrant/wiki/Available-Vagrant-Plugins に紹介されていますので、Vagrantをより便利に使いたい場合は確認してみるとよいでしょう。ここでは、Vagrantの代表的なプラグインであるSaharaを紹介します。

SaharaはVagrantの仮想サーバへの変更をいつでも巻き戻すことができるプラグインです。仮想サーバに対する変更を、保存しておいた状態までロールバックできます。したがってクックブックを適用する前に状態を保存しておき、クックブック実行後にロールバックすれば、簡単に何回でもクックブック適用のテストができることを意味します。

Saharaを導入する

まずは、Saharaをインストールします。図5.4のコマンドを実行してください。

図5.4 Saharaのインストール

```
$ vagrant plugin install sahara
```

インストールが完了したら、仮想サーバのsandboxモードを有効にしてみましょう（図5.5）。

図5.5　sandboxモードの有効化

```
$ vagrant sandbox on
```

　sandboxモードが有効なときに仮想サーバに対して与えた変更は、コミットしない限りrollbackコマンドで巻き戻すことができます[注1]。このとき、仮想サーバは最後にコミットした時点、もしくは一度もコミットしていない場合はsandboxモードを有効にした時点の状態に戻ります。

Saharaによるロールバックを試す

　今回はflacパッケージをインストールしてからロールバックします。実際に試してみましょう（図5.6）。

図5.6　flacパッケージのインストール

```
$ vagrant ssh -c "sudo yum install flac -y"
$ vagrant ssh -c "sudo rpm -aq | grep flac"
flac-1.2.1-6.1.el6.x86_64
```

　インストールしたあとに、rpmコマンドで確認してみました。正常にインストールされていることがわかります。この変更を取り消すためにロールバックしてみましょう（図5.7）。

図5.7　ロールバックの実行

```
$ vagrant sandbox rollback
$ vagrant ssh -c "sudo rpm -aq | grep flac"
```

　flacパッケージはきれいになくなりました。このようにsandboxを使うとChefのプロビジョニングを簡単に試したりデバッグに使ったりできます。

sandboxモードから抜ける

　最後に、sandboxモードから抜けたいときは図5.8のコマンドを実行して

注1　コミットはvagrant sandbox commitコマンドで行うことができます。

ください。

図5.8 sandboxモードの終了
```
$ vagrant sandbox off
```

sandboxモードの状態を確認する

sandboxモードがオンになっているかわからない場合は、statusコマンドを利用します（**図5.9**）。

図5.9 sandboxモードの確認
```
$ vagrant sandbox status
```

この節では、Saharaを利用して何度も仮想サーバへの変更を試す例を紹介しました。パッケージだけでなく、ファイルの状態や設定なども戻すことができます。OSの設定を変更するクックブックを作る際にもSaharaが活躍するでしょう。

5.3 Packerで開発環境用のboxを作成する

Vagrant用のboxはChef社のBentoや、Vagrantbox.esで公開されているものなど多数ありますが、どれを利用するのかについては慎重な判断が必要です。

たとえば、インターネット上に公開されているboxに悪意がないという保証はどこにもありませんし、パッケージ管理システムで有効になっているリポジトリの状態や、Chefなどすでにインストールされているソフトウェアのバージョンが望んでいないものである可能性もあります。したがってVagrantで利用するboxは、信頼できる作成者が作ったもの（Bento）を使うか、または独自に作成したもののいずれかを使うことが望ましいと言えます。

ここでは独自にboxを作成する方法を見ていきましょう。独自のboxを作

るためのオープンソースのツールとしてはVeewee[注2]とPacker[注3]が有名ですが、ここではVeeweeの後継としてVagrantの作者Mitchell Hashimoto氏が開発を進めているPackerを使います。PackerはVeeweeよりも抽象度が高く、Vagrant用のboxだけでなく、AWSのAMI（*Amazon Machine Image*）や、OpenStack用のイメージまで幅広くイメージ作成が行えるのも特徴です。

Packerをインストールする

　PackerはGo言語で開発されています。バイナリが配布されているので、公式サイトのダウンロードページ[注4]からお使いのプラットフォームに合うものを選択してダウンロードしてください。なお、本書では2014年3月現在の最新バージョンである0.5.2を利用しています。

　ダウンロードしたファイルはzip形式で圧縮されているので、ダウンロードしたら解凍して適当な場所に配置します。ドキュメントによると、UNIXベースのOSを使っているなら、~/packerか/usr/local/packerに配置するのが望ましいようです。なお、packerを配置したディレクトリへPATHを通すのを忘れないようにしてください。

　packerコマンドを入力して、usageが表示されたらインストール完了です（図5.10）。

図5.10　packerコマンドの確認

```
$ packer
usage: packer [--version] [--help] <command> [<args>]

Available commands are:
    build       build image(s) from template
    fix         fixes templates from old versions of packer
    inspect     see components of a template
    validate    check that a template is valid

Globally recognized options:
    -machine-readable    Machine-readable output format.
```

注2　https://github.com/jedi4ever/veewee
注3　http://packer.io/
注4　http://www.packer.io/downloads.html

CentOSのboxを作成する

Packerを利用して、VagrantでUC利用できるCentOS 6.5のboxを作成しましょう。

Packerの設定を記述する

Packerでは、設定内容をJSON形式で記述します。設定には、OSイメージが置かれているURLなどが含まれます。適当な作業用のディレクトリの中に**リスト5.3**の内容でtemplate.jsonファイルを新規に作成してください。

リスト5.3 Packerの設定ファイル（template.json）

```
{
  "builders":[{ ❶
    "type": "virtualbox-iso",
    "guest_os_type": "RedHat_64",
    "iso_url": "http://mozilla.ftp.iij.ad.jp/pub/linux/centos/6/isos/x86_64/CentOS-6.5-x86_64-minimal.iso",
    "iso_checksum": "0d9dc37b5dd4befa1c440d2174e88a87",
    "iso_checksum_type": "md5",
    "ssh_username": "vagrant",
    "ssh_password": "vagrant",
    "ssh_wait_timeout": "3000s",
    "vm_name": "box",
    "http_directory": "./",
    "boot_wait": "30s",
    "boot_command":[
      "<esc><wait>",
      "linux ks=http://{{ .HTTPIP }}:{{ .HTTPPort }}/ks.cfg ",
      "<enter><wait>"
    ],
    "shutdown_command": "sudo /sbin/poweroff"
  }],
  "provisioners":[{ ❷
    "type": "shell",
    "scripts": [
      "base.sh"
    ]
  }],
  "post-processors": [ ❸
    {
      "type": "vagrant",
```

```
    "output": "./CentOS-6.5-x86_64-ja.box"
  }
 ]
}
```

❶のbuildersセクションは、主にどのような環境を使ってどんなOSのイメージを作成するかの設定です。❷のprovisionersセクションは実際のOSの内部に関するもので、追加のパッケージの導入やOSの設定などに関する内容を記述します。ここでは、後述するbase.shという名前のスクリプトを実行することで、OS内の設定を行っています。最後に❸のpost-processorsセクションでは、仮想サーバができあがった際の出力方法を指定しています。

OSの初期設定を記述する

Red Hat系OSには、KickstartというOSを自動インストールするしくみがあります。Debian系OSではpreseedと呼ばれています。PackerやVeeweeでは、これらを利用してOSの初期設定を行います。Kickstartで、使用する言語設定や、タイムゾーンの設定、ユーザやグループの追加などを行います。先ほどtemplate.jsonを配置したのと同じ場所にks.cfgファイルを新規作成してください（**リスト5.4**）。

リスト5.4 Kickstartの設定ファイル（ks.cfg）

```
install
cdrom
lang en_US.UTF-8
keyboard us
network --bootproto=dhcp
rootpw --iscrypted $1$damlkd,f$UC/u5pUts5QiU3ow.CSso/
firewall --enabled --service=ssh
authconfig --enableshadow --passalgo=sha512
selinux --disabled
timezone Asia/Tokyo
bootloader --location=mbr

text
skipx
zerombr

clearpart --all --initlabel
```

```
autopart

auth --useshadow --enablemd5
firstboot --disabled
reboot

%packages --nobase
@core
%end

%post
/usr/bin/yum -y install sudo
/usr/bin/yum -y upgrade
/usr/sbin/groupadd vagrant
/usr/sbin/useradd vagrant -g vagrant -G wheel
echo "vagrant"|passwd --stdin vagrant
echo "vagrant        ALL=(ALL)       NOPASSWD: ALL" >> /etc/sudoers.d/vagrant
chmod 0440 /etc/sudoers.d/vagrant
%end
```

必要なソフトウェア群の設定を記述する

　ここでは、Chef社が提供しているオムニバスインストーラーを利用したChefのインストール、VirtualBoxの拡張機能であるGuest Additionsのインストール、vagrantユーザの鍵配置を行います。Guest Additionsのインストールにはgccなどyumのパッケージ群が必要です。Linuxカーネルモジュールを管理するしくみであるdkmsのインストールには、yumの外部リポジトリであるEPELが必要です。これらの必要なOS設定をbase.shで行います。今まで作成したファイルと同じ場所にbase.shを新規作成してください（**リスト5.5**）。

リスト5.5 OSへのパッケージのインストールなどの設定（base.sh）

```
# 基本的なパッケージのインストール

/usr/sbin/setenforce 0
sudo sed -i "s/^.*requiretty/#Defaults requiretty/" /etc/sudoers
sudo sed -i "s/#UseDNS yes/UseDNS no/" /etc/ssh/sshd_config

cat <<EOM | sudo tee -a /etc/yum.repos.d/epel.repo
[epel]
```

```
name=epel
baseurl=http://download.fedoraproject.org/pub/epel/6/\$basearch
enabled=0
gpgcheck=0
EOM

sudo yum -y install gcc make automake autoconf libtool gcc-c++ kernel-heade
rs-`uname -r` kernel-devel-`uname -r` zlib-devel openssl-devel readline-dev
el sqlite-devel perl wget nfs-utils bind-utils
sudo yum -y --enablerepo=epel install dkms

# Vagrant用の公開鍵を登録
mkdir -pm 700 /home/vagrant/.ssh
wget --no-check-certificate 'https://raw.github.com/mitchellh/vagrant/mast
er/keys/vagrant.pub' -O /home/vagrant/.ssh/authorized_keys
chmod 0600 /home/vagrant/.ssh/authorized_keys
chown -R vagrant /home/vagrant/.ssh

cd /tmp
sudo mount -o loop /home/vagrant/VBoxGuestAdditions.iso /mnt
sudo sh /mnt/VBoxLinuxAdditions.run
sudo umount /mnt

sudo /etc/rc.d/init.d/vboxadd setup

# オムニバスインストーラーを利用したChefのインストール
curl -L https://www.opscode.com/chef/install.sh | sudo bash
```

これで準備は完了です。

マシンイメージをビルドする

図5.11のコマンドで、マシンイメージのビルドを始めましょう。

図5.11 packerコマンドによるマシンイメージのビルド

```
$ packer build template.json
```

図5.12のように出力されます。VirtualBoxのGuest AdditionsとCentOSのイメージダウンロードがあるので少し時間がかかるでしょう。

図5.12 マシンイメージビルドの際の出力

```
virtualbox-iso output will be in this color.

==> virtualbox-iso: Downloading or copying Guest additions checksums
    virtualbox-iso: Downloading or copying: http://download.virtualbox.org
/virtualbox/4.3.8/SHA256SUMS
==> virtualbox-iso: Downloading or copying Guest additions
    virtualbox-iso: Downloading or copying: http://download.virtualbox.org
/virtualbox/4.3.8/VBoxGuestAdditions_4.3.8.iso
    virtualbox-iso: Download progress: 1%
略
==> virtualbox-iso: Downloading or copying ISO
    virtualbox-iso: Downloading or copying: http://mozilla.ftp.iij.ad.jp/p
ub/linux/centos/6/isos/x86_64/CentOS-6.5-x86_64-minimal.iso
==> virtualbox-iso: Starting HTTP server on port 8081
==> virtualbox-iso: Creating virtual machine...
==> virtualbox-iso: Creating hard drive...
==> virtualbox-iso: Creating forwarded port mapping for SSH (host port 3213)
==> virtualbox-iso: Starting the virtual machine...
==> virtualbox-iso: Waiting 30s for boot...
==> virtualbox-iso: Typing the boot command...
==> virtualbox-iso: Waiting for SSH to become available...
==> virtualbox-iso: Connected to SSH!
==> virtualbox-iso: Uploading VirtualBox version info (4.3.8)
==> virtualbox-iso: Uploading VirtualBox guest additions ISO...
==> virtualbox-iso: Provisioning with shell script: base.sh
略
```

　お使いのネットワーク環境によりますが、ビルドは数十分かかるでしょう。イメージダウンロードが終了すると自動的にVirtualBoxが起動しますが、ビルド終了時にはVirtualBoxの画面は勝手に閉じられるので操作せずにビルド終了を待ってください。**図5.13**ように出力されたらビルド終了です。

図5.13 マシンイメージビルドの終了

```
Build 'virtualbox' finished.

==> Builds finished. The artifacts of successful builds are:
--> virtualbox-iso: 'virtualbox' provider box: ./CentOS-6.5-x86_64-ja.box
```

Vagrantにboxを登録する

VagrantにPackerで作ったboxを登録します。「CentOS-6.5-x86_64-ja」という名前を付けることにします(図5.14)。

図5.14 作成したboxのVagrantへの登録

```
$ vagrant box add CentOS-6.5-x86_64-ja ./CentOS-6.5-x86_64-ja.box --provid
er virtualbox  実際は1行
```

boxが登録されたかどうかを確認してみましょう(図5.15)。

図5.15 boxの登録結果の確認

```
$ vagrant box list
CentOS-6.5-x86_64-ja                (virtualbox)
```

作成したboxを起動する

別ディレクトリに移動して、仮想サーバを立ち上げてみましょう。第2章で紹介したように vagrant init コマンドにboxの名前を与えると、あらかじめVagrantfileにbox名を記入してくれます(図5.16)。

図5.16 仮想サーバの起動とログイン

```
$ mkdir centos
$ vagrant init CentOS-6.5-x86_64-ja
$ vagrant up
$ vagrant ssh
Last login: Mon Mar 24 21:57:25 2013 from 10.0.2.2
[vagrant@localhost ~]$
```

無事にログインできました。

以上のように、Packerを使ってVagrant用のCentOS boxを作成できました。前述のとおり、PackerではAmazon EC2用のイメージであるAMIなども作成できます。ぜひ試してみてください。

5.4 変更を加えたboxを配布する

ここまで、新たにVagrant用のboxを作成する方法を紹介してきましたが、一方で、ほかのboxを利用して起動し、設定を行った仮想サーバを再度パッケージ化して再利用することも可能です。

パッケージ化するのはとても簡単です。パッケージ化したい仮想サーバのVagrantfileがあるディレクトリで、図5.17のコマンドを実行するだけです。

図5.17 パッケージ化

```
$ vagrant package
```

実行の結果、同じディレクトリにpackage.boxという名前でboxが作成されます。出力ファイルの名前を指定したい場合は、--outputオプションを使って名前を指定してください。作成されたboxの使い方は通常のVagrantでのboxの利用方法と同じです。

5.5 VagrantでVMware Fusionを利用する

ここまではVagrantをVirtualBoxと組み合わせて利用する方法について説明してきましたが、Vagrant 1.1以降ではVirtualBox以外にもほかの仮想化ツールなどと組み合わせて利用できます。

ここではMac OS上で動作するVMware Fusionとの組み合わせ方法を見ていきましょう。

VMware Fusionをインストールする

VMwareのサイトのダウンロードページ[注5]にアクセスし、VMware Fusionをダウンロードしてインストールします。VMware Fusionは30日間は無償評価版が使えます。

Vagrant VMware Fusion Providerを購入する

VagrantでVMware Fusionを動かすためには、Mitchell Hashimoto氏が作成している有償のプラグインであるVagrant VMware Fusion Providerを購入する必要があります。なお、前述のVMware Fusionは30日間無償評価版として利用できますが、Vagrant VMware Fusion Providerには評価版がありませんので注意してください。

購入するには購入ページ[注6]にアクセスし、「Buy Fusion Licenses Now」ボタンを押してください。以降画面の指示に従っていけば購入が完了します。購入後に、指定したメールアドレス宛に購入確認のメール、ライセンスの準備ができたことを知らせるメール、レシートメールが送られてきます。ライセンスが書かれたメールのURLをクリックし、license.licファイルをダウンロードしてください。

Vagrant VMware Fusion Providerをインストールする

引き続き、**図5.18**のコマンドを実行し、VMware Fusion用のVagrantプラグインをインストールします。

図5.18 Vagrant VMware Fusion Providerのインストール

```
$ vagrant plugin install vagrant-vmware-fusion
Installing the 'vagrant-vmware-fusion' plugin. This can take a few minutes...
Installed the plugin 'vagrant-vmware-fusion (2.3.4)'!
```

注5 http://www.vmware.com/go/downloadfusion-jp
注6 http://www.vagrantup.com/vmware#buy-now

プラグインのインストールが終わったらライセンスの登録を行います。先ほどダウンロードしたライセンスファイルがあるディレクトリで図5.19のコマンドを実行してください。

図5.19　ライセンスの登録

```
$ vagrant plugin license vagrant-vmware-fusion license.lic
Installing license for 'vagrant-vmware-fusion'...
The license for 'vagrant-vmware-fusion' was successfully installed!
```

これでライセンスの登録は完了です。

VMware Fusionを使ってVagrant仮想サーバを起動する

VMware Fusionを使って仮想サーバを起動してみましょう。VirtualBoxの場合とほとんど手順は変わりません。

boxを追加する

まずは、VMware Fusion用のboxをダウンロードします。BentoのUbuntu 12.04を利用します（図5.20）。VirtualBoxのときとの違いは、boxを追加する際に--providerでboxの種類を指定している点だけです。

図5.20　VMware Fusion用のboxの追加

```
$ vagrant box add opscode-ubuntu-12.04 http://opscode-vm-bento.s3.amazonaws.com/vagrant/vmware/opscode_ubuntu-12.04_chef-provisionerless.box --provider=vmware_desktop　実際は1行
==> box: Adding box 'opscode-ubuntu-12.04' (v0) for provider: vmware_desktop
    box: Downloading: http://opscode-vm-bento.s3.amazonaws.com/vagrant/vmware/opscode_ubuntu-12.04_chef-provisionerless.box
==> box: Successfully added box 'opscode-ubuntu-12.04' (v0) for 'vmware_desktop'!
```

boxを起動する

boxが追加できたので、Vagrantfileを用意します（図5.21）。

図5.21　Vagrantfileの用意

```
$ vagrant init precise64
```

仮想サーバを立ち上げてみましょう。root権限を必要とするのでパスワード入力待ち状態になります。お使いのマシンのrootパスワードを入力してください。起動の際は、引数に--provider vmware_fusionを追加して起動します（図5.22）。なお、boxの追加時（図5.20）では引数に--provider=vmware_desktopを指定しましたが、今回の引数はそれと異なりますので注意してください[注7]。

図5.22　VMware Fusionで仮想サーバを起動

```
$ vagrant up --provider vmware_fusion
Bringing machine 'default' up with 'vmware_fusion' provider...
==> default: VMware requires root privileges to make many of the changes
==> default: necessary for Vagrant to control it. In a moment, Vagrant will ask for
==> default: your administrator password in order to install a helper that will have
==> default: permissions to make these changes. Note that Vagrant itself continues
==> default: to run without administrative privileges.
Password:
==> default: Cloning VMware VM: 'opscode-ubuntu-12.04'. This can take some time...
==> default: Verifying vmnet devices are healthy...
==> default: Pruning invalid NFS exports. Administrator privileges will be required...
==> default: Preparing network adapters...
==> default: Starting the VMware VM...
==> default: Waiting for the VM to finish booting...
==> default: The machine is booted and ready!
==> default: Forwarding ports...
    default: -- 22 => 2222
==> default: Configuring network adapters within the VM...
==> default: Waiting for HGFS kernel module to load...
==> default: Enabling and configuring shared folders...
    default: -- /Users/sugai/VirtualBox_VMs/vmware_fusion: /vagrant
```

以上で仮想サーバがVMware Fusionの環境に起動しました。vagrant sshコマンドなどで接続できることを確認してください。

注7　2014年3月現在、Vagrantの開発コミュニティでは、引数が統一されていないことを問題と認識しているものの、まだ対応ができていない状況のようです。

5.6 VagrantでAmazon EC2を利用する

前節では、Vagrantを使ってVMware Fusion上に仮想サーバを作成しました。同じようにプラグインを使って機能を拡張することで、VagrantからAmazon EC2上に仮想サーバを構築することが可能です。ここではvagrant-awsプラグインを利用します。なお、このプラグインは、EC2-Classicと呼ばれるパブリッククラウドの環境と、EC2-VPCと呼ばれる仮想プライベートクラウドの双方でのEC2インスタンスの起動に対応しています。

vagrant-awsプラグインを導入する

vagrant-awsプラグインの導入は簡単です。図5.23のコマンドを実行してください。

図5.23 vagrant-awsプラグインのインストール

```
$ vagrant plugin install vagrant-aws
```

dummy boxを導入する

Amazon EC2をVagrantで利用する際には、個別のOS用のboxを指定するのではなく、dummy boxというAMIを利用するためのboxが必要になります。図5.24の手順で追加してください。

図5.24 dummy boxの追加

```
$ vagrant box add dummy https://github.com/mitchellh/vagrant-aws/raw/master/dummy.box
```
（実際は1行）

セキュリティグループを作成する

Amazon EC2では、セキュリティグループと呼ばれるファイアウォールをインスタンスごとに割り振ります。このセキュリティグループの中で許

可した通信のみが行えるようになっています。ここでは、はじめてのセキュリティグループとしてSSH接続を受け入れるセキュリティグループを作成します。本来であれば、SSH接続を受け入れるIPアドレスに制限を設けることが望ましいことは言うまでもありません。

マネジメントコンソールから、セキュリティグループを作成します。まずはじめに左ナビゲーションから「Security Groups」を選択します(**図5.25**)。

図5.25 セキュリティグループ設定画面への移動

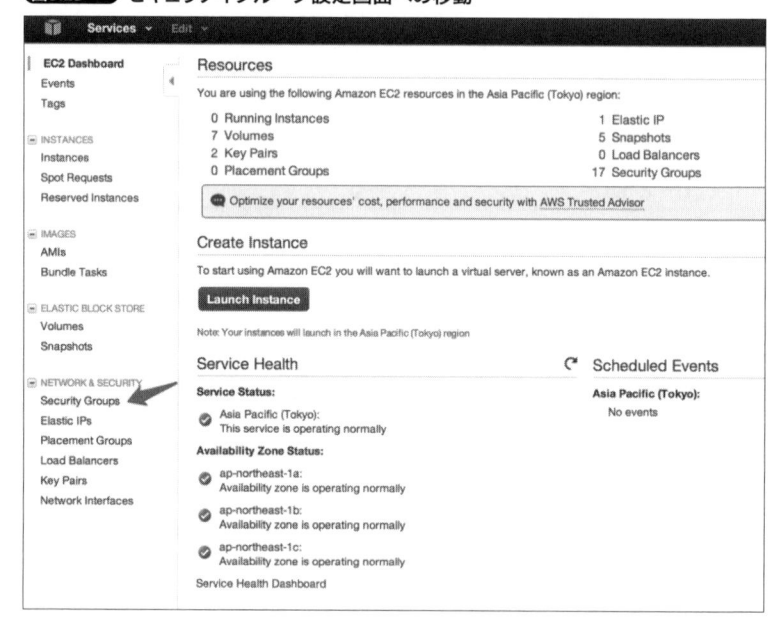

セキュリティグループの設定画面に移動しますので、ページ上部の「Create Security Group」をクリックします(**図5.26**)。

図5.26 セキュリティグループの作成

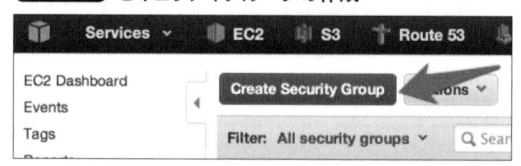

図5.27のようなダイアログが表示されますので、セキュリティグループ名や説明などを記入します。ここでは、chef_practical_guideという名前で

セキュリティグループを作成しています。

図5.27 セキュリティグループの名前などの設定

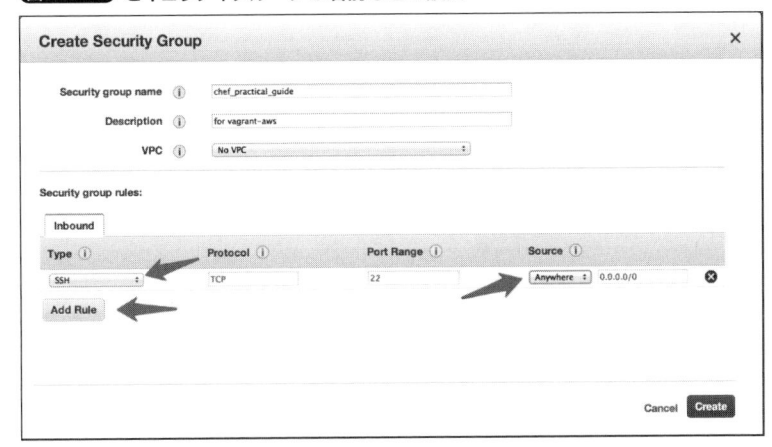

Security group name と Description を入力したら、セキュリティグループのルールを追加します。まずは、「Add Rule」を押します。Typeのプルダウンリストから「SSH」を選択し、Source のプルダウンリストから「Anywhere」を選択してください。最後に「Create」をクリックします。

キーペアを作成する

Amazon EC2では、ログイン情報の暗号化のためにキーペアが必要です。マネジメントコンソールでキーペアを作成できます。すでに作成済みのパブリックキーをインポートすることもできます。キーペア作成時には、プライベートキーのダウンロードが求められます。安全な場所に保管しましょう。パブリックキーはAmazon EC2が管理するのでダウンロードすることはありません。セキュリティグループと同様に、インスタンスごとにキーペアを割り振ります。割り振るとパブリックキーがインスタンスに配置されます。

マネジメントコンソールから、キーペアを作成します。まずはじめに左ナビゲーションから「Key Pairs」を選択します（**図5.28**）。

第5章 Vagrantによるクックブック開発環境の構築

図5.28 キーペア管理画面への移動

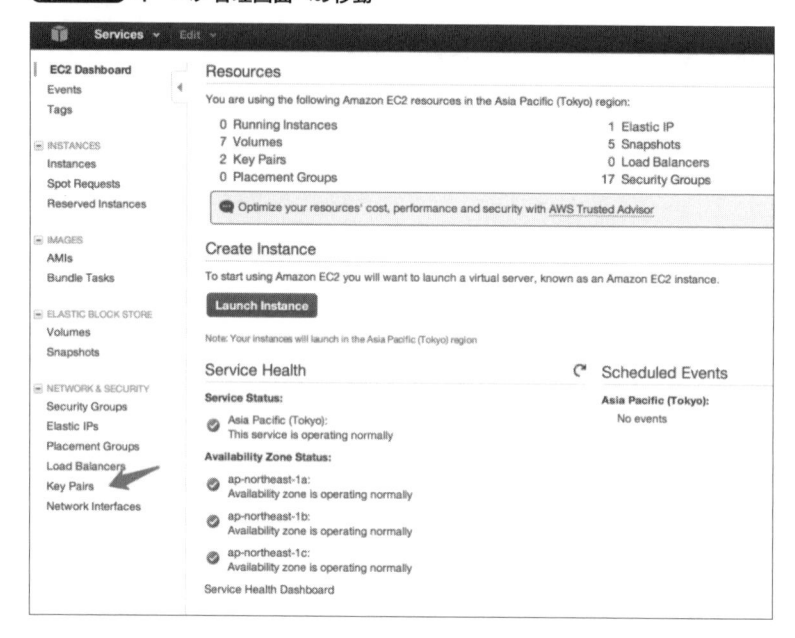

「Create Key Pair」をクリックします（図5.29）。

図5.29 キーペアの作成

図5.30のようなダイアログが表示されますので、キーペアの名前を入力します。ここでは、chef_practical_guideという名前でキーペアを作成しています。

Key pair nameを入力したら「Yes」をクリックします。ダウンロードを要求されるので安全な場所に保管してください。操作ミスでダウンロードに失敗したり、プライベートキーをなくしてしまった場合は、新しいキーペアを作成しましょう。

図5.30 キーペアの名前を入力

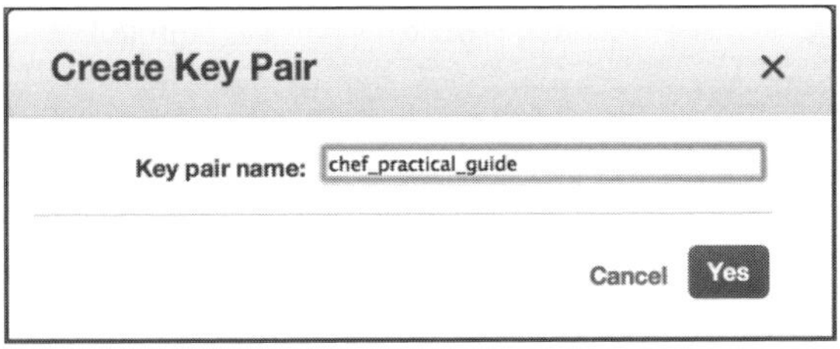

環境変数を設定する

VagrantfileなどのRubyコードや、Packerでのjsonファイルなど、AWSのアクセスキーやシークレットアクセスキーを利用する機会は多いでしょう。しかし、これらの情報をコードや設定ファイルに直接書くのはセキュリティの観点から避けてください。また、これらの情報が書かれたファイルをバージョン管理システムには入れないようにしてください。

これらの情報は、環境変数に設定することをお勧めします。たとえばzshを使っている場合は、**リスト5.6**の内容を~/.zprofileなどに記述することで利用可能になります。編集直後は、sourceコマンドで設定を読み込み直すことと、お使いのシェルに合わせてカスタマイズすることを忘れないでください。

リスト5.6 環境変数の設定 (~/.zprofile)

```
export AWS_ACCESS_KEY_ID=AKIAISAMPLEACCESSKEY1
export AWS_SECRET_KEY=sampleawssecretaccesskeysample1sample1sam
export AWS_KEYPAIR_NAME=chef_practical_guide
export AWS_PRIVATE_KEY_PATH=$HOME/path/to/key.pem
```

AWS_KEYPAIR_NAMEには、先ほど作成したchef_practical_guideをキーペアの名前に指定しています。AWS_PRIVATE_KEY_PATHは、chef_practical_guideキーペアをダウンロードしたパスを記入してください。

Vagrantfileを作成する

VagrantからEC2インスタンスを起動するためのVagrantfileを作成しま

第5章 Vagrantによるクックブック開発環境の構築

す。ここでは、東京リージョンにマイクロインスタンスでAmazon Linuxのインスタンスを起動してみます。**リスト5.7**の内容でVagrantfileを作成してください。

リスト5.7 VagrantからEC2インスタンスを起動する設定（Vagrantfile）

```ruby
# -*- mode: ruby -*-
# vi: set ft=ruby :
VAGRANTFILE_API_VERSION = "2"

Vagrant.configure(VAGRANTFILE_API_VERSION) do |config|

  ssh_username = "ec2-user"
  region = "ap-northeast-1"
  ami = "ami-b1fe9bb0"
  instance_type = "t1.micro"

  config.vm.box = "dummy"
  config.vm.provider :aws do |aws, override|
    aws.access_key_id = ENV['AWS_ACCESS_KEY_ID']
    aws.secret_access_key = ENV['AWS_SECRET_KEY']
    aws.keypair_name = ENV['AWS_KEYPAIR_NAME']
    override.ssh.username = ssh_username
    override.ssh.private_key_path = ENV['AWS_PRIVATE_KEY_PATH']

    aws.region = region
    aws.elastic_ip = true
    aws.security_groups = ["chef_practical_guide"]
    # User-data
    aws.user_data = "#!/bin/sh\nsed -i 's/^.*requiretty/#Defaults requirett
y/' /etc/sudoers\n"
    # タグを指定（任意）
    aws.tags = aws.tags = { "Name" => "test-minimal", "env" => "dev"}
    # AMIを指定。起動したいリージョンにあるAMI
    aws.ami = ami
    # インスタンスタイプを設定
    aws.instance_type = instance_type
  end
end
```

EC2インスタンスを起動する

準備が完了したので、EC2インスタンスを立ち上げてみましょう。provider

指定をして、vagrant upコマンドを実行します（図5.31）。

図5.31 EC2インスタンスの起動

```
$ vagrant up --provider=aws
Bringing machine 'default' up with 'aws' provider...
WARNING: Nokogiri was built against LibXML version 2.8.0, but has dynamical
ly loaded 2.9.1
[fog][WARNING] Unable to load the 'unf' gem. Your AWS strings may not be pr
operly encoded.
==> default: HandleBoxUrl middleware is deprecated. Use HandleBox instead.
==> default: This is a bug with the provider. Please contact the creator
==> default: of the provider you use to fix this.
==> default: Warning! The AWS provider doesn't support any of the Vagrant
==> default: high-level network configurations (`config.vm.network`). They
==> default: will be silently ignored.
==> default: Launching an instance with the following settings...
==> default:  -- Type: t1.micro
==> default:  -- AMI: ami-0d13700c
==> default:  -- Region: ap-northeast-1
==> default:  -- Keypair: first
==> default:  -- Elastic IP: true
==> default:  -- User Data: yes
==> default:  -- Security Groups: ["default"]
==> default:  -- User Data: #!/bin/sh
==> default: sed -i 's/^.*requiretty/#Defaults requiretty/' /etc/sudoers
==> default:  -- Block Device Mapping: []
==> default:  -- Terminate On Shutdown: false
==> default:  -- Monitoring: false
==> default:  -- EBS optimized: false
==> default: Waiting for instance to become "ready"...
==> default: Waiting for SSH to become available...
==> default: Machine is booted and ready for use!
==> default: Rsyncing folder: /Users/sugai/VirtualBox_VMs/chef_practical_g
uide3/ => /vagrant
```

ネットワーク状況に左右されるかもしれませんが、通常だと1〜2分程度で起動が完了します。Waiting for SSH to become available...のまま10分程度待たされているとしたら、セキュリティグループの設定がうまくいっていないためにSSH接続ができていない可能性があります。設定を見なおしてみてください。

Vagrantが思ったように動いてくれないけど理由がわからない！ というときは、詳細のログを表示するとよいでしょう。vagrantコマンドの前に

第5章 Vagrantによるクックブック開発環境の構築

VAGRANT_LOG=infoを付けることでログレベルの指定が可能になります(図5.32)。

図5.32 Vagrantで詳細のログを出力する

```
$ VAGRANT_LOG=info vagrant up --provider=aws
 INFO global: Vagrant version: 1.5.1
 INFO global: Ruby version: 2.0.0
 INFO global: RubyGems version: 2.0.14
 INFO global: VAGRANT_EXECUTABLE="/Applications/Vagrant/bin/../embedded/gems/gems/vagrant-1.5.1/bin/vagrant"
```

これは、Vagrant全般で使えるテクニックですので覚えておいて損はないでしょう。

第6章

アプリケーション実行環境の自動構築

第6章 アプリケーション実行環境の自動構築

　第4章までで、クックブックの作り方の基本を説明しました。本章ではこれまでの内容を踏まえて、開発時にアプリケーションを実行する環境を自動構築する方法を見ていきましょう。開発環境の構築を自動化しておけば、いつでも開発環境を作ったり壊したりできますし、たとえばチームに新しい開発メンバーが増えたときにも簡単に開発環境を準備して、開発を始めることができるようになります。

　ここでは、CentOS 6.5の仮想サーバ上に、nginx・PHP・Rubyの環境を構築します。あわせて、データベースとしてよく利用されるMySQL、最近注目されているログ管理ツールであるFluentdも構築していきます。

6.1 PHP環境を構築する

　以前は、PHPを利用したWebアプリケーションを動かす場合にはApacheを利用することが一般的でしたが、最近では同時アクセスの処理能力などを踏まえてnginx（エンジンエックス）を利用する例が増えています。

　ここでは、nginxとPHP-FPMを利用した環境を作成してみましょう。

nginxを導入する

　ここでも、クックブックの管理のために第4章で紹介したBerkshelfを利用します。

Bundlerを導入／実行する

　Berkshelfはgemという形式で配布されています。Rubyにはgem管理のためのBundlerというツールがあり、Gemfileに書かれたgemの依存関係を解決してくれます。Bundlerのインストールをしてください（**図6.1**）。

図6.1 Bundlerのインストール

```
$ gem install bundler
```

新たに作業用のディレクトリを作成してそちらに移動してください。この作業用ディレクトリの中にあるファイルのみで環境の構築は完結します。なお既存のディレクトリで作業する場合は、BerkshelfによってVagrantfileをはじめとするいくつかのファイルが上書きされますので、事前にバックアップを取るようにしてください。

作業ディレクトリ内に独立した環境を作成するために、BundlerのためのGemfileを作成します。Gemfileの中身は**リスト6.1**のようになります。

リスト6.1　BundlerのためのGemfile
```
source 'https://rubygems.org'

gem 'chef'
gem 'knife-solo'
gem 'berkshelf'
```

追加したら、bundleコマンドを実行します(**図6.2**)。

図6.2　bundleコマンドの実行
```
$ bundle install
```

これで必要なライブラリなどのインストールが終わりました。

vagrant initコマンドを実行する

次にvagrant initコマンドを実行します(**図6.3**)。Vagrantfileを作成したログが表示されています。

図6.3　vagrant initコマンドの実行
```
$ vagrant init
A `Vagrantfile` has been placed in this directory. You are now
ready to `vagrant up` your first virtual environment! Please read
the comments in the Vagrantfile as well as documentation on
`vagrantup.com` for more information on using Vagrant.
```

コメントアウトで設定例が書かれたVagrantfileが作成されます。なお、Vagrantが作成するVagrantfileで指定されているVagrantのboxやIPアドレスなどは変更することも可能です。

クックブックを作成する

nginxのインストールのためにnginxクックブックを作ります。knife-soloを使って元となるクックブックを作りましょう（**図6.4**）。

図6.4 knife-soloによるクックブック作成

```
$ bundle exec knife cookbook create nginx -o ./site-cookbooks
```

レシピを作成する

site-cookbooks/nginx/recipes/default.rbを**リスト6.2**の内容に編集します。第2章で説明したpackageリソースを使ってnginxをインストールし、serviceリソースを使って自動起動の設定とサービスの開始を行うという記述をしています。第3章の65ページで説明したsupportsでnginxサービスにstatus、restart、reloadアクションを受け付けるよう指示をしています。

リスト6.2 nginxのレシピ (site-cookbooks/nginx/recipes/default.rb)

```ruby
include_recipe "yum-epel"

package "nginx" do
  action :install
end

service "nginx" do
  action [ :enable, :start ]
  supports :status => true, :restart => true, :reload => true
end
```

Berksfileを編集する

次にクックブックの依存関係を定義します。Berksfileを**リスト6.3**の内容に編集してください。

リスト6.3 クックブックの依存関係の定義 (Berksfile)

```ruby
site :opscode

cookbook "yum-epel"
cookbook "nginx", path: "./site-cookbooks/nginx"
```

今回はCentOS 6.5にnginxをインストールしますが、CentOSの標準の

yumリポジトリではnginxは提供されておらず、拡張リポジトリであるEPELからインストールする必要があります。そのためにコミュニティクックブックであるyum-epelクックブックを依存関係として定義しています。コミュニティクックブックを使うか、自分自身でクックブックを記述するかの判断ポイントについては第8章の226ページで詳しく説明します。

berks installコマンドを実行する

この時点でクックブックの依存関係定義が終わりました。試しに図6.5のコマンドを実行してみてください。

図6.5　berks installコマンドの実行
```
$ bundle exec berks install --path ./cookbooks
```

cookbooksディレクトリにyum-epelクックブックと先ほど作成したnginxクックブックが配置されます。

Vagrantfileを編集する

ここまででいったんVagrant経由でプロビジョニングしてみましょう。第2章で利用したopscode-centos-6.5のboxを利用します。config.vm.boxおよびconfig.vm.box_urlの内容を**リスト6.4**に変更してください。

リスト6.4　opscode-centos-6.5のboxを使う設定（Vagrantfile）
```
config.vm.box = "opscode-centos-6.5"
config.vm.box_url = "http://opscode-vm-bento.s3.amazonaws.com/vagrant/virtualbox/opscode_centos-6.5_chef-provisionerless.box"
```

ただし、上記のboxにはChef SoloおよびChef Clientが含まれていません。そのため仮想サーバ起動時に自動でインストールするようにvagrant-omnibusというVagrantのプラグインを利用する必要があります（図6.6）。

図6.6　vagrant-omnibusプラグインのインストール
```
$ vagrant plugin install vagrant-omnibus
```

次に、仮想サーバのホスト名の設定、box設定、IPアドレス設定、EPELリポジトリからnginxをインストールするプロビジョニングの設定を編集

します(**リスト6.5**)。

リスト6.5 プロビジョニングの設定(Vagrantfile)

```ruby
# -*- mode: ruby -*-
# vi: set ft=ruby :

# Vagrantfile API/syntax version. Don't touch unless you know what you're doing!
VAGRANTFILE_API_VERSION = "2"

Vagrant.configure(VAGRANTFILE_API_VERSION) do |config|
  略
  config.vm.hostname = "guest"
  config.vm.box = "opscode-centos-6.5"
  config.vm.box_url = "http://opscode-vm-bento.s3.amazonaws.com/vagrant/vi
rtualbox/opscode_centos-6.5_chef-provisionerless.box"

  # IPアドレスの設定
  config.vm.network :private_network, ip: "192.168.33.10"

  # vagrant-omnibusの有効化
  config.omnibus.chef_version = :latest
  略
  config.vm.provision :chef_solo do |chef|
    chef.cookbooks_path = ["./cookbooks", "./site-cookbooks"]
    chef.run_list = %w[
      recipe[yum-epel]
      recipe[nginx]
    ]
  end
end
```

プロビジョニングを実行する

これで準備完了です。仮想サーバを立ち上げて、プロビジョニングしてみましょう(**図6.7**)。

図6.7 仮想サーバの起動とプロビジョニングの実行

```
$ vagrant up --provision
```

次のログが出力されて、正常にnginxがインストールされたことが確認できます。

```
[2014-03-24T15:13:51+00:00] INFO: package[nginx] installing nginx-1.0.15-5.
el6 from epel repository
```

動作確認する

仮想サーバに192.168.33.10のIPアドレスが振られています。ブラウザでhttp://192.168.33.10/にアクセスして図6.8のように表示されるか確認してみましょう。

図6.8 ブラウザでのアクセス結果

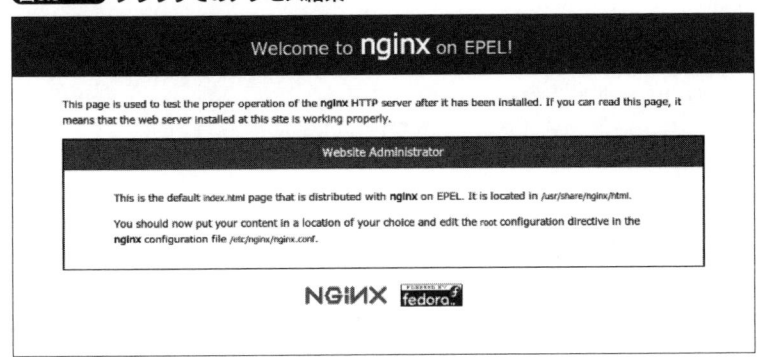

PHPを導入する

nginx導入の次は、PHPの導入を行います。PHP-FPMをインストールします。

クックブックを作成する

それではさっそくPHP-FPMをインストールするレシピを書きましょう。PHPにまつわるレシピはphp-envというクックブックにまとめることにします。まずは先ほどのnginxのときと同じように、knifeコマンドを使ってクックブックのひな型を作成します（図6.9）。

図6.9 php-envクックブックの作成

```
$ bundle exec knife cookbook create php-env -o ./site-cookbooks
```

第6章 アプリケーション実行環境の自動構築

レシピを作成する

レシピの中身を書いていきましょう。site-cookbooks/php-env/recipes/default.rb を**リスト6.6**の内容に編集してください。

リスト6.6 レシピの内容（site-cookbooks/php-env/recipes/default.rb）

```
%w{php-fpm}.each do |pkg|
  package pkg do
    action :install
    notifies :restart, "service[php-fpm]"
  end
end

service "php-fpm" do
  action [:enable, :start]
end
```

ここでは配列を使ってパッケージを列挙したうえでインストールするようになっています。今回は配列の要素は1つですが、多数のパッケージをインストールする場合に、毎回 package の記述をするのは非効率でコードの見通しも悪くなってしまいます。それを避けるため、この書き方はぜひ覚えておくようにしてください。記述方法の詳細については第8章の「重複する記述をループで処理する」（227ページ）で説明します。なお、インストールした PHP-FPM はサービスとして動作するようにしています。

Vagrantfileを編集する

また、php-env クックブックを実行するように Vagrantfile を編集します。ランリストに php-env を加えてください（**リスト6.7**）。

リスト6.7 ランリストの編集（Vagrantfile）

```
# -*- mode: ruby -*-
# vi: set ft=ruby :

# Vagrantfile API/syntax version. Don't touch unless you know what you're doing!
VAGRANTFILE_API_VERSION = "2"

Vagrant.configure(VAGRANTFILE_API_VERSION) do |config|
略
```

```
config.vm.provision :chef_solo do |chef|
  chef.cookbooks_path = ["./cookbooks", "./site-cookbooks"]
  chef.run_list = %w[
    recipe[yum-epel]
    recipe[nginx]
    recipe[php-env]
  ]
end
```

Berksfileを編集する

最後に、Berksfileにphp-envを**リスト6.8**のように追加します。

リスト6.8 Berksfileの編集

```
cookbook "php-env", path: "./site-cookbooks/php-env"
```

Berksfileでは、コミュニティクックブック以外にも自作したクックブックを指定できます。自作したクックブックを指定する場合は、クックブックへのパスを指定しましょう。

プロビジョニングを実行する

これで準備完了ですので、プロビジョニングしてみましょう（**図6.10**）。

図6.10 プロビジョニングの実行

```
$ bundle exec berks install --path ./cookbooks
$ vagrant provision
```

コマンドを実行すると、**図6.11**のようにPHP-FPMをインストールしているログが表示されます。

図6.11 プロビジョニングの実行ログ

```
[2014-03-24T15:13:41+00:00] INFO: package[php-fpm] installing php-fpm-5.3.3
-27.el6_5 from updates repository
[2014-03-24T15:14:00+00:00] INFO: service[php-fpm] enabled
[2014-03-24T15:14:01+00:00] INFO: service[php-fpm] started
[2014-03-24T15:14:01+00:00] INFO: package[php-fpm] sending restart action t
o service[php-fpm] (delayed)
[2014-03-24T15:14:02+00:00] INFO: service[php-fpm] restarted
```

第6章 アプリケーション実行環境の自動構築

nginxの設定を調整する

ここまでで PHP-FPM はインストールされましたが、このままでは nginx と PHP-FPM が連携できません。nginx の設定ファイルがデフォルトのままだからです。第2章や第3章の61ページで説明した template を利用して、nginx の設定ファイルを Chef で管理するように変更しましょう。

以下2つの設定ファイルが、nginx と PHP-FPM を連携させるための nginx の設定内容です。**リスト 6.9** の内容で、site-cookbooks/nginx/templates/default/nginx.conf.erb を新規に作成してください。

リスト6.9 nginxの設定ファイルの作成
(site-cookbooks/nginx/templates/default/nginx.conf.erb)

```
user  nginx;
worker_processes  1;

error_log  /var/log/nginx/error.log warn;
pid        /var/run/nginx.pid;

events {
    worker_connections  1024;
}

http {
    include       /etc/nginx/mime.types;
    default_type  application/octet-stream;
    log_format  main  '$remote_addr - $remote_user [$time_local] "$request" '
                      '$status $body_bytes_sent "$http_referer" '
                      '"$http_user_agent" "$http_x_forwarded_for"';
    access_log  /var/log/nginx/access.log  main;
    sendfile        on;
    keepalive_timeout  65;

    server {
        listen       80 default_server;
        server_name  _;

        location / {
            root   /usr/share/nginx/html;
            index  index.html index.htm index.php;
        }

        error_page  404              /404.html;
```

6.1 PHP環境を構築する

```
        location = /404.html {
            root   /usr/share/nginx/html;
        }

        # redirect server error pages to the static page /50x.html
        #
        error_page   500 502 503 504  /50x.html;
        location = /50x.html {
            root   /usr/share/nginx/html;
        }
        <% if node['nginx']['env'].include?("php") %>
        location ~ \.php$ {
            fastcgi_pass   127.0.0.1:9000;
            fastcgi_index  index.php;
            fastcgi_param  SCRIPT_FILENAME  $document_root$fastcgi_script_name;
            include        fastcgi_params;
        }
        <% end %>
    }
}
```

　なお、実際に連携の設定をしている個所はlocation ~ \.php$以下の個所です。ここで、FastCGIがどこのサーバで動作しているかをfastcgi_passで指定しています。

レシピを修正する

　上記の設定ファイルを適用するために、レシピを修正します。site-cookbooks/nginx/recipes/default.rbを開いて、**リスト6.10**のコードを末尾に追加してください。

リスト6.10 設定ファイル適用のためのレシピ修正
　　　　　 (site-cookbooks/nginx/recipes/default.rb)

```
template 'nginx.conf' do
  path '/etc/nginx/nginx.conf'
  source "nginx.conf.erb"
  owner 'root'
  group 'root'
  mode '0644'
  notifies :reload, "service[nginx]"     ❶
end
```

第6章 アプリケーション実行環境の自動構築

ここではNotificationとserviceの組み合わせを利用しています(❶)[注1]。nginxの設定ファイルに変化があった場合は、nginxのサービスをリロードするようにしています。

第3章で説明したAttributeを利用して、PHPに関する設定ファイルを読み込むかどうかの制御を行っています。site-cookbooks/nginx/attributes/default.rbを新規作成してください(**リスト6.11**)。デフォルトでは値をセットしていませんので、chef.json内での値セットが必須となります。

リスト6.11 Attributeの初期値を設定
(site-cookbooks/nginx/attributes/default.rb)

```
default['nginx']['env'] = []
```

プロビジョニングする際に、nginxのPHPに関する設定を有効にするためVagrantfileにAttributeを記入します。chef.jsonから始まるブロックを記入してください。PHPに関する設定ファイルを読み込んでほしいので、nginxのenvにphpをセットしています(**リスト6.12**)。

リスト6.12 プロビジョニング設定の追加(Vagrantfile)

```ruby
# -*- mode: ruby -*-
# vi: set ft=ruby :

# Vagrantfile API/syntax version. Don't touch unless you know what you're doing!
VAGRANTFILE_API_VERSION = "2"

Vagrant.configure(VAGRANTFILE_API_VERSION) do |config|
略
  config.vm.provision :chef_solo do |chef|
    chef.cookbooks_path = ["./cookbooks", "./site-cookbooks"]
    chef.json = {
      nginx: {
        env: ["php"]
      }
    }
    chef.run_list = %w[
      recipe[yum-epel]
      recipe[nginx]
      recipe[php-env]
```

注1 詳しくは第3章「Notificationとserviceを組み合わせる」(65ページ)を参照してください。

```
    ]
  end
end
```

プロビジョニングを実行する

それではプロビジョニングしてみましょう（図6.12）。

図6.12 プロビジョニングの実行

```
$ bundle exec berks install --path ./cookbooks
$ vagrant provision
```

図6.13のログから、nginx.confが配置されてnginxが再起動されたことがわかります。

図6.13 プロビジョニングの実行ログ

```
[2014-03-24T15:36:20+00:00] INFO: template[nginx.conf] backed up to /var/ch
ef/backup/etc/nginx/nginx.conf.chef-20140325153620.731520
[2014-03-24T15:36:20+00:00] INFO: template[nginx.conf] updated file content
s /etc/nginx/nginx.conf
[2014-03-24T15:37:48+00:00] INFO: template[nginx.conf] sending reload actio
n to service[nginx] (delayed)
[2014-03-24T15:37:48+00:00] INFO: service[nginx] reloaded
```

OPcacheを導入する

PHP環境構築の最後に、OPcacheを導入してみましょう。OPcacheはPHP 5.5から標準バンドルされたPHPの動作を高速化するためのキャッシュモジュールです。CentOS 6系の場合、標準のリポジトリからPHPをインストールした場合、PHP 5.3がインストールされます。PHP 5.3にOPcacheは標準バンドルされていないので、yumのパッケージ経由でインストールする必要があります。

レシピを修正する

OPcacheをインストールするために、先ほど書いたレシピの配列の個所でOPcacheのパッケージを追加します。site-cookbooks/php-env/recipes/

第6章 アプリケーション実行環境の自動構築

default.rbを**リスト6.13**のように編集し、php-pecl-zendopcacheを追加してください。

リスト6.13 OPcacheの追加（site-cookbooks/php-env/recipes/default.rb）

```
%w{php-fpm php-pecl-zendopcache}.each do |pkg|
  package pkg do
    action :install
    notifies :restart, "service[php-fpm]"
  end
end
```

プロビジョニングを実行する

以上で変更は終了です。プロビジョニングを行いましょう（**図6.14**）。

図6.14 プロビジョニングの実行

```
$ bundle exec berks install --path ./cookbooks
$ vagrant provision
```

OPcacheをインストールしているログが表示されます（**図6.15**）。

図6.15 プロビジョニングの実行ログ

```
[2014-03-24T15:54:00+00:00] INFO: package[php-pecl-zendopcache] installing php-pecl-zendopcache-7.0.3-1.el6 from epel repository
```

動作確認する

以上で作業は完了しました。動作確認をしてみましょう。仮想サーバにログインして、php -vコマンドを実行してみましょう。「Zend OPcache」と表示されています（**図6.16**）。

図6.16 PHPのバージョン確認

```
$ vagrant ssh
$ php -v    ←ゲスト側の操作
PHP 5.3.3 (cli) (built: Jul 12 2013 20:35:47)
Copyright (c) 1997-2010 The PHP Group
Zend Engine v2.3.0, Copyright (c) 1998-2010 Zend Technologies
    with Zend OPcache v7.0.2, Copyright (c) 1999-2013, by Zend Technologies
```

適当なPHPスクリプトを配置します。nginxのドキュメントルートは/

usr/share/nginx/htmlになります。このディレクトリに**リスト6.14**の内容
でindex.phpを作成してください。

リスト6.14 ゲスト側でテスト用PHPスクリプトを作成
(/usr/share/nginx/html/index.php)

```
<?php
phpinfo();
?>
```

ブラウザでhttp://192.168.33.10/index.phpにアクセスしてください。
図6.17のように表示されればOKです。

図6.17 PHP実行の結果

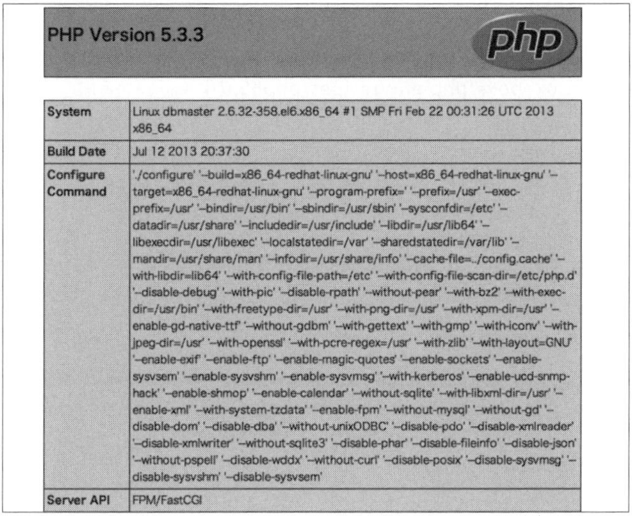

なお、利用しているboxでiptablesが有効になっていて80番ポートが開
放されていない場合は、便宜上いったんiptablesを停止して確認してくだ
さい(**図6.18**)。ここでは動作確認の便宜上iptablesを停止し、自動起動設
定もオフにしていますが、けっして運用しているサーバでは同様の設定を
行わないでください。

図6.18 ゲスト側でiptablesの停止

```
$ sudo /etc/rc.d/init.d/iptables stop
```

PHP 5.5をインストールする

PHPの最新版であるPHP 5.5をインストールする例を紹介します。yumの標準リポジトリではPHP 5.5は提供されていないため、外部リポジトリであるRemiからインストールを行います。

レシピを作成する

yumにremiリポジトリを追加して、PHP 5.5をインストールするレシピを書いてみましょう。ここでは、php-envクックブックにレシピを追加します。site-cookbooks/php-env/recipes/php55.rbを新規作成して**リスト6.15**の内容を記述してください。

リスト6.15 PHP 5.5をインストールするレシピ
（site-cookbooks/php-env/recipes/php55.rb）

```
yum_repository 'remi' do
  description 'Les RPM de Remi - Repository'
  baseurl 'http://rpms.famillecollet.com/enterprise/6/remi/x86_64/'
  gpgkey 'http://rpms.famillecollet.com/RPM-GPG-KEY-remi'
  fastestmirror_enabled true
  action :create
end

yum_repository 'remi-php55' do
  description 'Les RPM de remi de PHP 5.5 pour Enterprise Linux 6'
  baseurl 'http://rpms.famillecollet.com/enterprise/6/php55/$basearch/'
  gpgkey 'http://rpms.famillecollet.com/RPM-GPG-KEY-remi'
  fastestmirror_enabled true
  action :create
end

%w{php php-fpm php-opcache}.each do |pkg|
  package pkg do
    action :install
    notifies :restart, "service[php-fpm]"
  end
end

service "php-fpm" do
  action [:enable, :start]
end
```

PHP 5.3と共存しないようにVagrantfileを編集する

なお、ここまでの解説でインストールしたPHP 5.3とPHP 5.5は共存させないほうがよいでしょう。Vagrantfileを**リスト6.16**のように編集してください。php-envクックブックのphp55レシピを実行するようにランリストに記入しましょう。

リスト6.16 ランリストへの追加（Vagrantfile）

```ruby
# -*- mode: ruby -*-
# vi: set ft=ruby :

# Vagrantfile API/syntax version. Don't touch unless you know what you're doing!
VAGRANTFILE_API_VERSION = "2"

Vagrant.configure(VAGRANTFILE_API_VERSION) do |config|
略
  config.vm.provision :chef_solo do |chef|
    chef.cookbooks_path = ["./cookbooks", "./site-cookbooks"]
    chef.json = {
      nginx: {
        env: ["php"]
      }
    }
    chef.run_list = %w[
      recipe[yum]
      recipe[yum-epel]
      recipe[nginx]
      recipe[php-env::php55]
    ]
  end
end
```

プロビジョニングを実行する

すでにインストール済みのPHP関連パッケージをアンインストールしてからプロビジョニングを行いましょう（**図6.19**）。

図6.19 インストール済みPHPの削除とプロビジョニングの実行

```
$ vagrant ssh -c "sudo yum remove php* -y"
$ bundle exec berks install --path ./cookbooks
$ vagrant provision
```

PHP 5.5をインストールしているログが表示されます（**図6.20**）。

図6.20 プロビジョニングの実行ログ

```
[2014-03-24T16:15:29+00:00] INFO: package[php] installing php-5.5.10-1.el6.
remi.1 from remi-php55 repository
[2014-03-24T16:16:42+00:00] INFO: package[php-fpm] installing php-fpm-5.5.1
0-1.el6.remi.1 from remi-php55 repository
```

動作確認する

　以上で作業は完了しました。動作確認をしてみましょう。vagrant ssh コマンドで仮想サーバにログインして、php -vコマンドを実行してみましょう。「PHP 5.5.10」とともに「Zend OPcache」と表示されています（**図6.21**）。

図6.21 ゲスト側でPHPのバージョン確認

```
$ php -v
PHP 5.5.10 (cli) (built: Mar 11 2014 17:37:46)
Copyright (c) 1997-2014 The PHP Group
Zend Engine v2.5.0, Copyright (c) 1998-2014 Zend Technologies
    with Zend OPcache v7.0.3, Copyright (c) 1999-2014, by Zend Technologies
```

　適当なPHPスクリプトを配置します。nginxのドキュメントルートは先ほどと同様/usr/share/nginx/htmlです。このディレクトリに**リスト6.17**の内容でindex.phpを作成してください。

リスト6.17 ゲスト側でテスト用PHPスクリプトを作成
（/usr/share/nginx/html/index.php）

```php
<?php
phpinfo();
?>
```

　ブラウザでhttp://192.168.33.10/index.phpにアクセスしてください。**図6.22**のように表示されればOKです。

図6.22 ブラウザでのアクセス結果

PHP Version 5.5.10	
System	Linux guest 2.6.32-358.el6.x86_64 #1 SMP Fri Feb 22 00:31:26 UTC 2013 x86_64
Build Date	Mar 11 2014 17:38:39
Server API	FPM/FastCGI
Virtual Directory Support	disabled
Configuration File (php.ini) Path	/etc
Loaded Configuration File	/etc/php.ini
Scan this dir for additional .ini files	/etc/php.d
Additional .ini files parsed	/etc/php.d/bz2.ini, /etc/php.d/calendar.ini, /etc/php.d/ctype.ini, /etc/php.d/curl.ini, /etc/php.d/dom.ini, /etc/php.d/exif.ini, /etc/php.d/fileinfo.ini, /etc/php.d/ftp.ini, /etc/php.d/gettext.ini, /etc/php.d/iconv.ini, /etc/php.d/json.ini, /etc/php.d/opcache.ini, /etc/php.d/phar.ini, /etc/php.d/posix.ini, /etc/php.d/shmop.ini, /etc/php.d/simplexml.ini, /etc/php.d/sockets.ini, /etc/php.d/sysvmsg.ini, /etc/php.d/sysvsem.ini, /etc/php.d/sysvshm.ini, /etc/php.d/tokenizer.ini, /etc/php.d/xml.ini, /etc/php.d/xml_wddx.ini, /etc/php.d/xmlreader.ini, /etc/php.d/xmlwriter.ini, /etc/php.d/xsl.ini, /etc/php.d/zip.ini
PHP API	20121113
PHP Extension	20121212

6.2 Ruby環境を構築する

PHPの次は、Rubyをインストールするクックブックを作ってみましょう。

先ほどと同様に、knifeコマンドを使ってクックブックのひな型を作成します(**図6.23**)。

図6.23 Ruby用クックブックの作成

```
$ bundle exec knife cookbook create ruby-env -o ./site-cookbooks
```

Berksfileにruby-envクックブックの情報として**リスト6.18**を追加します。

リスト6.18 Berkshelfの設定(Berksfile)
```
cookbook "ruby-env", path: "./site-cookbooks/ruby-env"
```

Vagrantfileのプロビジョニングの設定も変更します。chef.run_listの中にruby-envを追加してください(**リスト6.19**)。

リスト6.19 プロビジョニングの設定(Vagrantfile)
```ruby
# -*- mode: ruby -*-
# vi: set ft=ruby :

# Vagrantfile API/syntax version. Don't touch unless you know what you're doing!
VAGRANTFILE_API_VERSION = "2"

Vagrant.configure(VAGRANTFILE_API_VERSION) do |config|
略
  config.vm.provision :chef_solo do |chef|
    chef.cookbooks_path = ["./cookbooks", "./site-cookbooks"]
    chef.json = {
      nginx: {
        env: ["php"]
      }
    }
    chef.run_list = %w[
      recipe[yum-epel]
      recipe[nginx]
      recipe[php-env::php55]
      recipe[ruby-env]
    ]
  end
end
```

rbenvでRubyをインストールする

rbenvはRubyの実行環境をバージョンごとに管理してくれるツールです。rbenvのプラグインにruby-buildがあります。ruby-buildを使うと、rbenvにRubyのインストールコマンドが追加され、コマンド一つでRubyをインストールできるようになります。

レシピを作成する

それではrbenvとruby-buildをインストールするレシピを書いていきましょう。これまでに書いた内容を消し去って、site-cookbooks/ruby-env/recipes/default.rbを**リスト6.20**の内容に編集してください。

リスト6.20 rbenvとruby-buildをインストールするレシピ
(site-cookbooks/ruby-env/recipes/default.rb)

```
%w{git openssl-devel sqlite-devel}.each do |pkg|
  package pkg do
    action :install
  end
end

git "/home/#{node['ruby-env']['user']}/.rbenv" do          ❶
  repository node["ruby-env"]["rbenv_url"]                ❷
  action :sync
  user node['ruby-env']['user']
  group node['ruby-env']['group']
end

template ".bash_profile" do                               ❸
  source ".bash_profile.erb"
  path   "/home/#{node['ruby-env']['user']}/.bash_profile"
  mode   0644
  owner  node['ruby-env']['user']
  group  node['ruby-env']['group']
  not_if "grep rbenv ~/.bash_profile", :environment => { :'HOME' => "/home/#{node['ruby-env']['user']}" }
end
```

※参考：https://github.com/sstephenson/rbenv#basic-github-checkout

ここではまずgitリソースを利用して、GitHubから最新のリポジトリを取得します（❷）。次に、ログインユーザの~/.rbenvディレクトリにrbenvを配置します。すでに~/.rbenvディレクトリがある場合は配置しません（❶）。さらに、rbenvが実行できるように.bash_profileを書き換えています（❸）。なお、bash_profileファイル内を検索してrbenvという記述がある場合は.bash_profileを書き換えないようにしています。

Attributeで初期値を設定する

ruby-envクックブックでは、Rubyをインストールするときのデフォルト

ユーザ名とグループ名、そしてインストールするRubyのバージョンを指定できるようにしています。site-cookbooks/ruby-env/attributes/default.rbを新規作成して初期値を設定します。rbenvとruby-buildのリポジトリURLについても設定してください（**リスト6.21**）。

リスト6.21 Attributeの初期値を設定
（site-cookbooks/ruby-env/attributes/default.rb）

```
default['ruby-env']['user'] = "vagrant"
default['ruby-env']['group'] = "vagrant"
default['ruby-env']['version'] = "2.1.1"
default["ruby-env"]["rbenv_url"] = "https://github.com/sstephenson/rbenv"
default["ruby-env"]["ruby-build_url"] = "https://github.com/sstephenson/ruby-build"
```

templateで環境変数を変更する

rbenvを利用可能にするために、インストールユーザの環境変数を変更する必要があります。ここではChefのtemplate機能を使って、.bash_profileを更新するようにします。site-cookbooks/ruby-env/templates/default/.bash_profile.erbを**リスト6.22**の内容で作成してください。rbenvを読み込むためのPATH設定です。

リスト6.22 .bash_profile用のテンプレート
（site-cookbooks/ruby-env/templates/default/.bash_profile.erb）

```
# .bash_profile

# Get the aliases and functions
if [ -f ~/.bashrc ]; then
        . ~/.bashrc
fi

# User specific environment and startup programs
PATH=$PATH:$HOME/bin
export PATH="$HOME/.rbenv/bin:$PATH"
eval "$(rbenv init -)"
```

すでに.bash_profileをカスタマイズして使用している仮想サーバに対して上記のレシピを適用する場合は注意が必要です。バックアップをとるか、お使いのシェルの環境変数にrbenv用の設定を追加してください。

プロビジョニングを実行する

それでは rbenv をインストールしましょう。プロビジョニングしてください（図 6.24）。

図6.24 プロビジョニングの実行

```
$ bundle exec berks install --path ./cookbooks
$ vagrant provision
```

rbenv のインストール中には図 6.25 のようなログが表示されます。

図6.25 プロビジョニングの実行ログ

```
[2014-03-24T17:17:39+00:00] INFO: git[/home/vagrant/.rbenv] cloning repo ht
tps://github.com/sstephenson/rbenv to /home/vagrant/.rbenv
[2014-03-24T17:18:17+00:00] INFO: git[/home/vagrant/.rbenv] checked out bra
nch: HEAD onto: deploy reference: f71e22768c8bc02a10fc917f05072fdc68d71be4
```

動作確認する

プロビジョニングが完了したら、rbenv がインストールされたことを確認してみましょう（図 6.26）。

図6.26 rbenv のインストール確認

```
$ vagrant ssh
$ rbenv   ←ゲスト側の操作
rbenv 0.4.0-95-gf71e227
Usage: rbenv <command> [<args>]

Some useful rbenv commands are:
   commands    List all available rbenv commands
   local       Set or show the local application-specific Ruby version
   global      Set or show the global Ruby version
   shell       Set or show the shell-specific Ruby version
   install     Install a Ruby version using ruby-build
   uninstall   Uninstall a specific Ruby version
   rehash      Rehash rbenv shims (run this after installing executables)
   version     Show the current Ruby version and its origin
   versions    List all Ruby versions available to rbenv
   which       Display the full path to an executable
   whence      List all Ruby versions that contain the given executable
```

```
See `rbenv help <command>' for information on a specific command.
For full documentation, see: https://github.com/sstephenson/rbenv#readme
```

rbenvのバージョンとusageが表示されたらrbenvのインストールは完了です。

ruby-buildをインストールする

実は、rbenvをインストールしただけではRubyはインストールされていません。Rubyをインストールするためには、rbenvのプラグインであるruby-buildが必要です。ruby-buildをインストールすると、`rbenv install <Rubyのバージョン>`というコマンドでRubyをインストールできるようになります。インストール可能なRubyのバージョンは`rbenv install -l`で確認できます。

ここでは、執筆時点で最新の2.1.1をインストールすることにします。先ほどのリスト6.21にインストールするRubyのバージョンを書いているので、変更は必要ありません。

レシピを修正する

site-cookbooks/ruby-env/recipes/default.rbにリスト6.23の内容を追記してください。.rbenv/pluginsディレクトリを作成後(❶)、ruby-buildをgitリソースを利用して配置しています(❷)。その後、`rbenv install 2.1.1`コマンドを実行しています(❸)。

リスト6.23 ruby-buildのインストール
 (site-cookbooks/ruby-env/recipes/default.rb)

```
directory "/home/#{node['ruby-env']['user']}/.rbenv/plugins" do   ❶
  owner  node['ruby-env']['user']
  group  node['ruby-env']['group']
  mode   0755
  action :create
end

git "/home/#{node['ruby-env']['user']}/.rbenv/plugins/ruby-build" do   ❷
  repository node["ruby-env"]["ruby-build_url"]
  action :sync
```

```
  user node['ruby-env']['user']
  group node['ruby-env']['group']
end

execute "rbenv install #{node['ruby-env']['version']}" do   ❸
  command "/home/#{node['ruby-env']['user']}/.rbenv/bin/rbenv install #{nod
e['ruby-env']['version']}"
  user node['ruby-env']['user']
  group node['ruby-env']['group']
  environment 'HOME' => "/home/#{node['ruby-env']['user']}"
  not_if { File.exists?("/home/#{node['ruby-env']['user']}/.rbenv/versions
/#{node['ruby-env']['version']}")}
end
```

プロビジョニングを実行する

以上で準備は完了です。ruby-build と Ruby 2.1.1 をインストールしましょう（図6.27）。

図6.27　プロビジョニングの実行

```
$ bundle exec berks install --path ./cookbooks
$ vagrant provision
```

プロビジョニング中に、図6.28のようなログが表示されます。

図6.28　プロビジョニングの実行ログ

```
[2014-03-24T18:18:17+00:00] INFO: directory[/home/vagrant/.rbenv/plugins] c
reated directory /home/vagrant/.rbenv/plugins
[2014-03-24T18:18:17+00:00] INFO: directory[/home/vagrant/.rbenv/plugins] o
wner changed to 900
[2014-03-24T18:18:17+00:00] INFO: directory[/home/vagrant/.rbenv/plugins] g
roup changed to 999
[2014-03-24T18:18:17+00:00] INFO: directory[/home/vagrant/.rbenv/plugins] m
ode changed to 755
[2014-03-24T18:18:25+00:00] INFO: git[/home/vagrant/.rbenv/plugins/ruby-bu
ild] cloning repo https://github.com/sstephenson/ruby-build to /home/vagran
t/.rbenv/plugins/ruby-build
[2014-03-24T18:18:45+00:00] INFO: git[/home/vagrant/.rbenv/plugins/ruby-bu
ild] checked out branch: HEAD onto: deploy reference: d36e88c59effbab9b354
03f58d34fcb1e0e4f45b
[2014-03-24T18:25:11+00:00] INFO: execute[rbenv install 2.1.1] ran successfully
```

Rubyのインストールには少々時間がかかります。

動作確認する

問題なくプロビジョニングが終了したら、指定したバージョンのRubyがインストールされたことを確認してみましょう。図6.29のように、systemのRubyとインストールした「2.1.1」が見えていればRubyのインストールは完了です。

図6.29 ゲスト側でインストール結果の確認

```
$ rbenv versions
  2.1.1
```

Unicornとnginxをインストールする

UnicornはRackインタフェースに準拠したRuby製のアプリケーションサーバの一つです。こちらをインストールするのと同時に、開発でよく使うgemもインストールするようにしましょう。

なお、インストールに際しては事前にそのユーザがシステム全体で利用するRubyのバージョンを指定する必要があり、これをrbenv globalコマンドを使って行います。

またrbenvでは、gemをインストールした際にrbenv rehashコマンドを入力し、シンボリックリンクの情報を書き換える必要があります。rbenv-rehashをインストールすることで、rbenv rehashコマンドを入力する手間から逃れることができますので導入しておきましょう。

レシピを修正する

site-cookbooks/ruby-env/recipes/default.rbにリスト6.24の内容を追記してください。rbenv globalコマンドの実行と、各種gemをインストールするレシピを書きました。第3章の79ページで説明したgem_packageリソースでgemを扱えますが、実行ユーザを指定できずroot権限でgemのインストールが行われてしまいます。また、rbenvでインストールしたRubyを使ってgemのインストールを行うためにexecuteリソースを使用しています。

リスト6.24 Unicornのインストール(site-cookbooks/ruby-env/recipes/default.rb)

```
execute "rbenv global #{node['ruby-env']['version']}" do
  command "/home/#{node['ruby-env']['user']}/.rbenv/bin/rbenv global #{node
['ruby-env']['version']}"
  user node['ruby-env']['user']
  group node['ruby-env']['group']
  environment 'HOME' => "/home/#{node['ruby-env']['user']}"
end

%w{rbenv-rehash bundler}.each do |gem|
  execute "gem install #{gem}" do
    command "/home/#{node['ruby-env']['user']}/.rbenv/shims/gem install #{gem}"
    user node['ruby-env']['user']
    group node['ruby-env']['group']
    environment 'HOME' => "/home/#{node['ruby-env']['user']}"
    not_if "/home/#{node['ruby-env']['user']}/.rbenv/shims/gem list | grep #{gem}"
  end
end
```

テンプレートを修正する

nginxをUnicornでも利用できるようにしましょう。本章で作成したnginxクックブックを変更します。ソケットファイルを用いてnginxとUnicornの連携をします。

また、PHPとRubyが共存可能なnginxのconfigファイルにするために、site-cookbooks/nginx/templates/default/nginx.conf.erbにも若干の修正が必要です(**リスト6.25**)。修正は2ヵ所に必要です。ソケットファイルを用いたnginxとUnicornの連携設定部分(❶)と、unicornサーバへのリダイレクト設定です(❷)。

リスト6.25 nginxのdefault設定の修正
(site-cookbooks/nginx/templates/default/nginx.conf.erb)

```
略
http {
    include       /etc/nginx/mime.types;
    default_type  application/octet-stream;
    log_format  main  '$remote_addr - $remote_user [$time_local] "$request" '
                      '$status $body_bytes_sent "$http_referer" '
                      '"$http_user_agent" "$http_x_forwarded_for"';
    access_log  /var/log/nginx/access.log  main;
```

```
    sendfile        on;
    keepalive_timeout  65;

    # 以下を追加
    <% if node['nginx']['env'].include?("ruby") %>  ❶
    upstream unicorn {
        server unix:/tmp/unicorn.sock;
    }
    <% end %>

    略
        <% if node['nginx']['env'].include?("php") %>
        location ~ \.php$ {
            fastcgi_pass   127.0.0.1:9000;
            fastcgi_index  index.php;
            fastcgi_param  SCRIPT_FILENAME  $document_root$fastcgi_script_name;
            include        fastcgi_params;
                }
        < end %>
        # 以下を追加
        <% if node['nginx']['env'].include?("ruby") %>  ❷
        location /unicorn {
            rewrite ^/unicorn/(.+) /$1 break;
            proxy_pass http://unicorn/$1;
        }
        <% end %>
    }
}
```

Attributeで初期値を設定する

プロビジョニングする際に、nginxのRubyに関する設定を有効にするためVagrantfileにAttributeを記入します。chef.jsonから始まるブロック内、nginxのenvにrubyを追加してください（**リスト6.26**）。

リスト6.26 プロビジョニングの設定（Vagrantfile）

```
# -*- mode: ruby -*-
# vi: set ft=ruby :

# Vagrantfile API/syntax version. Don't touch unless you know what you're doing!
VAGRANTFILE_API_VERSION = "2"

Vagrant.configure(VAGRANTFILE_API_VERSION) do |config|
```

```
略
config.vm.provision :chef_solo do |chef|
  chef.cookbooks_path = ["./cookbooks", "./site-cookbooks"]
  chef.json = {
    nginx: {
      env: ["php", "ruby"]
    }
  }
  chef.run_list = %w[
    recipe[yum-epel]
    recipe[nginx]
    recipe[php-env]
    recipe[ruby-env]
  ]
end
end
```

プロビジョニングを実行する

それではプロビジョニングしてみましょう(**図6.30**)。

図6.30　プロビジョニングの実行

```
$ bundle exec berks install --path ./cookbooks
$ vagrant provision
```

動作確認用にRuby on Railsのプロジェクトを作成する

動作確認に入りたいところですが、このままではUnicornサーバがない状態です。簡単なRuby on Rails(以下Rails)のプロジェクトを作って、nginxとUnicornの連携確認をしてみましょう(**図6.31**)。gem install rails -Vコマンドはインストールするgemが多いため、インストールに十数分程度かかります。

図6.31　Railsアプリケーションの作成

```
$ vagrant ssh
$ gem install rails -V    ←ゲスト側での操作
$ rails new test_unicorn --skip-bundle
      create
      create  README.rdoc
      create  Rakefile
      create  config.ru
```

```
       create  .gitignore
       create  Gemfile
       略
          run  bundle install
$ cd test_unicorn
$ mkdir -p shared/{pids,log}
$ bundle inst
```

rails newコマンドで、新しいRailsのプロジェクトを作成しました。--skip-bundleオプションを付けることで、bundle installをスキップできます。Gemfileを修正してからbundle installしましょう。

Gemfileを修正／Bundlerを実行する

viなどでGemfileを開いて、unicornのコメントアウトを外し、Gemfileは**リスト6.27**の内容にしてください。rails newコマンドが生成するGemfileからコメントアウト行を削ってコンパクトにしています。

リスト6.27 ゲスト側でGemfileを修正（Gemfile）

```
source 'https://rubygems.org'

gem 'rails', '4.0.4'
gem 'sqlite3'
gem 'sass-rails', '~> 4.0.2'
gem 'uglifier', '>= 1.3.0'
gem 'coffee-rails', '~> 4.0.0'
gem 'jquery-rails'
gem 'turbolinks'
gem 'jbuilder', '~> 1.2'

group :doc do
  gem 'sdoc', require: false
end

gem 'unicorn'
```

bundle installコマンドを実行してください。正常に終了したらUnicornの設定ファイルを作成します。

Unicornの設定ファイルを作成する

test_unicornディレクトリにいる状態で、config/unicorn.rbを作成してください（**リスト6.28**）。

リスト6.28 ゲスト側でUnicorn設定ファイルを作成（config/unicorn.rb）

```
listen "/tmp/unicorn.sock"
worker_processes 2 # this should be >= nr_cpus
pid "/home/vagrant/test_unicorn/shared/pids/unicorn.pid"
stderr_path "/home/vagrant/test_unicorn/shared/log/unicorn.log"
stdout_path "/home/vagrant/test_unicorn/shared/log/unicorn.log"
```

これで、Unicornの起動準備は完了しました。

Node.js導入のためにクックブックを作成する

しかし、このままではJavaScriptの実行環境がないというエラーが出てしまいます。いったん仮想サーバのコンソールを抜けてください。Node.jsをインストールするクックブックを作成します（**図6.32**）。

図6.32 Node.jsをインストールするクックブックの作成

```
$ bundle exec knife cookbook create nodejs -o ./site-cookbooks
```

Node.js導入のためにBerksfileの修正する

Berksfileにクックブックの情報として**リスト6.29**を追加します。

リスト6.29 Berkshelfの設定追加（Berksfile）

```
cookbook "nodejs", path: "./site-cookbooks/nodejs"
```

Node.js導入のためにクックブックを作成する

site-cookbooks/nodejs/recipes/default.rbを**リスト6.30**の内容で新規作成してください。

リスト6.30 Node.jsのインストール（site-cookbooks/nodejs/recipes/default.rb）

```
remote_file "/tmp/#{node['nodejs']['filename']}" do
  source "#{node['nodejs']['remote_uri']}"
end
```

```
bash "install nodejs" do
  user "root"
  cwd "/tmp"
  code <<-EOC
    tar xvzf #{node['nodejs']['filename']}
    cd #{node['nodejs']['dirname']}
    make
    make install
  EOC
end
```

　Node.jsの公式サイトからtarballをダウンロードしてきて、Makeを使ってインストールします。

Node.js導入のためにAttributeで初期値を設定する

　Node.jsの公式サイトのtarball配置場所などをAttributeで定義します。site-cookbooks/nodejs/attributes/default.rbを**リスト6.31**の内容で新規作成してください。

リスト6.31 Attributeの初期値を設定
（site-cookbooks/nodejs/attributes/default.rb）

```
default['nodejs']['version'] = "v0.10.26"
default['nodejs']['dirname'] = "node-#{default['nodejs']['version']}"
default['nodejs']['filename'] = "#{default['nodejs']['dirname']}.tar.gz"
default['nodejs']['remote_uri'] = "http://nodejs.org/dist/#{default['nodejs']['version']}/#{default['nodejs']['filename']}"
```

Node.js導入のためにVagrantfileを編集する

　Node.jsをインストールするために、Vagrantfileを調整します。chef.run_list内にnodejsを追加してください（**リスト6.32**）。

リスト6.32 ランリストにnodejsを追加（Vagrantfile）

```
# -*- mode: ruby -*-
# vi: set ft=ruby :

# Vagrantfile API/syntax version. Don't touch unless you know what you're doing!
VAGRANTFILE_API_VERSION = "2"
```

```
Vagrant.configure(VAGRANTFILE_API_VERSION) do |config|
  略
  config.vm.provision :chef_solo do |chef|
    chef.cookbooks_path = ["./cookbooks", "./site-cookbooks"]
    chef.json = {
      nginx: {
        env: ["php", "ruby"]
      }
    }
    chef.run_list = %w[
      recipe[yum-epel]
      recipe[nginx]
      recipe[php-env]
      recipe[ruby-env]
      recipe[nodejs]
    ]
  end
end
```

Node.js導入のためにプロビジョニングを実行する

それではプロビジョニングしましょう。Makeによってインストールを行うので、こちらも少々時間がかかります(**図6.33**)。

図6.33 プロビジョニングの実行

```
$ bundle exec berks install --path ./cookbooks
$ vagrant provision
```

動作確認する

それでは、Unicornを立ち上げます(**図6.34**)。

図6.34 Unicornの起動

```
$ vagrant ssh
ゲスト側の操作
$ cd test_unicorn/
$ bundle exec unicorn -c config/unicorn.rb -D
```

nginx経由でアクセスして確認してみましょう。ブラウザでhttp://192.168.33.10/unicornにアクセスしてください。**図6.35**のように表示されればOKです。

第6章 アプリケーション実行環境の自動構築

図6.35 ブラウザでのアクセス確認

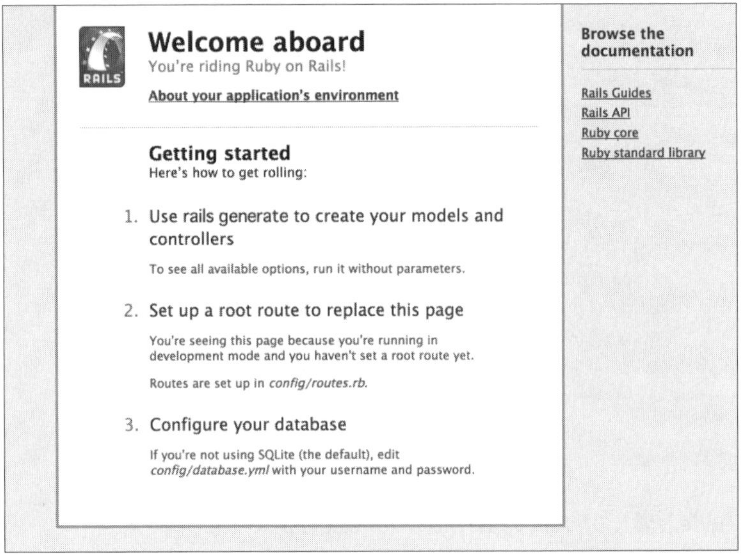

> **Welcome aboard**
> You're riding Ruby on Rails!
>
> About your application's environment
>
> **Getting started**
> Here's how to get rolling:
>
> 1. Use rails generate to create your models and controllers
>   To see all available options, run it without parameters.
>
> 2. Set up a root route to replace this page
>   You're seeing this page because you're running in development mode and you haven't set a root route yet.
>   Routes are set up in *config/routes.rb*.
>
> 3. Configure your database
>   If you're not using SQLite (the default), edit *config/database.yml* with your username and password.
>
> **Browse the documentation**
> Rails Guides
> Rails API
> Ruby core
> Ruby standard library

　Unicornの起動方法として、図6.34では手動でデーモン化して立ち上げる方法を紹介しました。停止するにはQUITシグナルを送ります（**図6.36**）。

図6.36 ゲスト側でUnicornの停止

```
$ ps aux|grep unicorn
vagrant  24932  0.0  4.8 204948 22756 ?        Sl   12:54   0:00 unicorn m
aster -c config/unicorn.rb -D
vagrant  24935  6.3 12.2 265832 57496 ?        Sl   12:54   0:00 unicorn w
orker[0] -c config/unicorn.rb -D
vagrant  24938  6.3 12.1 265500 57188 ?        Sl   12:54   0:00 unicorn w
orker[1] -c config/unicorn.rb -D
vagrant  24942  0.0  0.1 107452   936 pts/0    S+   12:54   0:00 grep unicorn
$ kill -QUIT `cat /home/vagrant/test_unicorn/shared/pids/unicorn.pid`
$ ps aux|grep unicorn
vagrant  24946  0.0  0.2 107452   940 pts/0    S+   12:55   0:00 grep unicorn
```

　Unicornの自動起動についてはここでは触れませんが、自動起動させたいならば起動スクリプトを作成し、OSの起動時に自動起動する設定を行うとよいでしょう。

6.3
MySQLを構築する

MySQLを導入する

オープンソースのRDBMSの一つであるMySQLを扱うクックブックを作りましょう。インストール、レプリケーション、バックアップが行えるクックブックに仕上げていきます。

クックブックを作成する

まずはクックブックを作成します(**図6.37**)。

図6.37 MySQLクックブックの作成

```
$ bundle exec knife cookbook create mysql -o ./site-cookbooks
```

Berksfileを編集する

先ほどと同様に、Berksfileにクックブックの情報として**リスト6.33**を追加します。

リスト6.33 Berkshelfの設定追加(Berksfile)

```
cookbook "mysql", path: "./site-cookbooks/mysql"
```

Attributeで初期値を設定する

mysqlクックブックでMySQLをインストールするときのデフォルトユーザ名とグループ名を指定します。MySQLのrootユーザデフォルトパスワードはここでは空にしておきますが、後述するVagrantfileの中でパスワードを指定します。site-cookbooks/mysql/attributes/default.rbを新規作成し、**リスト6.34**の内容に編集してください。

第6章 アプリケーション実行環境の自動構築

リスト6.34 Attributeの初期値を設定
(site-cookbooks/mysql/attributes/default.rb)

```ruby
default['mysql']['user'] = "vagrant"
default['mysql']['group'] = "vagrant"
default['mysql']['server_root_password'] = ""
default['mysql']['slave_ipaddress'] = "192.168.33.11"
```

レシピを作成する

site-cookbooks/mysql/recipes/default.rb を**リスト6.35**の内容に編集してください。

リスト6.35 MySQLのインストール (site-cookbooks/mysql/recipes/default.rb)

```ruby
%w{mysql mysql-server}.each do |pkg|
  package pkg do
    action :install
  end
end

service "mysqld" do
  action [:enable, :start]
end

execute "set root password" do
  command "mysqladmin -u root password '#{node['mysql']['server_root_password']}'"
  only_if "mysql -u root -e 'show databases;'"
end
```

Vagrantfileを編集する

MySQLのインストール時に初期化するrootのパスワードを指定します。ここでは「rootpass」というパスワードを使っています。もちろん本番環境を構築する際には安全なパスワードを指定するようにしてください（**リスト6.36**）。

リスト6.36 MySQLのrootパスワードを指定（Vagrantfile）

```ruby
# -*- mode: ruby -*-
# vi: set ft=ruby :

# Vagrantfile API/syntax version. Don't touch unless you know what you're doing!
```

```
VAGRANTFILE_API_VERSION = "2"

Vagrant.configure(VAGRANTFILE_API_VERSION) do |config|
略
  config.vm.provision :chef_solo do |chef|
    chef.cookbooks_path = ["./cookbooks", "./site-cookbooks"]
    chef.json = {
      mysql: {
        server_root_password: 'rootpass'
      }
    }
    chef.run_list = %w[
      recipe[yum-epel]
      recipe[mysql]
    ]
  end
end
```

MySQL導入のためにプロビジョニングを実行する

それではプロビジョニングしましょう（**図6.38**）。完了するとMySQLが使えるようになります。

図6.38 プロビジョニングの実行

```
$ bundle exec berks install --path ./cookbooks
$ vagrant provision
```

これでMySQLのセットアップは終了です。

レプリケーションを実現する

次は、MySQLでレプリケーションができるようにします。レプリケーションを構成するために、次の作業を行う必要があります。

- VagrantのマルチVMを使って、マスタとスレーブの2台の仮想サーバを作成する
- マスタを設定する（Chefで行う）
- マスタに接続するスレーブ用アカウントを作成する（Chefで行う）

- レプリケーションに必要な設定をレシピに追加する
- マスタとスレーブにプロビジョニングを行う
- テーブルをロックし、バイナリログの状態を確認する
- データベースをバックアップし、テーブルロックを解除する
- データベースをコピーする（マスタ→スレーブにdumpを転送）
- レプリケーションを開始する（スレーブから接続設定）
- レプリケーション状態を確認する（SHOW SLAVE STATUS\G）
- マスタでデータを追加する
- スレーブでデータ追加を確認する

マスタ、スレーブ2台の仮想サーバを作成する

　レプリケーションを構成するために、スレーブになる仮想サーバが必要です。ここでは、VagrantのマルチVM機能を利用します。この機能を使うことで、1つのVagrantfileから複数の仮想サーバを起動したり設定したりできます。では、Vagrantfileを書き換えましょう。**リスト6.37**の内容に編集してください。

リスト6.37 VagrantのマルチVM機能の設定（Vagrantfile）

```
config.vm.define "dbmaster" do |dbmaster|
  dbmaster.vm.hostname = "dbmaster"
  dbmaster.vm.network :private_network, ip: "192.168.33.10"
end

config.vm.define "dbslave" do |dbslave|
  dbslave.vm.hostname = "dbslave"
  dbslave.vm.network :private_network, ip: "192.168.33.11"
end
```

　データベースのマスタになる仮想サーバと、スレーブになる仮想サーバを定義しました。それぞれに割り当てるプライベートIPアドレスの設定もしました。このようにマルチVM機能を利用すると、定義した仮想サーバごとに設定を変えたり、使用するChefのクックブックを変えたりできます。

マスタを設定する

　ではマスタの設定を行いましょう。templateを利用して、MySQLの設定

ファイルである my.cnf を生成します。site-cookbooks/mysql/templates/default/my.cnf.erb を新規作成し、**リスト6.38**の内容に編集してください。

リスト6.38 MySQL設定ファイルの作成
(site-cookbooks/mysql/templates/default/my.cnf.erb)

```
[mysqld]
log-bin
<% if node['hostname'] == "dbmaster" %>
server-id=1
<% elsif node['hostname'] == "dbslave" %>
server-id=2
<% end %>
datadir=/var/lib/mysql
socket=/var/lib/mysql/mysql.sock
user=mysql
# Disabling symbolic-links is recommended to prevent assorted security risks
symbolic-links=0

[mysqld_safe]
log-error=/var/log/mysqld.log
pid-file=/var/run/mysqld/mysqld.pid
```

マルチVM機能で定義したhostnameの情報を使っています。マスタになるMySQLにserver-id=1を、スレーブになるMySQLにserver-id=2を割り当てています。server-id以外の設定値については、yumでインストールしたときに生成されるmy.cnfのデフォルト設定を使っています。

スレーブ用アカウントを作成する

site-cookbooks/mysql/templates/default/create_slave_user.sql.erb を新規作成し、**リスト6.39**の内容に編集してください。templateからSQLファイルを生成しています。このファイルは、マスタに接続するスレーブ用アカウントの作成を行います。

リスト6.39 スレーブ用アカウントの作成 (site-cookbooks/mysql/templates/default/create_slave_user.sql.erb)

```
GRANT REPLICATION SLAVE ON *.* TO slave@<%= node['mysql']['slave_ipaddress'] %> IDENTIFIED BY 'dbslave';
```

レプリケーションに必要な設定をレシピに追加する

site-cookbooks/mysql/recipes/default.rb に**リスト6.40**の内容を追記してください。

リスト6.40 レプリケーションに必要な設定をレシピに追加
(site-cookbooks/mysql/recipes/default.rb)

```
template "create slave user sql" do
  path "/home/#{node['mysql']['user']}/create_slave_user.sql"
  source "create_slave_user.sql.erb"
  owner node['mysql']['user']
  group node['mysql']['group']
  mode  "0644"
end

execute "exec create_slave_user.sql" do
  command "mysql -u root --password='#{node['mysql']['server_root_password']}' < /home/#{node['mysql']['user']}/create_slave_user.sql"
  user node['mysql']['user']
  group node['mysql']['group']
  environment 'HOME' => "/home/#{node['mysql']['user']}"
  only_if { node['hostname'] == "dbmaster" }
end

template "my.cnf" do
  path   "/etc/my.cnf"
  source "my.cnf.erb"
  owner  "root"
  group  "root"
  mode   "0644"
  notifies :restart, "service[mysqld]"
end
```

マスタとスレーブにプロビジョニングを行う

クックブックがそろったので、ここでマスタとスレーブにプロビジョニングを行います（**図6.39**）。

図6.39 プロビジョニングの実行

```
$ bundle exec berks install --path ./cookbooks
$ vagrant provision dbmaster
$ vagrant provision dbslave
```

レプリケーション動作確認のためにテーブルを作成する

レプリケーションが正常に動作していることを確認するために、テーブルを作成しデータを追加しておきます（**図6.40**）。

図6.40 レプリケーション動作確認のためのテーブル作成

```
$ mysql -u root -prootpass
mysql> CREATE DATABASE replication_test;
Query OK, 1 row affected (0.00 sec)

mysql> USE replication_test;
Database changed
mysql> CREATE TABLE testtable(comment VARCHAR(140));
Query OK, 0 rows affected (0.01 sec)

mysql> INSERT testtable VALUES ('chef practical guide');
Query OK, 1 row affected (0.00 sec)

mysql> SELECT * FROM testtable;
+----------------------+
| comment              |
+----------------------+
| chef practical guide |
+----------------------+
```

テーブルをロックし、バイナリログの状態を確認する

mysqlコマンドを操作してレプリケーションの準備をします。マスタのデータベース全体をロックしましょう。のちほどスレーブがマスタに接続するための情報を、SHOW MASTER STATUSコマンドで確認します（**図6.41**）。

図6.41 マスタの情報確認

```
$ vagrant ssh dbmaster
 ゲスト側の操作 
$ mysql -u root -prootpass
mysql> FLUSH TABLES WITH READ LOCK;
mysql> SHOW MASTER STATUS;
+------------------+----------+--------------+------------------+
| File             | Position | Binlog_Do_DB | Binlog_Ignore_DB |
+------------------+----------+--------------+------------------+
| mysqld-bin.000001|     1019 |              |                  |
+------------------+----------+--------------+------------------+
```

データベースをバックアップし、テーブルロックを解除する

データベース全体をダンプします。ダンプしたらデータベースのロックを解除します。Vagrantでは、ホスト側マシンのVagrantfileのあるディレクトリが仮想サーバ上の/vagrantディレクトリとしてマウントされます。これを利用して、dbslaveにdumpファイルを持っていきます（図6.42）。

図6.42　ゲスト側（マスタサーバ）でマスタのデータベースダンプ

```
$ mysqldump -u root -prootpass --all-databases --lock-all-tables > dbmaster.dump
$ cp dbmaster.dump /vagrant/
$ mysql -u root -prootpass
mysql> UNLOCK TABLES;
$ sudo service iptables stop
$ sudo chkconfig iptables off
```

動作確認の便宜上ファイアウォールであるiptablesを停止し、自動起動設定もオフにしていますが、けっして運用しているサーバでは同様の設定を行わないでください。

データベースをコピーする

/vagrantディレクトリからdumpファイルを移動し、スレーブのデータベースにdumpファイルをリストアします（図6.43）。

図6.43　ゲスト側（スレーブサーバ）でスレーブのデータベースリストア

```
$ sudo service iptables stop
$ sudo chkconfig iptables off
$ mv /vagrant/dbmaster.dump .
$ mysql -uroot -prootpass < dbmaster.dump
```

レプリケーションの開始と確認を行う

リストアが完了したらレプリケーションを開始します。先ほどSHOW MASTER STATUSコマンドで確認した情報を入力します（図6.44）。MASTER_LOG_FILEには、SHOW MASTER STATUSコマンドで表示されたFileの情報を指定します。MASTER_LOG_POSには、SHOW MASTER STATUSコマンドで表示されたPositionの情報を指定します。

図6.44 ゲスト側（スレーブサーバ）でレプリケーションの開始と確認

```
mysql> CHANGE MASTER TO MASTER_HOST='192.168.33.10', MASTER_USER='slave',M
ASTER_PASSWORD='dbslave', MASTER_LOG_FILE='mysqld-bin.000001', MASTER_LOG_
POS=1019;  実際は1行
mysql> START SLAVE;
mysql> SHOW SLAVE STATUS\G
******* 1. row *******
              Slave_IO_State: Waiting for master to send event
                 Master_Host: 192.168.33.10
                 Master_User: slave
                 Master_Port: 3306
               Connect_Retry: 60
             Master_Log_File: mysqld-bin.000001
         Read_Master_Log_Pos: 1392
              Relay_Log_File: mysqld-relay-bin.000002
               Relay_Log_Pos: 625
       Relay_Master_Log_File: mysqld-bin.000001
            Slave_IO_Running: Yes
           Slave_SQL_Running: Yes
                           略
               Last_IO_Errno: 0
               Last_IO_Error:
              Last_SQL_Errno: 0
              Last_SQL_Error:
```

エラーがない正常な状態です。マスタに接続できないときは**図6.45**のようなエラーが出力されます。iptablesが有効だとこのエラーを見ることになるでしょう。

図6.45 スレーブがマスタに接続できないときのエラー

```
Last_IO_Error: error connecting to master 'slave@192.168.33.10:3306' - ret
ry-time: 60  retries: 86400
```

マスタでデータを追加する

レプリケーション構成ができあがったので、マスタでデータを追加してみましょう。まず、現在のデータを確認してみます（**図6.46**）。

図6.46 ゲスト側（マスタサーバ）でデータ確認

```
$ mysql -u root -prootpass
mysql> USE replication_test;
mysql> SELECT * FROM testtable;
```

```
+---------------------+
| comment             |
+---------------------+
| chef practical guide |
+---------------------+
```

次に、データを追加します(図6.47)。

図6.47　ゲスト側(マスタサーバ)でデータ追加
```
$ mysql -u root -prootpass
mysql> INSERT testtable VALUES ('chefchefchef');
mysql> SELECT * FROM testtable;
+---------------------+
| comment             |
+---------------------+
| chef practical guide |
| chefchefchef        |
+---------------------+
```

正常にデータが追加されました。

スレーブでデータ追加を確認する

レプリケーションが正しく動作していれば、スレーブにデータ追加が反映されているはずです。確認してみましょう(図6.48)。

図6.48　ゲスト側(スレーブサーバ)でデータ追加確認
```
$ mysql -uroot -prootpass
mysql> USE replication_test;
mysql> SELECT * FROM testtable;
+---------------------+
| comment             |
+---------------------+
| chef practical guide |
| chefchefchef        |
+---------------------+
```

スレーブにもデータ追加が反映されています。これでレプリケーションの動作確認は終了です。

レプリケーション構成で日次バックアップをとる

レプリケーション構成で日次バックアップをとるしくみを作りましょう。スレーブのデータベースをバックアップするシェルスクリプトを定期的に実行させましょう。ここでは、レプリケーション構成時のシンプルなデータベースバックアップ方法を紹介します。MySQLのバックアップ方法や、レプリケーション構成での運用の詳細については、MySQLの専門書をご覧ください。

シェルスクリプトを作成する

まずは、スレーブのデータベースをバックアップするシェルスクリプトを作成します。site-cookbooks/mysql/templates/default/daily_slave_backup.sh.erbを**リスト6.41**の内容で新規作成してください。レプリケーションを一時的に止め、mysqldumpでデータベースのバックアップをとり、ファイル名に日付を付けて保存し、レプリケーションを再開するシェルスクリプトです。

リスト6.41 スレーブのデータベースをバックアップするシェルスクリプト作成（site-cookbooks/mysql/templates/default/daily_slave_backup.sh.erb）

```
#!/bin/sh

filename=slave_dumpall_`date '+%Y%m%d%H%M'`.dump.gz

mysqladmin stop-slave -u root -p"<%= node['mysql']['server_root_password'] %>"
mysqldump --all-databases -u root -p"<%= node['mysql']['server_root_password'] %>" > $filename
mysqladmin start-slave -u root -p"<%= node['mysql']['server_root_password'] %>"
```

レシピを作成する

上記シェルスクリプトを仮想サーバに配置するレシピを書きます。また、cronリソースを利用して上記シェルスクリプトを定期的に実行するレシピも同時に書いてしまいましょう。site-cookbooks/mysql/recipes/default.rbに**リスト6.42**の内容を追加してください。毎日、朝の4時半にスレーブバックアップが実行されます。

第6章 アプリケーション実行環境の自動構築

リスト6.42 日時バックアップを行う設定
(site-cookbooks/mysql/recipes/default.rb)

```ruby
template "daily_slave_backup.sh" do
  path "/home/#{node['mysql']['user']}/daily_slave_backup.sh"
  source "daily_slave_backup.sh.erb"
  owner node['mysql']['user']
  group node['mysql']['group']
  mode "0700"
  only_if { node['hostname'] == "dbslave" }
end

cron "exec daily_backup" do
  command "/home/#{node['mysql']['user']}/daily_slave_backup.sh"
  hour "4"
  minute "30"
  day "*"
  user "root"
  action :create
  only_if { node['hostname'] == "dbslave" }
end
```

上記のレシピをスレーブにプロビジョニングします。(**図6.49**)。

図6.49 プロビジョニングの実行

```
$ bundle exec berks install --path ./cookbooks
$ vagrant provision dbslave
```

バックアップが実行されると、/rootにslave_dumpall_YYYYMMDDHHMM.dump.gzといったファイル名で保存されます。

リストアについては、今回のバックアップを利用した場合gzipで解凍したあとmysqlコマンドでリストアし、/var/lib/mysqlに置かれているバイナリログを利用してロールフォワードをするとよいでしょう。

6.4 Fluentdを構築する

ログとイベント収集ツールであるFluentdをインストールするクックブックを作りましょう。

Fluentdを導入する

クックブックを作成する

第3章の55ページで、Treasure Dataが公開している公式クックブックを紹介しました。FluentdはRPMやdebなどのパッケージ管理システムとRubyGemsでインストールできます。公式クックブックではRubyGemsでのインストールができないので、自分でクックブックを書いてみましょう（図6.50）。RubyGemsとRPMどちらの方法でもインストールできるように作成し、インストール方法を選択できるようにします。

図6.50　Fluentdクックブックの作成

```
$ bundle exec knife cookbook create fluentd -o ./site-cookbooks
```

Berksfileを編集する

先ほどと同様に、Berksfileにクックブックの情報として**リスト6.43**を追加します。

リスト6.43　MySQLのrootパスワードを指定（Berksfile）

```
cookbook "fluentd", path: "./site-cookbooks/fluentd"
```

レシピを作成する

リスト6.44が、RubyGemsとRPMどちらの方法でもインストールできるように書いたクックブックです。site-cookbooks/fluentd/recipes/default.rbにこの内容を書いてください。

リスト6.44 Fluentdのインストールと設定ファイル配置
(site-cookbooks/fluentd/recipes/default.rb)

```
if (node['fluentd']['installer'] == "rpm")
  # install from rpm(omnibus installer)
  execute "install td-agent by using rpm" do
    command "curl -L http://toolbelt.treasure-data.com/sh/install-redhat.sh | sh"
  end
  template "fluent.conf.erb" do
    path    "/etc/td-agent/td-agent.conf"
    source  "fluent.conf.erb"
    owner   "root"
    group   "root"
    mode    "0644"
    notifies :restart, "service[td-agent]"
  end
  service "td-agent" do
    action [:enable, :start]
  end
else
  # install from rubygems
  execute "gem install fluentd" do
    command "/home/#{node['fluentd']['user']}/.rbenv/shims/gem install fluentd --no-ri --no-rdoc"
    user node['fluentd']['user']
    group node['fluentd']['group']
    environment 'HOME' => "/home/#{node['fluentd']['user']}"
  end
  execute "fluentd --setup ./fluent" do
    command "/home/#{node['fluentd']['user']}/.rbenv/shims/fluentd --setup /home/#{node['fluentd']['user']}/fluent"
    user node['fluentd']['user']
    group node['fluentd']['group']
    environment 'HOME' => "/home/#{node['fluentd']['user']}"
    not_if { File.exists?("/home/#{node['fluentd']['user']}/fluent") }
  end
end
```

Attributeで初期値を設定する

Fluentdのインストール方法と、デフォルトユーザ名とグループ名を指定します。site-cookbooks/fluentd/attributes/default.rbに**リスト6.45**の内容を書いてください。このクックブックでは特に指定がなければRubyGemsを使ってFluentdをインストールするようにしました。ここでは、vagrant

ユーザがrbenvを使えることを前提にしています。

リスト6.45 Fluentdのインストール方法と、デフォルトユーザ名とグループ名指定 (site-cookbooks/fluentd/attributes/default.rb)

```
default['fluentd']['installer'] = "gem"
default['fluentd']['user'] = "vagrant"
default['fluentd']['group'] = "vagrant"
```

インストール方法をRPMに指定したいときは、Vagrantfileに**リスト6.46**の内容を記述してください。chef.json内の記述でインストール方法の指定を行っています。

リスト6.46 Fluentdのインストール方法指定（Vagrantfile）

```ruby
# -*- mode: ruby -*-
# vi: set ft=ruby :

# Vagrantfile API/syntax version. Don't touch unless you know what you're doing!
VAGRANTFILE_API_VERSION = "2"

Vagrant.configure(VAGRANTFILE_API_VERSION) do |config|
略
  config.vm.provision :chef_solo do |chef|
    chef.cookbooks_path = ["./cookbooks", "./site-cookbooks"]
    chef.json = {
      fluentd: {
        installer: "rpm"
      }
    }

    chef.run_list = %w[
      recipe[yum-epel]
      略
      recipe[fluentd]
    ]
  end
end
```

プロビジョニングを実行する

Fluentdのクックブックがそろったので、ここでプロビジョニングを行います（**図6.51**）。

図6.51 プロビジョニングの実行

```
$ bundle exec berks install --path ./cookbooks
$ vagrant provision
```

Fluentdを起動する

インストール方法によって、Fluentdは起動方法が違います。

RubyGemsからインストールしたFluentdを起動する

RubyGemsからインストールした場合は**図6.52**のコマンドを入力してFluentdを起動する必要があります。

図6.52 ゲスト側でFluentdを起動

```
$ fluentd -c ./fluent/fluent.conf -vv &
```
※参考：http://docs.fluentd.org/articles/install-by-gem

RPMからインストールしたFluentdを起動する

RPMを使ってインストールした場合は、td-agentというサービスがFluentdのデーモンになります。td-agentはFluentdの安定版という位置付けであり、インストールするとRubyも一緒にインストールされます。

上記のクックブックでは、td-agentサービスを自動起動する設定にしてあります。serviceコマンドで起動・停止・再起動・ステータス確認などが行えます。たとえば、再起動を行うには**図6.53**のコマンドを実行してください。

図6.53 ゲスト側でFluentdを起動

```
$ service td-agent restart
```

第7章

テスト駆動インフラ構築

第7章 テスト駆動インフラ構築

本章では、クックブックをテストしたり継続的インテグレーションする方法について説明します。

7.1 インフラ構築用のコードにテストを用意する意味

昨今アプリケーションのコードに対してテストコードを書くことは一般的になってきました。アプリケーションに頻繁に機能を追加してリリースしようとすると、頻繁にテストをしなければいけません。そして頻繁にテストをする際に人手でテストをしていると、毎回多くの時間を本質的ではない作業に費やすことになってしまいます。これは無駄以外の何物でもありません。このような無駄をなくしてすばやく品質を確認できるようにするためにテストをコードで記述し、何度でも実行できるようにするのです。

もちろんテストコードを作成するのには時間がかかりますが、テストコードを書くのにかかる時間と、手動によるテストの所要時間やテスト回数と照らし合わせると、多くの場合はテストコードを用意したほうが効率的です。まったく同じことがインフラ構築用のコードに対しても言えるのです。

7.2 Test Kitchenによるテスト

Test KitchenはChefのクックブックをテストするためのツールで、Vagrantなどと組み合わせて複数のOSやOSのバージョンを立ち上げてクックブックをテストできます。

テストの流れは次のようになります。

- 設定ファイルに記載されたOSのインスタンスをVagrantで起動する(すでにインスタンスが起動している場合はそのまま利用する。OSのインスタンスのひな型となるboxが存在しない場合は、設定ファイルに記載された入手元からboxをダウンロードする)
- クックブックを起動したインスタンスと共有し、インスタンス側でクックブックを実行する
- クックブック実行後、テストが実行される
- テストが終了すると、テスト対象OSの設定が複数あれば次のOSを使ってテストする

なお、Vagrant経由でVirtualBoxの仮想サーバを動作させるため、テスト環境自体は物理マシンである必要があります[注1]。

テスト作成の準備を行う

ではまず、テスト対象となるクックブックを作成してみましょう。ここでは昔懐かしいアクセスログ解析ツールのAnalogをインストールするようにします。クックブックで満たすべき要件は次のものであるとします。

- CentOSの5.9(x86_64)、6.5(x86_64)のそれぞれで動作すること
- analogコマンドは/usr/bin/analogに配置され実行可能であること
- インストールするAnalogのバージョンは6.0であること

クックブックを作成する

まず第2章の25ページで紹介したとおり、knifeコマンドを使ってクックブックのひな型を作成します(**図7.1**)。

図7.1　クックブックの作成

```
$ knife cookbook create analog -o .
```

次にanalog/recipes/default.rbを**リスト7.1**のように編集します。

[注1] ただし本書では触れませんが、VirtualBoxの代わりにLXCというコンテナ型のツールを使えばテスト環境自体を仮想化環境上に構築することも可能です。

リスト7.1 Analogをインストールするレシピ（analog/recipes/default.rb）

```ruby
case node[:platform]
when "centos"
  platform_version = node[:platform_version].to_f

  if platform_version >= 6.0 then
    rpmfile = "analog-6.0.4-1.x86_64.rpm"
  elsif platform_version >= 5.0 then
    rpmfile = "analog-6.0.4-1.el5.i386.rpm"
  else
    raise "This recipe can not be applied to this environment!!"
  end

  remote_file "#{Chef::Config[:file_cache_path]}/#{rpmfile}" do
    source "http://www.iddl.vt.edu/~jackie/analog/#{rpmfile}"
  end

  package "analog" do
    action :install
    source "#{Chef::Config[:file_cache_path]}/#{rpmfile}"
    provider Chef::Provider::Package::Rpm
  end
end
```

　これでAnalogのインストールをCentOSの複数のバージョンで行えるようになりました。VagrantとChef Soloを組み合わせれば、それぞれのOSのバージョンで動作を確認することが可能です。

　しかし、このテストを手で行うのは効率的ではありません。今後対応すべきOSやプラットフォームが増えた場合に確認に要する時間がどんどん増えてしまいます。また確認のための手順書をメンテナンスし続けなければならないという煩雑さもあります。ですので、自動的にインストール内容を確認するようにテストを作成しましょう。

Test Kitchenをインストールする

　テストにはTest Kitchenを利用しますので、今回作成したAnalogのクックブックのディレクトリに移動し、Gemfileを作成します。内容は**リスト7.2**のようになります。

リスト7.2 Test KitchenをインストールするためのGemfile

```
source 'https://rubygems.org'
gem 'test-kitchen', '~> 1.2.0'
gem 'kitchen-vagrant', :group => :integration
gem 'berkshelf'
```

ファイルの作成が終わったら図7.2のコマンドを実行してモジュールを導入します。

図7.2 bundleコマンドの実行

```
$ bundle install
```

次いで初期化を実行します（図7.3）。いくつかのディレクトリとファイルが作成されます。

図7.3 kitchen initによる初期化の実行

```
$ bundle exec kitchen init
```

.kitchen.ymlを設定する

作成されたファイルの一つに.kitchen.ymlという名前のファイルがあります。内容は**リスト7.3**のようになっており、これがどのOS、バージョンを使ってテストを実行するかを定義するファイルとなります。作成するクックブックの要件に合わせてテスト対象のOSを追加したり削除してください。なお、利用するboxはBentoで公開されているものをデフォルトで利用するようになっています。

リスト7.3 デフォルトのテスト対象OSの定義（.kitchen.yml）

```
---
driver:
  name: vagrant

provisioner:
  name: chef_solo

platforms:
  - name: ubuntu-12.04
  - name: centos-6.4
```

```
suites:
  - name: default
    run_list:
      - recipe[analog::default]
    attributes:
```

今回の例では、CentOSでテストすることを想定していますので、Ubuntuの設定は削除し、CentOS 5.9もテスト対象にするために、新たにplatformの定義にcentos-5.9を追加します。またCentOS 6.4ではなく最新の6.5をテスト対象にするように修正します。修正後の.kitchen.ymlは**リスト7.4**のようになります。

リスト7.4 テスト対象OSの修正（.kitchen.yml）

```
---
driver:
  name: vagrant

provisioner:
  name: chef_solo

platforms:
  - name: centos-6.5
  - name: centos-5.9

suites:
  - name: default
    run_list:
      - recipe[analog::default]
    attributes:
```

もし、標準のbox以外を利用する場合やVirtualBox以外のプロバイダ[注2]を利用する場合は、**リスト7.5**のようにdriver_configセクションで利用するプロバイダやboxの情報などの詳細を設定してください。

注2　Vagrantが利用する仮想化ツールを切り替えるための機能のことです。

リスト7.5 driver_configセクションでの詳細設定（.kitchen.yml）

```
- name: CentOS-LXC-6.5
  driver_config:
    provider: lxc
    box: vagrant-lxc-CentOS-6.5-x86_64-ja
    box_url: https://dl.dropboxusercontent.com/u/428597/vagrant_boxes/vagr
ant-lxc-CentOS-6.5-x86_64-ja.box
```

テストを記述する

次にテストを記述しましょう。Test KitchenでのテストはBusserというライブラリを使っています。Busserはプラグインモデルになっており、以下をはじめとしてさまざまな形式でテストを記述できるようになっています。また同時に複数の形式でのテストを実行することも可能になっています。

- Bats[注3]
- minitest[注4]
- serverspec[注5]

テストは初期化処理で作成されたtest/integration/に**図7.4**のような構造で配置します。

図7.4 testディレクトリの構造

```
📁 test/integration
    └── 📁 テストスイートの名前
        └── 📁 テストライブラリ名
            └── 📄 テストファイル
```

注3 https://github.com/sstephenson/bats
注4 https://github.com/seattlerb/minitest
注5 http://serverspec.org/

Batsでテストを記述する

Batsはオープンソースのテスティングフレームワークで、テストをbashで記述する点が特徴です。今回はtest/integration/default/bats/basic_test.batsに**リスト7.6**の内容でテストを作成します。これらのテストケースは、最初にクックブックを作成した際に必要だと考えた要件を検証するものです。

リスト7.6 Batsによるテスト記述
(test/integration/default/bats/basic_test.bats)

```
@test "ファイルが正しい場所にインストールされている" {
    ls -la /usr/bin/analog
}

@test "ファイルに実行権限がある" {
    test -x /usr/bin/analog
}

@test "ファイルは正しいバージョンである" {
    /usr/bin/analog 2>/dev/null | grep "analog 6.0"
}
```

Batsの構文は**リスト7.7**のとおりで、記述は容易です。

リスト7.7 Batsの構文

```
@test "どのようなテストなのかの説明。UTF-8で記述すれば日本語も利用可能" {
    シェルの処理。複数行の処理をしてもよい。最終的にコマンドの戻り値 ($?)
が0の場合にテスト成功とみなす
}
```

minitestでテストを記述する

minitestはTDD(*Test Driven Development*、テスト駆動開発)、BDD(*Behavior Driven Development*、振舞駆動開発)、ベンチマーキングなどに対応したテスティングフレームワークで、テストはRubyで記述します。

今回はtest/integration/default/minitest/ 以下に、ファイル名末尾が「_spec.rb」で終わる任意のファイル名(たとえばanalog_spec.rb)で**リスト7.8**の内容でテストを作成します。先ほどと同様にクックブックの要件を検証するものです。

リスト7.8 minitestによるテストの記述
(test/integration/default/minitest/analog_spec.rb)

```ruby
require 'minitest/autorun'

describe 'Winning' do

  it "should exist" do
    assert File.exists?("/usr/bin/analog")
  end

  it "should be executable" do
    assert File.executable?("/usr/bin/analog")
  end

  it "should be right version" do
    assert system("/usr/bin/analog 2>/dev/null | grep 'analog 6.0' 1>/dev/null")
  end

end
```

serverspecでテストを記述する

serverspecは宮下剛輔氏が中心となって開発しているインフラテストのためのライブラリです。Rubyでテストを書く際によく使われるRSpec形式でテストを記述する点や多くのOSに対応している点が特徴です。2013年初頭に公開されましたが、以降活発に開発が進んでおり、海外での利用事例も増えています。特に制約がなければ、Test Kitchenでのテストの際にはserverspecを使うことをお勧めします。serverspecの詳細については先ほど紹介した公式サイトを参照してください。

Test Kitchenでserverspecを利用する際は、テストのファイル名は「_spec.rb」で終わる必要があります。それ以外のファイルは実行されません。たとえば、test/integration/default/serverspec/localhost/default_spec.rbといった名前で作成します（**リスト7.9**）。

リスト7.9 serverspecによるテストの記述
(test/integration/default/serverspec/localhost/default_spec.rb)

```ruby
require 'serverspec'
include Serverspec::Helper::Exec
include Serverspec::Helper::DetectOS
```

```
RSpec.configure do |c|
  c.before :all do
    c.os = backend(Serverspec::Commands::Base).check_os
  end
  c.path = "/sbin:/user/sbin"
end

describe package('analog') do
  it { should be_installed }
end

describe file("/usr/bin/analog") do
  it { should be_file }
  it { should be_mode 755 }
end

describe command("/usr/bin/analog 2>/dev/null | grep 'analog 6.0'") do
  it { should return_exit_status 0 }
end
```

テストを実行する

これでテストの準備が整いましたので、テストを実行します。クックブックのトップディレクトリに移動して**図7.5**のコマンドを実行します。

図7.5　テストの実行

```
$ bundle exec kitchen test
```

これによりVagrantが起動し、Chef Solo経由でクックブックが適用され、その後テストが実行されます。初回の実行でVagrantで利用するboxが追加されていない場合は、box_urlで指定したURLからboxをダウンロードするため時間がかかります。

テストが成功した場合はコンソールに**図7.6**、**図7.7**、**図7.8**のように表示されます。複数の環境でテストを実行している場合は.kitchen.ymlで定義した環境の数だけ結果が表示されます。

7.2 Test Kitchenによるテスト

図7.6 batsの場合の出力

```
-----> Running bats test suite
 ✔ バイナリが正しい場所にインストールされている
 ✔ ファイルに実行権限がある
 ✔ 正しいバージョンである
```
※OSのバージョンによって出力は若干異なります。

図7.7 minitestの場合の出力

```
-----> Running minitest test suite
/opt/chef/embedded/bin/ruby  -I"/opt/chef/embedded/lib/ruby/1.9.1" "/opt/c
hef/embedded/lib/ruby/1.9.1/rake/rake_test_loader.rb" "/opt/busser/suites/
minitest/analog_spec.rb"
Run options: --seed 59997

# Running tests:

略

Finished tests in 0.003935s, 1270.6480 tests/s, 1270.6480 assertions/s.

3 tests, 3 assertions, 0 failures, 0 errors, 0 skips
```

図7.8 serverspecの場合の出力

```
-----> Running serverspec test suite
/opt/chef/embedded/bin/ruby -I/tmp/busser/suites/serverspec -S /opt/chef/e
mbedded/bin/rspec /tmp/busser/suites/serverspec/localhost/default_spec.rb
--color --format documentation

File "/usr/bin/analog"
  should be file
  should be mode 755

Command "/usr/bin/analog 2>/dev/null | grep 'analog 6.0'"
  should return exit status 0

Package "analog"
  should be installed

Finished in 0.31002 seconds
4 examples, 0 failures
```

バージョン管理システムへ登録する

　クックブックやテストは、後述する継続的インテグレーションを実現するためにバージョン管理システムに登録してください。今回はGitHubを利用することにします。

　すでにGitHubのアカウントを持っている場合はそのまま新しいリポジトリを作成して利用することもできますが、新たにクックブックのみを管理するアカウントを作成しその中にリポジトリを作成することをお勧めします。アカウントを分けておけば、そのアカウントの中のリポジトリは名前に関係なくすべてクックブックであると判断できますが、既存のリポジトリに入れてしまうとクックブックであることを示す冗長な名前を付けないとわかりにくくなってしまうためです。Chef社が主体となって管理するクックブックもこのような形式になっています[注6]。また、それぞれのクックブックは再利用性の確保のために独立したリポジトリとして管理するようにしてください。

　GitHubを使って筆者のクックブック用のアカウント（ryuzee-cookbooks）以下にAnalog用のクックブックを登録する場合は、GitHub上で新規のリポジトリを作成したうえで、図7.9のようなコマンドを実行します。なお、今後のために簡単でよいのでREADMEファイルを一緒に作成しておくとよいでしょう。

図7.9　GitHub上のリポジトリへの登録

```
$ cd analog
$ git init
$ touch README.md
$ git add *
$ git commit -m "first commit"
$ git remote add origin https://github.com/ryuzee-cookbooks/analog.git
$ git push -u origin master
```

　以降は、クックブックやテストを変更した場合は適宜リポジトリに反映してください。

注6　https://github.com/opscode-cookbooks

Test Kitchenのコマンド

上記で実行したコマンド以外にもさまざまなコマンドが用意されています。先ほどテストのために

```
$ kitchen test
```

を実行しましたが、これは**図7.10**のコマンドを組み合わせたものです。

図7.10 kitchenコマンドの順次実行

```
$ kitchen create
$ kitchen setup
$ kitchen converge
$ kitchen verify
$ kitchen destroy
```

また、クックブックやテストコードを開発する際に毎回インスタンスを破棄して作りなおすと無駄に待ち時間が発生してしまいますので、その場合はkitchen convergeのコマンドを使って最新の状態を仮想サーバに反映して、kitchen verifyコマンドを実行する、というサイクルを繰り返すとよいでしょう。コマンドの詳細は**表7.1**を参考にしてください。

表7.1 kitchenコマンドの詳細

コマンド	処理の概要
console	Test Kitchen用の専用コンソールを起動する
converge [(all|<REGEX>)] [opts]	引数の条件に一致するインスタンスにクックブックを適用しあるべき状態に収束させる
create [(all|<REGEX>)] [opts]	引数の条件に一致するインスタンスを起動する。クックブックは適用されない。オプションでは並列実行、ログ出力レベルの指定が可能
destroy [(all|<REGEX>)] [opts]	引数の条件に一致するインスタンスを破棄する。オプションでは並列実行、ログ出力レベルの指定が可能
driver create [NAME]	引数の名前で新たなドライバを作成する
driver discover	Test Kitchenで利用可能な仮想サーバ用のドライバの一覧を表示する
driver help [COMMAND]	driverコマンドのサブコマンドのヘルプを表示する
help [COMMAND]	引数のコマンドのヘルプを表示する
init	初期化処理を行う

（次ページに続く）

(前ページの続き)

コマンド	処理の概要
list [(all|<REGEX>)]	引数の条件に一致するインスタンスをすべて表示する
login (['REGEX']|[INSTANCE])	引数のインスタンス名またはインスタンス名の正規表現に一致するインスタンスにログインする。正規表現が複数のインスタンスに一致する場合はログインできない
setup [(all|<REGEX>)] [opts]	引数の条件に一致するインスタンスにテスト実行に必要なライブラリをインストールする。オプションでは並列実行、ログ出力レベルの指定が可能
test [all|<REGEX>)] [opts]	引数の条件に一致するインスタンスを構築しクックブックを適用したうえでテストを実行する。すでにインスタンスが起動済みの場合は、そのインスタンスは破棄されて構築しなおされる。オプションでは並列実行、ログ出力レベル、テスト完了後にインスタンスを破棄するか、などの指定が可能
verify [(all|<REGEX>)] [opts]	引数の条件に一致するインスタンスでテストのみを実行する。インスタンスが起動されていない場合はインスタンスを起動しクックブックを適用したうえでテストが実行される。オプションでは並列実行、ログ出力レベルの指定が可能
version	バージョン情報を表示する

7.3 継続的インテグレーション

　継続的インテグレーションはエクストリームプログラミング(XP)で提唱されている取り組みの一つで、ソースコードのビルドやテスト、静的解析などを継続的に実施する取り組みです。たとえばWebアプリケーションであれば、

- ソースコードやユニットテスト用のコードを編集して、バージョン管理システムにコミットしたタイミングでテストを自動で実施する
- ソフトウェア全体に対する網羅的なテストを指定した時間にまとめて自動で実施する
- コピー・ペーストのコードや複雑度の高いコードの検出をまとめて自動で実施する
- 配布用のAPIドキュメントやモジュールを自動で作成する

といった用途で使われます。これによって人手による作業をなくして効率

化するとともに、常時テストし続けることで、品質に問題があった場合に速やかにそれを修正できるようになります。このようなしかけがないと、いつの間にかコードが動作しなくなってしまったり、徐々に品質が劣化したりといったことが発生してしまう可能性があります。

インフラ構築においても同じことが言えます。たとえばクックブックでは次のような問題がよく発生します。

- 外部サイトからtarballを取得してインストールしているような場合、配布元の移転や、新バージョンの公開と旧バージョンの配布停止によって、クックブックが動作しなくなる
- PHPでよく使われるライブラリの配布形態であるPEARのチャンネル情報が追加になったりURLが変更になってクックブックが動作しなくなる
- インストールするパッケージがバージョンアップされ、依存関係が増える

上記のようなことがあった場合、クックブックを定常的にテストしていないと、久々に動かしたり新しい環境を作ろうとした際に環境構築に失敗してしまいます。そして問題の把握やクックブックの修正に時間を使うことになり、せっかくの自動化を活かせなくなってしまいます。したがって、テストは定期的に実施して、クックブックに問題がないかどうか確認し続ける必要があります。

クックブックの継続的なテスト

まずは継続的なテストを実現するための環境を準備します。ここでは継続的インテグレーション用のツールのデファクトスタンダードとも言えるJenkinsを使います。JenkinsはJavaで書かれたオープンソースのプロダクトで、インストールや設定が容易なこと、世界中の開発者によって開発されている400以上のプラグインを使って簡単に機能拡張したり、ほかのツールと統合できる点が特徴です。詳細については公式サイト[注7]を参照してください。

Jenkinsをインストールする

ここでは継続的インテグレーション用にUbuntu 12.04のマシンを使いま

注7 http://jenkins-ci.org/

す。ほかのディストリビューションを利用する場合は、Jenkinsの公式サイトのドキュメントをもとにインストールしてください。

Ubuntuの場合は、Jenkinsをパッケージマネージャ経由でインストール可能です。

まずは図7.11のようにリポジトリのキーを追加します。

図7.11　リポジトリのキーの追加
```
$ wget -q -O - http://pkg.jenkins-ci.org/debian/jenkins-ci.org.key | sudo apt-key add -    実際は1行
```

次に図7.12のようにしてJenkinsのリポジトリを追加します。

図7.12　Jenkinsリポジトリの追加
```
$ sudo sh -c 'echo "deb http://pkg.jenkins-ci.org/debian binary/" > /etc/apt/sources.list.d/jenkins.list'    実際は1行
```

これでリポジトリの登録が終わりましたので、パッケージをインストールします（図7.13）。

図7.13　パッケージのインストール
```
$ sudo apt-get update
$ sudo apt-get install jenkins
```

完了したら、ブラウザでhttp://<継続的インテグレーションサーバのアドレス>:8080/にアクセスしてみてください。図7.14のような画面が表示されればJenkinsのインストールは成功です。なお、インストール直後の状態では、Jenkinsに認証やアクセス制限はかかっていません。必要に応じて、Jenkinsの認証の設定や、IPアドレスによるアクセス元の制限などを行ってセキュリティを確保してください。

VirtualBoxとVagrant環境を準備する

もし今回新たに継続的インテグレーション用の環境を構築している場合は、その環境にVirtualBoxとVagrantをあわせてインストールする必要があります。第2章の説明に従って利用しているOS（ここではUbuntu 12.04）にあわせたパッケージを入手してインストールしてください（図7.15）。

図7.14 初期状態のJenkinsの表示

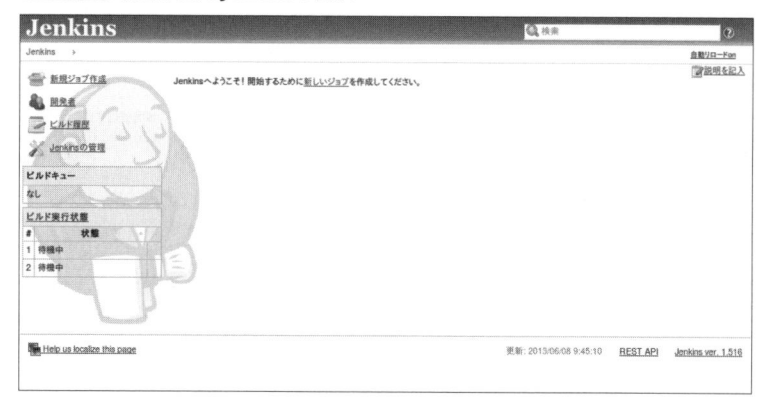

図7.15 継続的インテグレーション用環境へのVirtualBoxとVagrantのインストール

```
$ echo 'deb http://download.virtualbox.org/virtualbox/debian precise contri
b' | sudo tee -a /etc/apt/source.list （実際は1行）
$ wget -q http://download.virtualbox.org/virtualbox/debian/oracle_vbox.asc
-O- | sudo apt-key add - （実際は1行）
$ sudo apt-get update
$ sudo apt-get install -f virtualbox-4.3
$ sudo wget https://dl.bintray.com/mitchellh/vagrant/vagrant_1.5.1_x86_64.
deb （実際は1行）
$ sudo dpkg -i vagrant_1.5.1_x86_64.deb
```

Ruby環境を準備する

次にRubyの環境を準備します。今回はjenkinsユーザでRVM(*Ruby Version Manager*)を使うようにします[注8]。

まずはビルドに必要なパッケージをインストールします(**図7.16**)。

図7.16 Ruby環境のビルドに必要なパッケージのインストール

```
$ sudo apt-get install -y curl build-essential openssl libreadline6 libread
line6-dev curl git-core zlib1g zlib1g-dev libssl-dev libyaml-dev libsqlite
3-dev sqlite3 libxml2-dev libxslt-dev autoconf libc6-dev ncurses-dev automa
ke libtool bison libmysqlclient-dev libpq-dev （実際は1行）
```

そして**図7.17**のようにしてjenkinsユーザに権限を与えたうえでRVMと

注8 rbenvを使う方法もありますが、今回は割愛します。

第7章 テスト駆動インフラ構築

Ruby 1.9.3をインストールします。RVMのインストールが完了したらjenkinsユーザの環境変数を有効にするために、Jenkinsを再起動します。

図7.17　RVMのインストール

```
$ sudo sh -c 'echo "jenkins ALL=(ALL:ALL) NOPASSWD:ALL" > /etc/sudoers.d/jenkins'
$ sudo chmod 0440 /etc/sudoers.d/jenkins
$ sudo -H -u jenkins -s bash -c 'curl -L https://get.rvm.io | bash'
$ sudo -H -u jenkins -s bash -c 'source /var/lib/jenkins/.rvm/scripts/rvm;
rvm install 1.9.3'　実際は1行
$ sudo -H -u jenkins -s bash -c 'source /var/lib/jenkins/.rvm/scripts/rvm;
rvm use 1.9.3 --default'　実際は1行
$ sudo /etc/init.d/jenkins restart
```

プラグインをインストールする

先ほどクックブックをGitHubに保存するようにしましたので、JenkinsからGitコマンドが使えるように「Jenkinsの管理」→「プラグインの管理」と進み、「利用可能」タブの中のプラグイン一覧で「Git Plugin」を選択しインストールします（**図7.18**）。このとき、大量のプラグインの中から該当のプラグインを探すのは大変ですので、右上のフィルタのテキストボックスに「Git Plugin」と入力して絞り込むとよいでしょう。

図7.18　Git Pluginのインストール

ジョブを作成する

次にジョブを作成します。Jenkinsのトップ画面に戻り、左ナビゲーション最上部にある「新規ジョブ作成」をクリックします。クリックすると図7.19のような新規ジョブの作成画面に遷移しますので、ジョブ名にはテストの内容を示す適当な文字列を入力してください。ジョブの種類は「フリースタイル・プロジェクトのビルド」を選択します。

図7.19　新規ジョブの作成

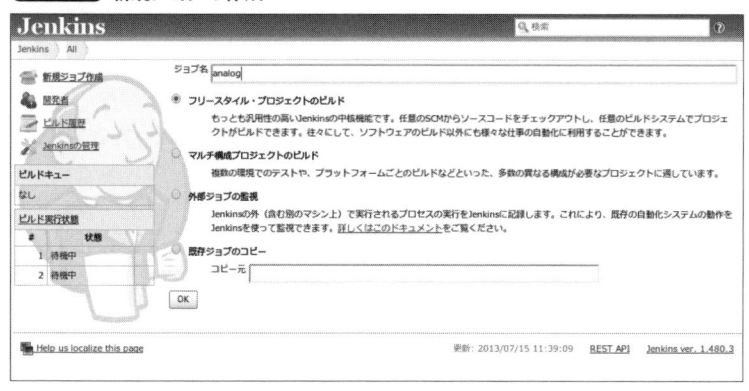

画面下部の「OK」ボタンをクリックすると、詳細設定の画面が表示されます。

「ソースコード管理システム」の項目で、図7.20のように「Git」を選択し、

図7.20　リポジトリ設定

「Repository URL」に自分がクックブックを保存しているリポジトリのURLを入力します[注9]。

「ビルド手順の追加」のプルダウンリストで「シェルの実行」を選択すると、コマンド入力用のテキストボックスが表示されますので、ビルド用のスクリプトを**リスト7.10**のように入力します。

リスト7.10 ビルド用のスクリプト

```
#!/bin/bash
export VBOX_USER_HOME=/var/lib/jenkins/VirtualBox\ VMs
export VAGRANT_HOME=/var/lib/jenkins/.vagrant.d
cd ${WORKSPACE}
bundle update
bundle exec berks
bundle exec berks update
bundle exec kitchen test
```

このスクリプトでは、VirtualBoxやVagrantのホームディレクトリの設定、Rubyの実行環境の設定を行ったうえで、本章の冒頭で紹介したようなテストコマンドを動かすようになっています。

最後にページ下部の「保存」をクリックして準備完了です。

ジョブを実行する

Jenkinsの画面上からジョブを実行してみましょう。うまくいかない場合はコンソール出力の個所を確認して修正します。コンソールの出力は**図7.21**のようになります。

うまくいった場合は、あわせてビルド・トリガも設定しておきましょう。クックブックのテストには多少時間がかかるので、リポジトリの変更をポーリングする場合は多少間隔を長めに取ってください。もしくは変更の頻度によっては1日数回決まった時間に定期的に実行するように設定してもよいでしょう。

注9 筆者のリポジトリを例にすると、https://github.com/ryuzee-cookbooks/analog.gitとなります。

図7.21 コンソールの出力

複数のクックブックをまとめてテスト

　ここまでは、1つのクックブックのテストを実行する方法について説明してきましたが、複数のクックブックをまとめてテストしたいケースもあるでしょう。たとえば、複数のクックブックを適用したサーバが要件にあっているかどうかを結合テストや受け入れテストとして確認したいといった場合です。このような場合には、新たなクックブックを作成し、必要なクックブックをBerkshelfを利用して適用するようにしたうえで、テストを記述します。

　例として、**表7.2**のようなクックブックを適用した環境を作る場合の方法を見ていきましょう。ここではCentOS 5または6の環境に、Apache 2とTracとSubversionをインストールし、外部からHTTPでのアクセスが可能となるような環境を作ろうとしています。

　ソースコードは筆者のリポジトリ[注10]にありますので、cloneして中身を

注10 https://github.com/ryuzee-cookbooks/acme-trac

確認してみてください。

表7.2 複数クックブック実行の例

クックブック名	役割	提供元
apache2	HTTPDサーバのapache2をインストールする	自分で作成
subversion	バージョン管理システムのSubversionをインストールする	自分で作成
trac	プロジェクト管理ツールのTracをインストールする	自分で作成
iptables	ローカルのファイアウォールの役目を担うiptablesをインストールする	Chef社

テスト用のクックブックを作成する

　まず、複数のクックブックをまとめて実行するための新たなクックブックを作成します。ここでは「acme-trac」という名前にしました。コマンドは**図7.22**のようになります。

図7.22 新規クックブックの作成

```
$ knife cookbook create acme-trac -o .
```

　次に単体のクックブックのテストのときと同様にGemfileをクックブックの直下に作成します（**リスト7.11**）。

リスト7.11 Gemfile

```
source 'https://rubygems.org'
gem 'test-kitchen', '~> 1.2.0'
gem 'kitchen-vagrant', :group => :integration
gem 'berkshelf'
```

作成したら**図7.23**を実行して、必要なライブラリを入手します。

図7.23 bundleコマンドの実行

```
$ bundle install
```

　このクックブックに対してテストを作成しますので、**図7.24**を実行して.kitchen.ymlをはじめとするファイルやディレクトリを作成してください。

図7.24 kitchen initによる初期化の実行

```
$ bundle exec kitchen init
```

.kitchen.ymlを修正し、ubuntu-12.04とcentos-6.4を削除し、centos-6.5とcentos-5.9をテスト対象として追加してください。.kitchen.ymlは**リスト7.12**のようになります。

リスト7.12 テストの環境設定(.kitchen.yml)

```
---
driver:
  name: vagrant

provisioner:
  name: chef_solo

platforms:
  - name: centos-6.5
  - name: centos-5.9

suites:
  - name: default
    run_list:
      - recipe[acme-trac::default]
    attributes:
```

依存関係を定義する

複数のクックブックの依存関係をBerkshelfで定義します。クックブックの直下にBerksfileを**リスト7.13**の内容で作成します。

リスト7.13 依存関係の定義(Berksfile)

```
site :opscode

metadata

cookbook "subversion" ,git:"git://github.com/ryuzee-cookbooks/subversion.git"
cookbook "trac" ,git:"git://github.com/ryuzee-cookbooks/trac.git"
cookbook "apache2" ,git:"git://github.com/ryuzee-cookbooks/apache2.git"
```

あわせてクックブック直下のmetadata.rbに**リスト7.14**を追加します。これによって、クックブック自体が依存する外部のクックブックを定義でき、Berkshelfではこの記述を読み取ったうえで必要なクックブックを自動的にダウンロードします。

リスト7.14 依存関係の定義（metadata.rb）

```
depends 'iptables'
depends 'subversion'
depends 'trac'
depends 'apache2'
```

この時点で、berksコマンドを実行すると**図7.25**のように表示されるはずです。

図7.25 berksコマンドの実行

```
$ berks
Using acme-trac (0.2.0)
Installing subversion (0.0.1) from git: 'git://github.com/ryuzee-cookbooks
/subversion.git' with branch: 'master' at ref: 'acc4416f99ef82297391a5dc2e
9cf102d47ae5f3'
Installing trac (0.0.3) from git: 'git://github.com/ryuzee-cookbooks/trac.gi
t' with branch: 'master' at ref: '33092fc3405d04ad6fe7c34007bb0a737bff81b5'
Installing apache2 (0.2.1) from git: 'git://github.com/ryuzee-cookbooks/apache2
.git' with branch: 'master' at ref: '267ea8765ba6d2d447a4186e0cb25065fe8fa750'
Using iptables (0.12.0)
Using yum (3.0.4)
```

図7.24の例でわかるとおり、Berkshelfは、Berksfileで記述された外部のクックブックとmetadetaで指定されたクックブックをダウンロードします。Chef社が提供するクックブックであるiptablesと、筆者が作成した3つのクックブック、そしてそれらと依存関係のあるクックブックをダウンロードします。このように依存性を管理することで、重複してコードを管理する必要がなくなり、また、一つ一つのクックブックを小さく保つことで再利用性を高められるようになっています。もちろん依存関係を厳密に定義するために、取得するクックブックのバージョンを指定することも可能です。

レシピを作成する

次に複数のクックブックを適用するためにrecipes/default.rbを**リスト7.15**の内容で作成します。

リスト7.15 レシピの作成（recipes/default.rb）
```
include_recipe "subversion"
include_recipe "trac"
include_recipe "iptables"

iptables_rule "http"
iptables_rule "ssh"
```

　ここでは、外部のクックブックからレシピをインクルードするとともに、iptables用にHTTPおよびSSHのポートをあけるルールを設定しています。Apacheのレシピがインクルードされていないのは、Tracのレシピの中ですでにインクルードしているためです。

テンプレートを作成する

　先ほどクックブックの中でiptables用のルールを設定しましたが、実際にiptablesに反映するルールのテンプレートが必要になります。**リスト7.16**、**リスト7.17**のように2つのファイルを作成します。

リスト7.16 HTTP用のルール（templates/default/http.erb）
```
-A FWR -p tcp -m tcp --dport 80 -j ACCEPT
```

リスト7.17 SSH用のルール（templates/default/http.erb）
```
-A FWR -p tcp -m tcp --dport 22 -j ACCEPT
```

テストを作成する

　これで準備ができましたので、テストを作成しましょう。テスト用のライブラリにはserverspecを利用します。今回のケースであれば、テストすべき項目は次のようになります。

- ApacheとSubversionがパッケージでインストールされていること
- Apacheがサービスとして起動するようになっていること。インストール完了後Apacheが起動していること
- Apacheが80番ポートでLISTENしていること
- TracやSubversion用の設定ファイルがApacheの設定ファイル置き場に配置されていること
- TracやSubversion用のディレクトリがApacheユーザから読み書きできること

- TracやSubversion用のアカウントが作成されていること
- TracのトップページにHTTPでアクセスすると正しく画面を応答すること

これらのテストをserverspecで記述すると**リスト7.18**のようになります。テストファイルはtest/integration/default/serverspec/localhost/以下にファイル名が「_spec.rb」で終わる任意の名前で配置します。

リスト7.18 テストの作成
(test/integration/default/serverspec/localhost/default_spec.rb)

```
require 'serverspec'
include Serverspec::Helper::Exec
include Serverspec::Helper::DetectOS

RSpec.configure do |c|
  c.before :all do
    c.os = backend(Serverspec::Commands::Base).check_os
  end
  c.path = "/sbin:/user/sbin"
end

%w{httpd subversion}.each do |package_name|
  describe package(package_name) do
    it { should be_installed }
  end
end

describe service('httpd') do
  it { should be_enabled }
  it { should be_running }
end

describe port(80) do
  it { should be_listening }
end

%w{subversion.conf subversion_sandbox.conf trac_sandbox.conf wsgi.conf}.each do |filename|
  describe file("/etc/httpd/conf.d/#{filename}") do
    it { should be_file }
    it { should be_readable.by_user('root') }
  end
end
```

```
describe file("/opt/trac/sandbox") do
  it { should be_owned_by 'apache' }
end

describe file("/opt/svn/sandbox") do
  it { should be_owned_by 'apache' }
end

describe file("/opt/trac_svn_password") do
  it { should be_owned_by 'apache' }
  it { should contain "admin" }
  it { should be_writable.by_user('apache') }
end

describe command("wget -q http://localhost/sandbox -O - | head -100 | grep trac") do
  it { should return_stdout /trac/ }
end
```

テストを実行する

これで準備ができましたので、テストを実行しましょう。テストの実行手順も先ほどと同様です。クックブックのディレクトリの直下で**図7.26**のようにすればテストが実行されます。

図7.26　テストの実行

```
$ bundle exec kitchen test
```

テストが成功すれば、**図7.27**のように出力されます。コンソール上ではテストにパスしている個所は緑色、失敗している個所は赤色で表示されます。

図7.27　テストの実行ログ

```
略
-----> Verifying <default-centos-65>...
       Suite path directory /tmp/busser/suites does not exist, skipping.
       Uploading /tmp/busser/suites/serverspec/localhost/httpd_spec.rb (mode=0664)
-----> Running serverspec test suite
       /opt/chef/embedded/bin/ruby -I/tmp/busser/suites/serverspec -S /opt/chef/embedded/bin/rspec /tmp/busser/suites/serverspec/localhost/httpd_spe
```

213

```
c.rb --color --format documentation

    Package "httpd"
      should be installed

    Package "subversion"
      should be installed

    Service "httpd"
      should be enabled
      should be running

    Port "80"
      should be listening

    File "/var/www/html/index.html"
      should be file

    File "/etc/httpd/conf.d/subversion.conf"
      should be file
      should be readable

    File "/etc/httpd/conf.d/subversion_sandbox.conf"
      should be file
      should be readable

    File "/etc/httpd/conf.d/trac_sandbox.conf"
      should be file
      should be readable

    File "/etc/httpd/conf.d/wsgi.conf"
      should be file
      should be readable

    File "/opt/trac/sandbox"
      should be owned by "apache"

    File "/opt/svn/sandbox"
      should be owned by "apache"

    Command "wget -q http://localhost/sandbox -O - | head -100 | grep trac"
      should return stdout /trac/

    File "/opt/trac_svn_password"
```

```
              should be owned by "apache"
              should contain "admin"
              should be writable

       Finished in 2.14 seconds
       20 examples, 0 failures
       Finished verifying <default-centos-65> (0m4.85s).
-----> Destroying <default-centos-65>...
       [default] Forcing shutdown of VM...
       [default] Destroying VM and associated drives...
       Vagrant instance <default-centos-65> destroyed.
       Finished destroying <default-centos-65> (0m8.32s).
       Finished testing <default-centos-65> (5m42.46s).
-----> Kitchen is finished. (5m42.75s)
```

第8章

Chefをより活用するための注意点

第8章 Chefをより活用するための注意点

本章では、Chefをより良く使うために必要な知識や悩みどころなどについて解説します。応用的な使い方をする際に参考にしてください。

8.1 Chefユーザの共通の悩み

これまでの章で紹介してきたように、Chefはサーバの構築と運用を自動化できるたいへん強力なツールです。しかし機能が強力な反面、実際に利用してみようと思った際に悩む場合が出てきます。この場合の悩みはほとんどのChefユーザが持つ悩みで、それに対する答えもある程度共通しています。Chefに関する悩みで特によく聞くものとしては次のようなものがあります。

何から手を付けてよいかわからない

Chefに関する情報を集めてサンプルなどを実行してみたあとは、実際の開発や運用にChefを取り入れることになります。その際に悩みどころになるのが、「何から手を付けてよいかわからない」という問題です。ChefではChef Serverを使った大規模な構成とChef Soloを利用した小規模な構成の2つがありますが、そのどちらの場合でも必要になるのがクックブックです。

書いたレシピがエラーになってしまう

クックブックを実行してみると、何らかのエラーが発生してしまうという状況に遭遇します。エラーの原因はさまざまですが、大別するとクックブック上の文法が間違っている場合と、クックブックは正しい文法で書かれているものの、実際に各ホストで実行されたコマンドなどがうまく動作していない場合があります。

それぞれの場合でチェックすべきポイントや修正の方法は異なります。

自分の書き方が正しいかわからない

「Infrastructure as Code」の言葉が示すとおり、Chefで利用するクックブックは設定ファイルであると同時に「コード」、つまり動作するプログラムであるという側面があります。プログラムは一定の文法のもとに記述されますが、書き手によって最終的な成果物が大きく異なります。自分の書いたプログラムが一般的に好まれる書き方であるかどうかわからないというのはプログラムを書く人にとっての永遠の悩みです。

8.2 共通の悩みを解消する基本的な方針

上に挙げた悩みを解消する方法として、次のようなものがあります。

シェルでの作業をレシピに置き換える

何から手を付けてよいかわからない場合、まずは従来利用していたサーバの構築手順やスクリプトをクックブックで記述してみるところから始めるのが最もわかりやすいステップでしょう。自分でクックブックを書いてみることで、コミュニティで公開されているクックブックと自分の記述で異なる部分に気が付くようになりますし、なぜ違いが生まれているのかを確認していくことでクックブック内でのさまざまなテクニックの使用例を順次習得していくことができます。

エラーの原因の確認方法を知る

記述したレシピがうまく動作しない場合、何らかの方法で原因を特定し、正しい記述に修正して再実行する必要があります。レシピに誤りがあった場合にどのようにして原因を突き止めるか、どのように修正するかを知っておくことはとても重要です。特に頻繁に発生する問題としては次のよう

第8章 Chefをより活用するための注意点

なものがあります。

定義済みのキーワードのタイプミス

　Chefのクックブックは、定義されているリソースやRubyのキーワードを使って記述します。この際、正しく定義されたキーワードを記述していない場合はエラーとなります。単純なスペルミスや大文字小文字のミスなどがまず疑われます。パッケージをインストールするpackageリソースの場合は正しいスペルかつ小文字で記述されている必要があります。**リスト8.1**のレシピは、packageと記述すべきところをミスタイプしている例です。

リスト8.1 ミスタイプの例

```
packege "ntp"
```

　リスト8.1のレシピを実行した場合は、Chefの実行時のログに**図8.1**のようなエラーメッセージが表れます。

図8.1 実行ログ

```
$ sudo chef-solo
略
================================================================
Recipe Compile Error in /tmp/vagrant-chef-1/chef-solo-1/cookbooks/candycan
e_cookbook/recipes/default.rb
================================================================

NameError
---------
Cannot find a resource for packege on centos version 6.5

Cookbook Trace:
---------------
  /tmp/vagrant-chef-1/chef-solo-1/cookbooks/candycane_cookbook/recipes/def
ault.rb:1:in `from_file'   ←エラーが起きたファイルと行番号

Relevant File Content:
----------------------
/tmp/vagrant-chef-1/chef-solo-1/cookbooks/candycane_cookbook/recipes/default.rb:

  1:  packege "ntp"
  2:
```

```
[2014-03-24T10:28:56+02:00] ERROR: Running exception handlers
[2014-03-24T10:28:56+02:00] ERROR: Exception handlers complete
[2014-03-24T10:28:56+02:00] FATAL: Stacktrace dumped to /tmp/vagrant-chef-
1/chef-stacktrace.out
[2014-03-24T10:28:56+02:00] FATAL: NameError: Cannot find a resource for pa
ckege on centos version 6.5   ←リソースが見つからない
```

上記のエラーメッセージでは「packege」というリソースが見つからないというエラーの内容と、該当のファイルと行番号がdefault.rb:1として提示されています。ファイルが長大かつ複数になってくると具体的なファイル名と行番号を提示しているエラーメッセージはきわめて重要なので、必ず確認するようにしましょう。

クオートや節の閉じ忘れ

クックブックでの記述はRubyを使った内部DSLです。クックブックを書くということが、実はRubyのコードを書いているということになります。一般的なプログラミング言語と同じく、Rubyではクオートやif、eachなどの節の始まりと終わりなど必ず対になって記述されるべき構造があります。これらの片方を入力し忘れるというのは特に基本的なエラーであると同時に、ちょっとしたタイプミスで発生しやすいエラーです。リスト8.2のクックブックではdoに対応するendが脱落している例です。

リスト8.2 end句の閉じ忘れ

```
package "ntp" do
  action :install
```

このクックブックを実行した場合は図8.2のようなエラーメッセージが表示されます。

図8.2 エラーメッセージ

```
$ sudo chef-solo
略
SyntaxError
-----------
compile error
/tmp/vagrant-chef-1/chef-solo-1/cookbooks/candycane_cookbook/recipes/defau
lt.rb:2: syntax error, unexpected $end, expecting kEND
```

第8章 Chefをより活用するための注意点

unexpected $end, expecting kENDの部分が、本来あるべきendの前にファイルの末尾に到達してしまったことを示しています。単純な節であれば見落とすことは少ないですが、ifなどの構文が複合してネストが深くなったコードでは見落としが発生しやすくなりますので注意が必要です。

対策としては、正しいインデントの自動入力やコード補完機能のあるエディタを使う、ネストが浅くなるようにコードを見直すといった方法があります。

記号のエスケープし忘れ

実際のサーバで実行されるコマンドなどをクックブック内で記述する場合には、コマンドを文字列として記述します。この際実行するコマンドに記号などが含まれているとうまく記述できない場合があります。**リスト8.3**の例ではexecuteリソースを使ってdateコマンドを実行しています。実行するコマンドに記号などが含まれていないシンプルな形です。

リスト8.3 実行するコマンドに記号が含まれない例。正常に動作する

```
execute "shell" do
  command "date"
end
```

コマンドはダブルクオートで囲んだ文字列として記述されています。実行すべきコマンドの中にダブルクオートがある場合は、そのまま記述してしまうと文法エラーとなります（**リスト8.4**）。

リスト8.4 実行するコマンドがエスケープされていない例

```
execute "shell" do
  command "echo "Hello World""
end
```

上記のソースを実行した場合は**図8.3**のようなエラーが発生します。

図8.3 エラーメッセージ

```
$ sudo chef-solo
略
SyntaxError
----------
compile error
/tmp/vagrant-chef-1/chef-solo-1/cookbooks/candycane_cookbook/recipes/defau
```

```
lt.rb:2: syntax error, unexpected tCONSTANT, expecting kEND
  command "echo "Hello World""
```

この場合、ダブルクオートの内側のダブルクオートをバックスラッシュでエスケープする必要があります。先ほどの例を正しくエスケープすると**リスト8.5**のようになります。

リスト8.5 実行するコマンドをエスケープした例

```
execute "shell" do
  command "echo \"Hello World\""
end
```

エスケープが付くことで本来実行したかったコマンドとは異なった見た目になってしまいわかりづらいように思うかもしれませんが、このエスケープの必要性と対処法についてはRubyのリファレンスマニュアル[注1]などを参照して、必ず覚えておきましょう。手順書やスクリプトをクックブックに書き換える場合、かなりの頻度でこういった状況に遭遇します。

サーバで実行されたコマンドのエラー

クックブックはChefによって解析されたあと、実際のサーバではコマンドとしてさまざまな形で実行されます。このコマンドが何らかの理由でエラーになった場合は実行時にやはりエラーとなります。**リスト8.6**の例はクックブックとしては正しい形ですが、実行しようとしているコマンドが間違っているため実際にはエラーとなります。

リスト8.6 実行するコマンドが誤っている例

```
execute "shell" do
  command "dataaa"
end
```

表示されているエラーメッセージ（**図8.4**）は実際のサーバでの実行時のエラーメッセージが含まれています。

注1　http://docs.ruby-lang.org/ja/2.1.0/doc/spec=2fliteral.html

第8章 Chefをより活用するための注意点

図8.4 エラーメッセージ

```
$ sudo chef-solo
略
Errno::ENOENT
-------------
No such file or directory - dataaa
```

この内容をもとに正しいコマンドに修正する必要があります。修正内容を確認するためには直接サーバ環境にログインしてなぜコマンドが失敗しているのかを割り出して修正するのが効率的でしょう。

公開されているクックブックから学ぶ

クックブックの文法はエラーメッセージなどをもとに正しい記述に修正できます。文法を活用してどのように問題を解決するかや、具体的なあるソフトウェアの設定や構築についてのノウハウはトライアンドエラーで蓄積していく必要があります。

Chefのクックブックは Ruby で記述されたテキストファイルなので、GitHubをはじめさまざまな方法で公開されています。knife コマンドから操作できるコミュニティクックブックは Chef 社の「Opscode Community」[注2]から検索できますが、コミュニティクックブックとして登録せずに公開されているクックブックも多数あります。その中でも特によく知られているクックブックとしては次のようなものがあります。

Opscode

Chefの開発元である Chef 社がメンテナンスしているクックブックは GitHub 上の opscode-cookbooks アカウントにまとめられています[注3]。2014年3月時点で123ものクックブックが登録されています。その中でも特に注目されているクックブックのリポジトリは**表8.1**のようなものがあります。クックブックのメンテナンスの度合いの参考として執筆時点でのバージョン番号と併せて紹介します。

[注2] http://community.opscode.com/
[注3] https://github.com/opscode-cookbooks

8.2 共通の悩みを解消する基本的な方針

表8.1 注目のクックブック

クックブック名	バージョン	備考
mysql	4.0.20	Debian、Ubuntu、CentOS、OS Xなどに対応
postgresql	3.3.4	8.3、8.4、9.0、9.1などのバージョンに対応
apache2	1.8.14	SSL authなどの設定にも対応
nginx	2.4.4	SSL authなどの設定にも対応
apt	2.3.8	Debian、Ubuntuと派生ディストリビューションに対応
php	1.4.6	ソースからのインストールやPEAR、PHP-FPMに対応
application	4.1.4	各言語のカスタマイズ版がjava、php、python、rubyとして存在

　Chef社がメンテナンスしているクックブックは、Chefの機能を存分に活用して記述されているので参考になる点が数多くあります。ソフトウェアやディストリビューションの対応状況は歴史的経緯による多少の偏りがあるとはいえ、さまざまなプラットフォームやバージョンで動作するように汎用的に書かれているのが特徴です。アプリケーションデプロイ用のクックブックについては利用するべきかどうかは意見が別れるポイントですので、その他のクックブックを導入したとしても、その部分だけは導入しないという判断も合理的と言ってよいでしょう。

　オープンソースで開発されているため、主なメンテナンスがChef社によって行われていても細かな実装はコミュニティによって幅広く行われているものもあります。またChef社のクックブックにはLWRPと呼ばれるクックブック内で再利用できる便利な関数などが含まれている場合があります。LWRPだけを利用するためにコミュニティクックブックを追加し、レシピ自体は自作するという方法もあります。LWRPについては259ページで改めて解説します。

Basecamp

　Basecamp社はかつて37signals社だったアメリカの企業で[注4]、世界的に幅広いシェアを持つRuby用のWebアプリケーションフレームワークであるRuby on Railsを生んだことで知られています。Basecamp社は自社で利用していたChefのクックブックを公開し、Chefを利用している企業として

注4　2014年2月に社名変更が発表されました。

第8章 Chefをより活用するための注意点

も知られていました。その後、Joshua Sierles氏の退職によりコードは彼の個人アカウントに移動されましたが、今でもオープンソースで公開されています注5。

このクックブックはディストリビューションなどを汎用化せずにBasecamp社のプラットフォームで動作させることを前提に記述されており、そのシンプルな実装例はとても読みやすいものになっています。

その他のコミュニティクックブック

Chef社やBasecamp社以外にも、クックブックを公開している団体や個人は数多くあります。目的が同じクックブックであっても実装の思想や要件は異なるものになっていますので、どれかに参考にしたい情報が含まれている可能性があります。クックブックを公開しているアカウントとしてよく知られているものとしては**表8.2**のようなものがあります。

表8.2　その他のコミュニティクックブック

GitHubアカウント	説明
RiotGames	ゲームデベロッパ。Chefの依存管理ツールであるBerkshelfの開発元としても知られる
aws	AWS OpsWorksで利用されるクックブックが公開されており、PaaS(*Platform as a Service*)を利用する際のカスタマイズに利用できる
engineyard	AWSとWindows AzureなどをChefで構築し運用するPaaSサービス。サービスを利用する際に環境をカスタマイズするためのクックブックのテンプレートを公開している
pivotal-sprout	Pivotal Trackerの開発元として知られるPivotal Labs社の開発者のワークステーション設定用のクックブックを公開している

クックブックを書くべきとき、そうでないとき

数多くのクックブックが公開されている現在、利用者にとって悩ましいのが、公開されているクックブックを使うべきなのか、自分自身でクックブックを記述するべきなのかという判断です。この問題についてはケースバイケースであるところが大きいですが、一般的な状況においてはそれぞれ次のようなメリットが考えられます。

注5　http://github.com/jsierles/chef_cookbooks

- 公開されているクックブックを利用する利点
  - 試行錯誤せずにすぐに利用可能
  - まだ遭遇していないような問題についてもあらかじめ配慮されている
  - 汎用性が高く、妥当な内容である可能性が高い
- クックブックを自力で記述する利点
  - クックブックの依存関係などを増やさずにシンプルに記述できる
  - 完全に利用者の環境や仕様に合わせた実装を行える
  - ノウハウを蓄積して運用の精度を高められる

　コミュニティクックブックはとても便利ですが、記述内容を理解せずにブラックボックス的に利用してしまうと、こまかな設定内容が理解できない危険性があります。また設定内容がプラットフォームや実際の要件に合っていない場合は、思わぬ試行錯誤が発生する場合もあります。まずは目的のソフトウェアを導入するコミュニティクックブックの利用を検討し、うまくいかなかった場合や独自性の高いクックブックが必要な場合はスクラッチで記述するというのが現実的な判断と言ってよいでしょう。

8.3 レシピの書き方の注意点

　ここからは、レシピの書き方に関する注意点を解説します。

重複する記述をループで処理する

　さまざまなパッケージを連続でインストールする場合や複数のサービスを設定する場合に、似たような記述が連続してクックブックに登場するときがあります。このような記述はRubyを使ってよりコンパクトに記述できます。たとえばPHPとMySQL、nginxをインストールし、それぞれのサービスを起動するクックブックをそのまま記述すると**リスト8.7**のようになります。

第8章 Chefをより活用するための注意点

リスト8.7 同様の記述を複数列挙する例

```
package "php" do
  action :install
end

package "mysql" do
  action :install
end

package "nginx" do
  action :install
end

service "php-fpm" do
  action :start
end

service "mysql" do
  action :start
end

service "nginx" do
  action :start
end
```

　上記のクックブックはストレートに記述されているので理解しやすいという利点もありますが、内容の割に行数が増えている点が気になります。このようなクックブックはループを使ってコンパクトに記述できます(**リスト8.8**)。

リスト8.8 ループを使ってコンパクトにする例

```
%w{php mysql nginx}.each do |name|
  package name do
    action :install
  end
end

%w{php-fpm mysql nginx}.each do |name|
  service name do
    action :start
  end
end
```

228

%w{}を使った構文は、スペースで区切ってパッケージ名やサービス名を記述することで、実際にはスペースで分割したそれぞれの値に対して反復して処理を行えます。これはRubyの構文を利用していますが、Rubyが得意でない方はお決まりのコードのパターンとしてそのまま利用しても問題はありません。

クックブックへのハードコーディングを避ける

　パッケージをインストールする際のバージョン指定や設定ファイル内に反映する設定値など状況によって変えたい値を、クックブック内に直接記述(ハードコーディング)してしまうと、バージョンや設定内容を変更する際にクックブックの内容を変更する必要があります。これらの値がクックブック内に分散して記述されていると、変更個所を探して漏れなく変更することが難しくなります。このような変更の可能性がある値を記述するためのしくみがAttributeです。

　ハードコーディングすべきでない内容としては**表8.3**のような項目が考えられます。変更されるデータをAttributeにすることで、クックブック部分の変更を行わずにさまざまな運用に対応できます。

表8.3　ハードコーディングすべきでない内容

項目	変更される理由
バージョン番号	目的のバージョンが変わった場合
ディレクトリ名	ファイルなどの配置先を変更したい場合
ポート番号	その他のサーバの状況に応じてポートを変更したい場合
ユーザ名	プロセスの所有者を変更したい場合
メモリやディスクの容量	パフォーマンスチューニング目的で割り当てを増やす場合

if文ではなく条件付きアクションを使う

　インストール済みの場合は初期設定をスキップする、ファイルが存在しない場合だけファイルを作成するなど条件に応じてクックブックの処理の実行の有無を分岐したいときがあります。こういった場合はifを使って記述することを思い付きますが、ifを使うとインデントが深くなり、可読性

第8章 Chefをより活用するための注意点

を落とします。このようなときは、条件付きアクションを使うことでスマートに処理を記述できます。

たとえば特定のノードのみでApacheをインストールするという記述を素直にifで記述するとリスト8.9のような形になります。

リスト8.9 if文の例

```
if node['foo'] == 'bar'
  service "apache" do
    action :enable
  end
end
```

この記述でも動作には問題はありませんが、条件が複雑になればインデントが深くなりコードの可読性が下がっていきます。

条件付きアクションを使うとリスト8.10のように記述できます。

リスト8.10 条件付きアクションを利用した例

```
service "apache" do
  action :enable
  only_if { node['foo'] == 'bar' }
end
```

先ほどのクックブックと同様の記述がすっきりと記述できているのがわかります。さまざまな記述と組み合わせて利用できるので、if文でインデントが深くなってしまう場合は利用を検討してみるとよいでしょう。

ツールを使ってクックブックを検査する

クックブックには、コードの内容についての規約などは現在のところありませんが、クックブックの内容を検査するツールが公開されています。「Foodcritic」(料理評論家)という名のこのツールはオープンソースで公開されているツールで、クックブック内のコーディングのミスや改善点を40以上のルールで検査します。またこのルール自体を拡張することも可能です[注6]。

Foodcriticに現在定義されているルールには表8.4のようなものがあります。

注6　http://acrmp.github.io/foodcritic/

8.3 レシピの書き方の注意点

表8.4 Foodcriticで定義されているルール

No.	内容
FC001	［廃止］ノードの属性にアクセスする際はシンボルではなく文字列を使う
FC002	不必要な文字列展開を避ける
FC003	Chef Server固有の機能を使う前にChef Serverで稼働しているかを調べる
FC004	サービスの開始と終了にはserviceリソースを使う
FC005	リソース宣言の反復を避ける
FC006	ファイル権限のモードはクオートするか完全に記述する
FC007	レシピの依存関係をクックブックのメタデータで明確にする
FC008	生成されたクックブックのメタデータを更新する
FC009	リソースの属性が未定義である
FC010	検索の分布が不正である
FC011	READMEがMarkdownではない
FC012	READMEにはRDocではなくMarkdownを使う
FC013	一時ファイルのパスをハードコードせずfile_cache_pathを使う
FC014	長いruby_blockをライブラリにすることを検討する
FC015	DefinitionをLWRPにすることを検討する
FC016	LWRPがdefaultアクションを宣言していない
FC017	LWRPが更新時にnotifyしていない
FC018	LWRPが廃止された通知を使っている
FC019	ノードの属性に正しいマナーでアクセスする
FC020	［廃止］条件実行文字列がRubyのコードのように見える
FC021	provider中の条件が期待した動作をしていないかもしれない
FC022	ループ中の条件が期待した動作をしていないかもしれない
FC023	ifではなく条件付きアクションを使う
FC024	同等のプラットフォームの追加を検討する
FC025	コンパイル時にgemをインストールするにはchef_gemを使う
FC026	条件実行属性は文字列のみを含む
FC027	リソースが内部属性をセットしている
FC028	#platform?の使用方法が正しくない
FC029	レシピのメタデータがクックブック名で始まっていない
FC030	クックブックがデバッガのブレークポイントを含んでいる
FC031	クックブックにメタデータファイルがない
FC032	通知のタイミングが正しくない
FC033	テンプレートが存在しない
FC034	未使用のテンプレート変数がある
FC035	［廃止］テンプレートがノードの属性を直接使っている
FC037	不正な通知アクションがある
FC038	不正なリソースアクションがある
FC039	Nodeメソッドはキーではアクセスできない
FC040	gitコマンドを実行するにはリソースを使う
FC041	curlやwgetを実行するにはリソースを使う
FC042	require_recipeではなく、include_recipeを使う
FC043	新しい通知の文法を使う
FC044	裸の属性キーを使わない
FC045	クックブックの名前をメタデータで設定することを検討する

8.4 Chefをデプロイツールとして使う際の問題点

Chefが提供する強力な自動化の機構を使ってアプリケーションのデプロイや設定を行うことはできるでしょうか？アプリケーションのデプロイなどがスクリプトで自動化できるのであれば原理的には可能です。しかし、アプリケーションのデプロイをChefで行う場合は次のような点に留意する必要があります。

Applicationクックブックの利用

コミュニティクックブックにはその名のとおりアプリケーションをデプロイするためのApplicationクックブックが用意されています。アプリケーションが実装された各言語ごとに用意されており、このクックブックをひな型とすることでアプリケーションのデプロイを手早く実装できるかもしれません。とはいえ、アプリケーションのデプロイに必要な手順や運用は人それぞれの部分が多く、必ずしもこのクックブックを使えるとは限りません。あくまで参考程度にとどめることが多いでしょう。

データ作成・スキーマ変更

多くのアプリケーションはデータベースのデータを利用して動作します。Chefでは各種パッケージ経由でデータベースソフトウェアのインストールを自動化しています。しかしインストールされたデータベース上にデータを作る部分については、特にChefの機能でサポートしているわけではありません。データ作成やスキーマの変更については専用のデータベースマイグレーションツールなどをクックブックからキックするような形にすることになるでしょう。各言語で知られているデータベースマイグレーションツールとしては次のようなものがあります。

- Ruby：Rails（Railsが提供するdb:migrateのタスク）
- PHP：Phinx
- Java：Flyway

その他、各種フレームワークにも同様の機能がありますので、用途にあったツールを利用するとよいでしょう。

障害発生時のロールバック

アプリケーションのデプロイは、時としてバグのあるソースコードを運用環境上に適用してしまうことがあります。このような場合には問題を修正したアプリケーションをデプロイするのが理想ですが、緊急対応としては安定的に稼働していた以前のバージョンへのロールバックを行う場合が多いでしょう。この点についてはChefの冪等性とは相性が悪い部分です。仮に直接ソースコードを以前のバージョンに差し替えたとしても、Chefが実行されればもとどおり不具合があったバージョンが適用されてしまうでしょう。

上記のような理由からアプリケーションのデプロイをChefから行うのは問題点も多く、あまり理想的ではありません。JenkinsやWordPressのような外部で開発されていて、安定しているソフトウェアのセットアップを自動化する場合にChefを利用することはありますが、このような場合はJenkinsやWordPressはアプリケーションではなくミドルウェアであると見なしていると言えるでしょう。

8.5 大きくなったクックブックを分割する

　Chefの利用を開始し、さまざまなパッケージの導入や設定を行うクックブックを記述すると、クックブックの分量が少しずつ増加します。Chefを効果的に運用していくために、次のような点に留意する必要があります。

大きなクックブックの利点と欠点

　クックブックは「Infrastructure as Code」という言葉が示すとおりプログラムコードです。効率的な記述を心がけたとしても、記述すべき内容が増えればコード量が増加するのは避けられません。

　クックブックを書きはじめる段階では、各種プログラミング言語のランタイムやデータベース、Webサーバなどの設定を同じクックブック内にそのまま記述するのが手軽です。一ヵ所に記述が集まることで見通しも良く、クックブックのファイルの管理もシンプルです。しかしファイルが大きくなり、テキストエディタで何度もスクロールするような量になると、クックブックに問題があり修正する際などに、修正すべき場所を特定するのが難しくなります。また似たような目的のクックブックを複数記述した場合に、それぞれのクックブックに重複する内容が含まれることでメンテナンスが難しくなります。クックブックのメンテナンス性を保つには、適切にクックブックを分割する必要があります。

クックブックを分割するためのテクニック

　アプリケーションを動作させるためには、さまざまなソフトウェアの導入と設定が必要になります。複雑なソフトウェアは設定内容も複雑になり、またアプリケーションによっては必要になるランタイムやデータベースの組み合わせが変わる場合もあります。まずはデータベースやランタイムのように複雑かつ組み合わせて利用されるソフトウェアのクックブックを分割し、必要に応じて組み合わせるようにします。

1つのレシピに記述した例

リスト8.11の例では、MyServerクックブックのdefaultレシピ内でRubyとMySQLを導入し、設定しています。

リスト8.11 複雑なクックブックの例（MyServer/recipes/default.rb）

```
package "ruby" do
  action [:install, :upgrade]
end

package "mysql-server" do
  action [:install, :upgrade]
end

template "/etc/mysqld.conf" do
  source "mysqld.conf.erb"
end

template "/etc/my.conf" do
  source "my.conf.erb"
emd

service "mysqld" do
  action [:enable, :restart]
end
```

上記のレシピは2つの問題があります。1つは、RubyもMySQLも関連する設定ファイルやツールが多岐に渡り、必要な環境に応じて記述内容がまだまだ膨らむことになることです。もう1つは、利用するデータベースがPostgreSQLになり、使い分けるようになったときなどです。この場合はさらに複雑で、レシピ内にさまざまな分岐を設けるか、PostgreSQLを使う場合のクックブックを作り、そこにRubyの設定内容が重複されて記述されることになります。

ソフトウェアごとにクックブックを分割した例

そこで、Rubyに関する記述とデータベースに関する記述を別のクックブックに分割します（**リスト8.12**、**リスト8.13**）。

第8章 Chefをより活用するための注意点

リスト8.12 Ruby用クックブックに分割した例（Ruby/recipes/default.rb）

```
package "ruby" do
  action [:install, :upgrade]
end
```

リスト8.13 MySQL用クックブックに分割した例（MySQL/recipes/default.rb）

```
package "mysql-server" do
  action [:install, :upgrade]
end

template "/etc/mysqld.conf" do
  source "mysqld.conf.erb"
end

template "/etc/my.conf" do
  source "my.conf.erb"
emd

service "mysqld" do
  action [:enable, :restart]
end
```

分割したクックブックは、ランリストから指定する際にそれぞれのクックブックを指定するか、クックブックを組み合わせるためのクックブックを作成し、インクルードするといった方法でこれまでと同じように適用できます（**リスト8.14**、**リスト8.15**）。

リスト8.14 ランリストでの指定

```
{
  'runlist': [recipe['Ruby'], recipe['MySQL']]
}
```

リスト8.15 組み合わせ用のクックブックからインクルード

```
include_recipe "Ruby::default"
include_recipe "MySQL::default"
```

1つのソフトウェア内でレシピを分割する

　ソフトウェアごとに分割しただけではまだクックブックが大きすぎる場合は、さらにソフトウェアのインストールを行う部分、設定を行う部分、レプリケーション設定を行う部分、デーモンの設定を行う部分といったフ

ェーズに分割し、各レシピをdefaultレシピから呼び出す形にするとすっきりした形になります。MySQLを導入するクックブックをレシピ分割した例として**表8.5**のようなものがあります。

表8.5 クックブックのレシピ分割例

ファイル	役割
MySQL/recipes/default.rb	下記のレシピをincludeする
MySQL/recipes/install.rb	パッケージを導入する
MySQL/recipes/configure.rb	各種設定ファイルを設置する
MySQL/recipes/service.rb	デーモンの起動設定を行う
MySQL/recipes/repilication.rb	レプリケーションを設定する
MySQL/recipes/backup.rb	バックアップを設定する

　クックブックとレシピの分割には、こうしなければならないという決まりはありません。ソフトウェアや運用のスタイルに応じてさまざまな分割の方法が考えられるので、運用のスムーズさや整合性などのバランスを取って分割しましょう。

複数ディストリビューションに対応したクックブック

　ChefはさまざまなOSやディストリビューションをサポートしており、複数の環境で実行されるクックブックを記述する機会も少なくありません。Linuxであってもディストリビューションが違う場合はパッケージ名の違いやバージョンの違い、設定ファイルや設定内容の違いなどに配慮した記述が必要になります。このような場合にはAttributeを使って各プラットフォームごとのパッケージ名や設定内容を反映し、矛盾なくレシピが実行されるような配慮が必要になります(**リスト8.16**、**リスト8.17**)。

リスト8.16 Attributeで動的に設定している例(attributes/default.rb)

```
default['versions']['git'] = '1:1.7.9*'
default['versions']['subversion'] = '1.6.17*'
default['versions']['nginx'] = '1.1.19*'
default['versions']['php5'] = '5.3.10*'
```

第8章 Chefをより活用するための注意点

リスト8.17 Attributeをもとにレシピを実行している例（attributes/default.rb）

```
packages = %w{git subversion nginx php5}

packages.each do |pkg|
  package pkg do
    action [:install, :upgrade]
    version node.default[:versions][pkg]
  end
end
```

　このような方法をとっても、複数のプラットフォームで矛盾なく実行できるクックブックの記述は一筋縄ではいきません。コミュニティクックブックはマルチプラットフォームを前提に記述されているものが多いですが、どのプラットフォームでも問題なく動作するとは限らず、もともとそのクックブックが対象としていたプラットフォームでの事情に影響されている場合があります。マルチプラットフォームに対応したクックブックを記述することは可能ですが、記述と運用の手間を考えると、あえて特定のプラットフォームを前提にしてクックブックを記述するのも現実的な対応です。コメントなどにその旨記述するか、実行時にプラッフォーム判定する分岐などを設けて、あとでレシピを再利用する際に意図が伝わるようにするとよいでしょう。

8.6 クックブックと実際の環境の食い違い

　Chefを利用していると、クックブックを使ってサーバの構築や運用をしているのに、サーバの状態がクックブックと一致しないという状態に遭遇することがあります。Chefの備えている冪等性にそぐわない状況ですが、なぜこのような状況が発生し、どのように対処すべきかを確認しておきましょう。

クックブックと環境が食い違ってしまう原因

　クックブックと実際の環境が食い違ってしまう原因はいくつか考えられ

ます。まず第一に考えられるのが、直接サーバにログインして手動で設定や構成が変更されている場合です。一時的な設定変更などやむを得ない場合もありますが、手動での設定変更がクックブックとの食い違いを生むことは常に意識する必要があります。

またクックブックの変更を行ったあとにサーバへの適用を行っていない場合も、クックブックと環境が食い違うことになります。

クックブックの適用頻度をコントロールする

クックブックの反映し忘れを防ぐには、クックブックの適用頻度をコントロールする必要があります。Chef Solo を定期的に実行する方法や、Capistrano などを使って一斉に実行する、また Chef Server と Chef Client を使った構成にし、自動的に適用することが考えられます。自動での適用は必ずしも必要ではありませんが、任意のタイミングで実行する場合は適切な周期と漏れなく実行できる構成を利用者が責任を持って管理できなければ、クックブックと環境の食い違いが起こる可能性が高くなります。

アンインストールやファイルの削除をクックブックで行う

パッケージの導入やファイルの設置を行うために使われることの多いChefですが、パッケージのアンインストールやファイルの削除などを行うこともできます。手動で導入されたパッケージやシステムにデフォルトで入っているパッケージがクックブックの挙動を阻害する場合は、任意にアンインストールを行うクックブックを記述することがあります。このようなクックブックも冪等性を持って動作しますので、削除すべきパッケージが見つかればアンインストールを行い、見つからない場合は特に何も行いません。

8.7 クックブックの依存関係を管理する

記述したクックブックが、コミュニティなどで公開されているクックブックなど既存のクックブックを利用している場合は、何らかの形で自分自身のクックブックと外部のクックブックの依存関係を管理する必要があります。管理に使われる手法はさまざまですが、環境や方針に応じて任意の方法で管理しましょう。

Git

外部のクックブックを管理する最も手軽な方法は、自分自身のクックブックと一緒にGitなどのバージョン管理システムにコミットしておくことです。チェックアウトするだけで必要なクックブックをそろえることができ、また差分の管理なども明確です。

外部のクックブックに最新版が公開されていないかの確認や、最新版のクックブックを取り込むといった作業は自分自身で行う必要があります。その場合はブランチやgit submoduleなどを使ってクックブックを最新に保つように運用します。

Librarian-Chef

Librarian-Chefは、外部で公開されているクックブックを、定義ファイルをもとに自動で収集するツールです。Rubyで利用される依存性管理ツールであるBundlerによく似た機能を持っており、Librarian-Chef自体もRubyで記述されたスクリプトです。開発元はApplicationsOnline社で、MITライセンスのオープンソースとしてGitHub上で公開しています。

Librarian-Chefを使う場合はCheffileという定義ファイルを記述し、利用したいクックブックを集めます。あとはChefの実行前に`librarian-chef install`を実行することで自動的に外部のクックブックをダウンロードし展開します。この際、取得するクックブックのバージョンを固定する

Cheffile.lockが生成されます。それぞれの環境で利用される外部のクックブックのバージョンを固定したい場合は、.lockファイルもリポジトリにコミットするなどして管理するようにします。

インストールする

Librarian-Chefはgemコマンドでインストールできます（**図8.5**）。

図8.5　Librarian-Chefのインストール

```
$ sudo gem install librarian-chef
```

Chef社のコミュニティクックブックを導入する場合

Chef社のコミュニティクックブックを導入する場合は、Cheffileの記述は**リスト8.18**のようになります。

リスト8.18　Cheffile

```
site 'http://community.opscode.com/api/v1'
cookbook 'timezone'
```

作成したCheffileがあるディレクトリで`librarian-chef install`を実行するとリモートからクックブックを取得し、また取得されたバージョンの情報をCheffile.lockに書き込みます（**図8.6**）。

図8.6　リモートからクックブックを取得

```
$ librarian-chef install
Installing timezone (0.0.1)
$ ls
Cheffile  Cheffile.lock  cookbooks  tmp
$ ls cookbooks/
timezone
```

Chef社以外のコミュニティクックブックを導入する場合

Librarian-Chefは、Chef社のコミュニティクックブックとして登録されていないGitHubなどに存在するクックブックも導入できます。その場合はクックブック名の指定のあとにGitのリポジトリの情報を追加します（**リスト8.19**）。

第8章 Chefをより活用するための注意点

リスト8.19 CheffileにGitHubのクックブックを追加

```
site 'http://community.opscode.com/api/v1'
cookbook 'td-agent',
  :git => 'https://github.com/treasure-data/chef-td-agent'
```

　上記のCheffileはGitHub上からchef-td-agentのクックブックを取得し、chef-td-agent自身が依存しているクックブックについてはChef社の公式サイトから取得する形でセットアップを行います。上記のCheffileがあるディレクトリでLibrarian-Chefを実行すると、図8.7のようにセットアップされます。

図8.7 依存関係のあるクックブックを含めて取得

```
$ librarian-chef install
Installing apt (2.3.8)
Installing yum (3.1.4)
Installing td-agent (0.0.1)
$ ls cookbooks/
apt  td-agent  yum
```

　Librarian-ChefがセットアップしたクックブックはChef Soloで実行したり、knifeを使ってChef Serverにアップロードするなどの方法で実環境に反映します。あくまでクックブックをローカルにそろえる作業を自動化しているツールであり、反映の方法や管理については利用者に委ねられている点に注意してください。

Berkshelf

　Berkshelfも、Librarian-Chefと同様に外部のクックブックなどの依存関係を管理するツールです。Librarian-Chefはあくまでローカルのクックブックの集まりを管理するツールであるのに対し、Berkshelfはシステム全体を視野に入れた機能を持っています。具体的にはLibrarian-Chefではknifeを使ってChef Serverへの反映を行う必要がありましたが、Berkshelfは自分自身で依存関係を解消したあとにChef Serverへのアップロードまでを行えます。Chef Soloでの運用の場合には意識しにくい点ですが、ツールが想定している範囲が違うという点を認識していれば大丈夫でしょう。

またBerkshelfはGitリポジトリやローカルファイルからのクックブックのインストールにも対応しています。社内など非公開でメンテナンスしている共有クックブックとコミュニティクックブックをまとめて管理できます。

インストールする

Berkshelfもgemコマンドでインストールできます（図8.8）。

図8.8　Berkshelfのインストール
```
$ sudo gem install berkshelf
```

Rubyのバージョンが1.9.3以上を要求する点に注意してください。またgemの導入時にmakeやlibxml2-dev、libxslt-devのパッケージが必要になる場合があります。

Chef社のコミュニティクックブックを導入する場合

定義ファイルであるBerksfileは**リスト8.20**のようになります。この例ではコミュニティクックブックからtimezoneクックブックをインストールします。

リスト8.20　Berksfile
```
site :opscode
cookbook 'timezone'
```

Chef社以外のコミュニティクックブックを導入する場合

クックブックを特定のファイルパスから、あるいはGitHubからインストールする場合は、**リスト8.21**のようにクックブック名の次にオプションを指定します。

リスト8.21　Berksfileで特定パスやGitHubからインストールする例
```
cookbook "artifact", path: "/Users/reset/code/artifact-cookbook"
cookbook "mysql", git: "https://github.com/opscode-cookbooks/mysql.git", b
ranch: "master"
```

この方法を使うとコミュニティに公開していない自家製のクックブックを共有できますが、Berkshelfから扱うためにはクックブックに正しい

metadata.rbが含まれている必要があります。

クックブックを導入する

クックブックの導入は、Berksfileがあるディレクトリでberks installとします（図8.9）。これにより最新の状態がBerksfile.lockに記録されます。Berkshelfは、クックブックそのものはカレントディレクトリではなくBerkshelfの専用ディレクトリ内に保持している点に注意してください。

図8.9　クックブックの導入

```
$ berks install
Installing timezone (0.0.1) from site: 'http://cookbooks.opscode.com/api/v1/cookbooks'
$ ls
Berksfile  Berksfile.lock
```

ダウンロードされたクックブックはバージョンごとに退避して保持されています（図8.10）。ここから必要に応じてChef Serverへアップロードなどが行われます。このパスはすべてのバージョンのクックブックが保持されるのでChef Soloのクックブック保持ディレクトリに追加することはできません。

図8.10　バージョンごとのクックブックの保持

```
$ ls ~/.berkshelf/cookbooks/
timezone-0.0.1
```

クックブックを任意の場所に収集する

クックブックをカレントディレクトリ以下など、任意の場所に収集する場合はberks installをオプション付きで実行します（図8.11）。

図8.11　クックブックを任意の場所に収集する

```
$ berks install --path vendor/cookbooks
Using timezone (0.0.1)
$ ls vendor/cookbooks/
timezone
```

これでLibrarian-Chefと同様にカレントディレクトリ以下に必要なクックブックを集めることができました。

Berkshelfは Librarian-Chef よりも扱う範囲が広い分、高機能です。その半面、導入や学習に若干の手間がかかります。Librarian-Chefと同様の使い方をすることもできますが、導入のコストと実際に必要な運用を照らしあわせて最適なツールを選択しましょう。

8.8 Chefのレシピが実行されるまでのサイクル

Chefのレシピを書いて実行した際に、それぞれの記述がどのように実行されるか疑問に持つことがあります。なぜならChefのレシピは上から下に実行されるわけではなく、場合によっては先に書いたものであっても、あとから実行されることがあります。レシピの実行順を知るには、Chefの実行サイクルへの理解が必要です。

Chefの実行サイクルとリソースコレクション

Chef(Chef Client、Chef Solo)が実行された際はただちにサーバの設定が始まるわけではなく、さまざまなステップごとに処理が実行されます。大まかには次のようなステップがあります。

❶ Chef Serverとの通信、認証処理
❷ Chef Serverからのクックブック、データの取得
❸ クックブックのコンパイル
❹ ノードの設定、収束(converge)
❺ 通知(Notification)の実行

上記のうち、最初の2つはChef Soloの場合は存在しないか、その他のツールを使って自力で済ませることになります。

実行の順番を確認する

ここでポイントになるのが、❸のクックブックのコンパイルです。クッ

第8章 Chefをより活用するための注意点

クブックはRubyで書かれたレシピの集合体です。レシピはChefが提供するリソースやRubyの構文を組み合わせて記述されます。たとえば**リスト8.22**の例では、executeリソースやpackageリソース、serviceリソースなどを使ってVimのインストールやデーモンの再起動を行っている例です。また合間合間でデバッグ用のメッセージを出力しています。

リスト8.22 Ruby構文の組み合わせの例

```
p "One"
execute "apt-get update" do
  action :run
end

p "Two"
package "vim" do
  action :install
end

p "Three"
service "ssh" do
  action :restart
end
```

上記のレシピは実行時にそれぞれのリソース部分が対応するオブジェクトに変換され、コレクションに格納してconvergeのフェーズまで保持されます。つまり利用するすべてのクックブック内で使ったリソースがコレクションに格納されるまで、実際のサーバの設定作業は一切開始されない点に注意してください。実際の実行ログを見ると、**図8.12**のようにデバッグ用の出力は実際のリソースの実行よりも先になっています。

図8.12 実行ログ

```
$ sudo chef-solo
略
INFO: *** Chef 11.10.4 ***
WARN: Run List override has been provided.
WARN: Original Run List: []
WARN: Overridden Run List: [recipe[scott]]
INFO: Run List is [recipe[scott]]
INFO: Run List expands to [scott]
INFO: Starting Chef Run for precise64
INFO: Running start handlers
```

```
INFO: Start handlers complete.
"One"
"Two"
"Three"
INFO: Processing execute[apt-get update] action run (scott::default line 10)
INFO: execute[apt-get update] ran successfully
INFO: Processing package[vim] action install (scott::default line 15)
INFO: Processing service[ssh] action restart (scott::default line 20)
INFO: service[ssh] restarted
INFO: Chef Run complete in 6.449472 seconds
Running report handlers
INFO: Report handlers complete
```

リソースの処理をただちに実行するには

リソースの処理をただちに実行するには、リソースコレクションからresourcesメソッドでオブジェクトを取得し、run_actionメソッドを実行します（**リスト8.23**）。また設定だけをあとから変更するような記述もできます。

リスト8.23 run_actionによる即時実行

```
f = resources("file[/etc/hosts]")
f.mode 00644
f.run_action(:run)
```

強制的にリソースの処理を実行することはクックブックの可読性を下げる要因になりますが、外部のクックブックや既存のクックブックのわずかな処理や設定を変更する際はリソースコレクションからオブジェクトを取得し、設定を変更する追加のクックブックを書くことで、大規模なコピーや改変をせずに目的を達成できます。

Rubyスクリプトの実行タイミング

次に注意すべき点が、レシピ内に書かれたRubyスクリプトの部分はコンパイル時に実行されるという点です。先ほども触れたようにリソースの実際の処理はコンパイル時ではなく収束（converge）の際に行われますので、Rubyスクリプトの部分でリソースの実行によって起きた変化を前提とするような処理はできません（**リスト8.24**）。

第8章 Chefをより活用するための注意点

リスト8.24 リソース実行によって起きた変化を前提とした例。
これは意図した動きをしない

```
file "/var/hoge4" do
  action :create
end

# コンパイルの時点ではファイルは作成されていない
if !File.exist?("/var/hoge4") then
  p "File not found"
end
```

しかもこの例は2回目以降の実行では前回実行時にファイルが作成されているため、挙動が変わります。条件比較の記述ミスなどが重なると何が起きているかを誤解する可能性の高い状況になりますので注意が必要です。

Rubyのスクリプトによる処理をコンパイル時ではなく収束時に行いたい場合はruby_blockリソースを使います（**リスト8.25**）。

リスト8.25 ruby_blockの使用例

```
file "/var/hoge5" do
  action :create
end

# リソースとして実行されればファイルは作成されている
ruby_block "check_file" do
  block do if File.exist?("/var/hoge5") then
      p "found"
    end
  end
end
```

そのままRubyを記述できるのに、なぜこのようなリソースが存在するのかがおわかりいただけたでしょうか？ もちろんこのリソースもリソースコレクションに格納されるので、別のレシピなどから挙動に関与することも可能です。Rubyスクリプトの実行タイミングを遅らせたい場合にはこの方法が必要になります。

通知（Notification）を活用する

次に注意したいのが、収束（converge）のあとに行われる通知の実行です。

設定ファイルなどが変更された際はサービスの再起動が必要になります。そういった際は設定ファイルの変更が行われる処理のあとにサービスの再起動などを記述するでしょう。しかし関連する設定ファイルが複数あったり、複数のレシピから変更されている場合はどうでしょうか？

単純に記述してしまうと、1回のChefの実行で何度も同じサービスが再起動されてしまいますが、通知を使うことですべての設定作業が終わったあとにまとめてサービスの再起動を行うような記述ができます。

通知として実行したいリソースには、アクションとして:nothingを設定します。そして設定ファイルなどを変更するリソースからnotifiesアトリビュートを使ってアクションやリソースコレクション名、タイミングを指定します。

リスト8.26の例では、fileリソースを使って2つのファイルを作成し、1つのリソースからはSSHサービスの再起動を行っています。

リスト8.26 通知の活用例

```
service "ssh" do
  action :nothing
end

file "/var/hoge" do
  action :create
  notifies :restart, "service[ssh]", :delayed
end

file "/var/hoge2" do
  action :create
end
```

上記のレシピは記述の順番と実行の順が異なり、SSHの再起動は最後になっていることがログで確認できます（図8.13）。

図8.13 実行ログ

```
$ sudo chef-solo
略
INFO: *** Chef 11.10.4 ***
WARN: Run List override has been provided.
WARN: Original Run List: []
WARN: Overridden Run List: [recipe[scott]]
```

249

```
INFO: Run List is [recipe[scott]]
INFO: Run List expands to [scott]
INFO: Starting Chef Run for precise64
INFO: Running start handlers
INFO: Start handlers complete.
INFO: Processing service[ssh] action nothing (scott::default line 10)
INFO: Processing file[/var/hoge] action create (scott::default line 14)
INFO: file[/var/hoge] created file /var/hoge
INFO: Processing file[/var/hoge2] action create (scott::default line 19)
INFO: file[/var/hoge2] created file /var/hoge2
INFO: file[/var/hoge] sending restart action to service[ssh] (delayed)
INFO: Processing service[ssh] action restart (scott::default line 10)
INFO: service[ssh] restarted      ←SSHの再起動は最後に実行されている
INFO: Chef Run complete in 1.332552 seconds
INFO: Running report handlers
INFO: Report handlers complete
```

8.9 Chefを拡張する

　Chefが提供している機能が実現したい要件に合わない場合に利用を諦めてしまうのは早計です。Chefはさまざまな方法でChef自身をカスタマイズできます。代表的な拡張の形態は次のとおりです。

knifeプラグイン

　knifeプラグインは、knifeコマンドのサブコマンドを追加する形でさまざまな拡張を行う機構です。第2章などで使ったknife-soloもknifeプラグインの一つです。

主要なknifeプラグイン

　knifeプラグインはRubyを使って開発でき、Amazon Web ServicesやDigitalOceanなどのパブリッククラウド環境のサポートを追加するものや、KVMやVMwareなどの仮想化環境をサポートを追加するものが多数公開

されています。またコミュニティクックブックの公開や開発を支援するようなプラグインも公開されています。**表8.6**のプラグインはChefが公式にメンテナンスしているプラグインです[注7]。

表8.6　Chef公式プラグイン（抜粋）

名称	機能
knife-azure	Windows Azureでホストされたクラウドサーバを管理する。同時にknife-windowsプラグインも必要になる
knife-ec2	Amazon EC2でホストされたクラウドサーバを管理する
knife-google	Google Compute Engineでホストされたクラウドサーバを管理する
knife-linode	Linodeでホストされたクラウドサーバを管理する
knife-openstack	OpenStackでホストされたクラウドサーバを管理する
knife-rackspace	Rackspaceでホストされたクラウドサーバを管理する

このほかにもknife-eucalyptus、knife-hp、knife-terremark、knife-blueboxなどのプラグインがあり、さまざまな仮想化環境のAPIへ対応する機能を提供します。

また、コミュニティプラグインの公式ドキュメントにも、50個以上のコミュニティによって作成されたプラグインがリストアップされています[注8]。コミュニティプラグインにはChef公式プラグインでサポートしないさまざまな仮想化環境への対応や、パブリッククラウドのAPI、Chef利用のワークフローそのものを拡張するものなど幅広いプラグインが存在します。その中でも代表的なプラグインは**表8.7**のとおりです。

表8.7　コミュニティプラグイン（抜粋）

名称	機能
knife-solo	Chef Solo、search、Data Bagを行うためのノードの初期化（bootstrap）を行う
knife-lastrun	各ノードで最後にChefを実行した際の情報を表示する
knife-github-cookbooks	GitHubからクックブックをインストールする
knife-esx	VMwareをサポートする
knife-kvm	KVMをサポートする

注7　http://docs.opscode.com/plugin_knife.html
注8　http://docs.opscode.com/community_plugin_knife.html

第8章 Chefをより活用するための注意点

インストールする

knifeプラグインはRubyGemsとして作られており、gemコマンドを使ってインストールを行います（図8.14）。

図8.14　knifeプラグインのインストールの例
```
$ /opt/chef/embedded/bin/gem install knife-azure
```

標準では、Chefに同梱されているgemの配下にプラグインがあるとChef Clientはみなしています。そのため、インストールしたRubyGemsが同じ場所に入るように、gemコマンドもChefに埋め込まれたコマンドを使います。gemの配置先を自分自身でコントロールしている場合は/opt/chef/embedded/bin/のパスを省略してインストールすることで普段使っているRuby環境と同じ場所に配置されます（図8.15）。

図8.15　普段使っているRuby環境にknifeプラグインをインストールする
```
$ gem install knife-azure
```

この場合は利用しているRuby環境に見合った場所にRubyGemsがインストールされます。複数の方法を併用した場合に状況がわかりづらくなることもあるので注意してください。特に理由がなければ開発者のPCなどワークステーションでは通常のgemコマンドを使い、実際の実行環境になるノード側ではChefに同梱されたgemを使うのがよいでしょう。

作成する

knifeプラグインはRubyコードを書くことで自作することもできます。社内やプロジェクト内だけで必要になるような機能やフローがあった際は、ほかのツールを組み合わせたり手作業をすることなくChefのワークフローに統合できるかもしれません。

Chefとknifeは次の場所からknifeプラグインを読み込みます。

- ホームディレクトリ配下：~/.chef/plugins/knife/
- 各クックブック配下：.chef/plugins/knife
- RubyGemsでインストールされたプラグイン

公開されているプラグインはgemコマンドでインストールしますが、ホ

ームディレクトリやクックブックリポジトリ内のサブディレクトリを活用することで開発中のプラグインや非公開のプラグインを読み込むことができます。プラグインの公式ドキュメントにも掲載されている簡単なコード例[注9]は**リスト8.27**のようになります。

リスト8.27 knifeプラグインの例

```
require 'chef/knife'
# other require attributes, as needed

module ModuleName
  class SubclassName < Chef::Knife

    deps do
      require 'chef/dependency'
      # other dependencies, as needed
    end

    banner "knife subcommand argument VALUE (options)"

    option :name_of_option,
      :short => "-l VALUE",
      :long => "--long-option-name VALUE",
      :description => "The description for the option.",
      :proc => Proc.new { code_to_run },
      :boolean => true | false
      :default => default_value

    def run
      # Ruby code goes here
    end
  end
end
```

このコードを書き換えてプラグインを自作できます。コード内の重要な個所の意味は**表8.8**のとおりです。

注9 http://docs.opscode.com/plugin_knife_custom.html

第8章 Chefをより活用するための注意点

表8.8 コード内の重要個所とその意味

コード例	意味
module	このプラグインの名前空間を指定する
class SubclassName	Chef::Knifeのサブクラスを宣言する。knifeのコマンド名としても利用する
deps	実行時に解決する依存ライブラリを指定する
banner	ヘルプとして表示される内容を指定する
option	このプラグインのコマンドラインオプションを宣言する
run	プラグインが行う実際の処理を記述する

作成したプラグインはRubyGemsとしてパッケージすることでインターネット上に公開することもできます。

Ohaiプラグイン

ノードのさまざまな情報を収集するOhaiは、プラグインを利用することで独自の項目を収集し、Chef Server上に集約したりクックブック内で参照したりすることができます。Ohaiプラグインも簡単なRubyコードを記述することで任意の処理をOhai実行時に行い、結果を情報としてChefに提供できます。

作成する

Ohaiプラグインを作成するにはRubyのスクリプトを作成します。Ohaiは実行時に任意のディレクトリからプラグインを読み込めます。まずは作業用のディレクトリの配下などにプラグインを置くディレクトリを作成します(**図8.16**)。

図8.16 作業ディレクトリの作成

```
$ mkdir ./ohai_plugins
```

作成したディレクトリ内に**リスト8.28**のようなスクリプトhoge.rbを記述します。providesではこのプラグインが提供する項目を宣言し、宣言した項目に文字列を渡しています。

リスト8.28 Ohaiプラグインの例（hoge.rb）
```
provides "hoge"
hoge "my ohai plugin"
```

　Ohaiで取得する情報は階層構造を持つ場合が多くあります。この場合はMashクラスを使うことでハッシュで情報を返すことができます（**リスト8.29**）。

リスト8.29 OhaiプラグインでのMashクラスの利用
```
provides "hoge"
hoge Mash.new
hoge[:message] = 'my second plugin'
hoge[:list] = [1,10,20]
```

　あとは任意のgemやシステムコマンドを通じて情報を取得する処理を記述していきます。

実行する

　作成したプラグインをOhaiに読み込ませるには、コマンドラインオプションでプラグインが配置されているディレクトリを指定します。プラグインが/home/vagrant/ohai_pluginsに配置されている場合、**図8.17**のようなコマンドを実行します。

図8.17 Ohaiプラグインの実行
```
$ ohai -d /home/vagrant/ohai_plugins
```

　コマンドの実行結果にプラグインから生成したデータが含まれているのが確認できます（**図8.18**）。

図8.18 Ohaiプラグインの実行結果
```
$ ohai -d /home/vagrant/ohai_plugins | head
{
  "keys": {
    "ssh": {
      "host_rsa_public": "略",
      "host_dsa_public": "略"
    }
  },
```

第8章 Chefをより活用するための注意点

```
  "fqdn": "precise64",
略
  "hoge": {
    "message": "my second plugin",
    "list": [
      1,
      10,
      20
    ]
  },
略
```

実環境へ反映する

作成したOhaiプラグインを実環境へ反映するには、Ohaiクックブックをコミュニティからダウンロードして適用します。ダウンロードしたOhaiクックブックのfiles/default/plugins内に作成したプラグインを置きクックブックを反映することで、Ohaiが自動的にプラグインを読み込むようになります。クックブックは任意の方法で取得してもよいですし、knifeコマンドで取得することもできます(**図8.19**)。

図8.19 Ohaiプラグインの実環境への反映

```
$ knife cookbook site install ohai
```

公開されているプラグイン

Ohaiのプラグインはgemなどの形にはなっていませんが、コミュニティによってさまざまなプラグインが作成されており、公式ドキュメント内にリストアップされています[注10]。**表8.9**ではそれを日本語化しています。

Chefプラグイン

knifeやOhaiではなくChef Client実行時の挙動を拡張するプラグインも、RubyGemsとして公開されています。公式ドキュメントにリストアップされている以外のRubyGemsも日々公開されていますので、用途にあったも

注10 http://docs.opscode.com/community_plugin_ohai.html

8.9 Chefを拡張する

表8.9 Ohaiプラグイン

プラグイン名	内容
dell.rb	サービスタグ、エクスプレスサービスコードなどDellサーバの有用な情報を取得する。OMSAとSMBIOSのインストールが必要
dpkg.rb	Debianパッケージのdpkgの情報を取得する
ipmi.rb	MACアドレスとIPアドレスを取得する
kvm_extensions.rb	KVMのホストとゲストの情報を取得する
advd.rb	ladvdの情報を取得する
lxc_virtualization.rb	LXCのホストとゲストの情報を取得する
network_addr.rb	ネットワークインタフェースの情報を扱いやすく拡張する
network_ports.rb	各ネットワークインタフェースのTCPとUDPの状況を取得する
parse_host_plugin.rb	ホスト名を3段階、5段階でパースする
r.rb	Rプロジェクトに関する情報を取得する
rpm.rb	RPMパッケージマネージャの情報を取得する
sysctl.rb	sysctlの情報を取得する
vserver.rb	Linux-VServerの情報を取得する
wtf.rb	wtfismyip.comを使ってホストの外部IPアドレスと地理情報を取得する
xenserver.rb	Citrix XenServerのホストとゲストの情報を取得する
win32_software.rb	WMI※を使いWindowsノード上にインストールされたソフトウェアの情報を取得する
win32_svc.rb	WMI※を使いWindowsノード上で稼働するサービスの情報を取得する

※Windows Management Instrumentation

のがあれば導入したり、拡張するのがよいでしょう[注11]。**表8.10**は公式ドキュメントに掲載されているChefプラグインの解説を日本語にしたものです。

Definition

　クックブックを書いていると、何度も同じ組み合わせでリソースや処理を記述する場合があります。このような場合はDefinitionを使うことで一連の処理を簡単に呼び出すマクロのような定義を作れます。公開されているクックブックなどで見慣れない記述があった場合は、Definitionによって作成されたリソースである場合があります。

注11 http://docs.opscode.com/community_plugin_chef.html

第8章 Chefをより活用するための注意点

表8.10 Chefプラグイン

プラグイン名	内容
chef-deploy	Rubyアプリケーションのデプロイを行うリソースとプロバイダを追加する
chef-gelf	Graylog2サーバへの通知を行う
chef-handler-twitter	ツイートを行うハンドラを追加する
chef-handler-librato	Libratoへ統計情報を送信する
chef-hatch-repo	サーバを仮想サーバやAmazon EC2へ起動するVagrantプロビジョナーを追加する
chef-irc-snitch	Chef Client実行時の例外をIRCに通知する
chef-jenkins	Jenkinsを利用した継続的なデプロイをGitリポジトリから行う
chef-rundeck	Rundeckのリソースエンドポイントを追加する
chef-solo-search	Chef SoloでもData BagやEnvironmentへの検索を行う
chef-trac-hacks	AWSとChef Clientの間の差を埋める
chef-vim	クックブックのナビゲーションをすばやく行う
chef-vpc-toolkit	仮想サーバのグループを管理するRakeタスクを追加する
ironfan	スケーラブルなクラスタの構築と設定を補助する
jclouds-chef	Chef ServerのRest APIへのJavaとClojureのコンポーネントを追加する

作成する

Definitionはクックブック内のdefinitionsディレクトリ内に作成します。リスト8.30の例では与えられたパラメータを利用して連続的にdirectoryリソースとfileリソースを実行しています。

リスト8.30 definitions/host_porter.rbの例

```
define :host_porter, :port => 4000, :hostname => nil do
  params[:hostname] ||= params[:name]

  directory "/etc/#{params[:hostname]}" do
    recursive true
  end

  file "/etc/#{params[:hostname]}/#{params[:port]}" do
    content "some content"
  end
end
```

実行する

作成したDefinitionはレシピ内から**リスト8.31**のように呼び出せます。

リスト8.31 レシピからの呼び出しの例

```
host_porter node['hostname'] do
  port 4000
end

host_porter "www1" do
  port 4001
end
```

使いどころ

Definitionは定義したクックブック内はもちろん、別のクックブックから呼び出すこともできます。Definitionが定義されているクックブックと呼び出すクックブックが異なる場合はクックブックに依存関係が生まれるので管理に注意が必要になりますが、引数を使った記述にうまくマッチする場合には利用を検討してもよいでしょう。しかし、実際はDefinitionを使いすぎるとクックブックの可読性が下がる側面もあります。無理に利用しなくとも、既存のクックブックを読み解くときに必要になる知識と考えてもよいでしょう。

LWRP

LWRP（*LightWeight Resource and Provider*）は、クックブックに応じたChef Clientの動作を拡張するしくみです。クックブック内で利用できる新たな記述を定義し、またそれに対応した処理を各ノード上で実行させることで、Chefが本来対応していないミドルウェアや独自のツール群をクックブックから制御できるようになります。LWRPはChefそのものの内部設計に対応した形で次の2つのコンポーネントで構成されます。

- レシピ内での記述と取り得るアクションを定義するlightweight resource
- リソースに応じたノード上での動作を定義するlightweight provider

第8章 Chefをより活用するための注意点

作成する

LWRPはクックブック内のresourcesディレクトリとprovidersディレクトリに配置します。配置されたクックブックの名前とそれぞれのファイル名がそのままレシピ内で記述されるリソース名になります。exampleクックブック内に作成されたリソースの場合は**表8.11**のようになります。

表8.11 LWRPのファイル名と記述の対応

ファイル	リソースまたはプロバイダの名前
cookbooks/example/resources/default.rb	example
cookbooks/example/resources/custom.rb	example_custom
cookbooks/example/providers/default.rb	example
cookbooks/example/providers/custom.rb	custom

リソース内ではリソースが取り得るアクションやAttributeを記述すると、自動的にセッタ、ゲッタを持ったオブジェクトが生成されます。**リスト8.32**の例ではfileリソースと同じリソース宣言をあえてLWRPで記述しています。

リスト8.32 LWRPを使ったリソースの記述例

```
actions :create, :delete, :touch, :create_if_missing
attribute :backup,   :kind_of => [ Integer, FalseClass ]
attribute :group,    :regex => [ /^([a-z]|[A-Z]|[0-9]|_|-)+$/, /^\d+$/ ]
attribute :mode,     :regex => /^0?\d{3,4}$/
attribute :owner,    :regex => [ /^([a-z]|[A-Z]|[0-9]|_|-)+$/, /^\d+$/ ]
attribute :path,     :kind_of => String
attribute :checksum, :regex => /^[a-zA-Z0-9]{64}$/
```

プロバイダの場合は、リソースで宣言されたアクションに対応したメソッドや、実行前に実際にサーバに行われる作業を確認できるwhy-runへの対応、リソースをレシピ内で実行するかを定義します。リソースに対して指定されたAttributeはリソース名のオブジェクトから取得しています(**リスト8.33**)。

リスト8.33 LWRPを使ったプロバイダの記述例

```
def whyrun_supported?
  true
end

# インラインで実行
use_inline_resources

# :deleteアクションに対応する処理
action :delete do
    if user_exists?(example.user)
        cmdStr = "rabbitmqctl delete_user #{new_resource.user}"
        execute cmdStr do
        new_resource.updated_by_last_action(true)
        end
    end
end

# アクション内で使う任意の関数の定義
def user_exists?(name)
  true
end
```

使いどころ

　LWRPはクックブックを高度に拡張する機能を簡潔に記述できるフレームワークです。Chefが対応していないミドルウェアや管理ツールをクックブックから制御したい場合にスマートな実装を提供できます。一方で実装にはChefの内部構造などを意識することが求められるため、実際にLWRPを実装しなければならない局面は多くはありません。

　LWRPはChef社が管理するコミュニティクックブックなどにも内包されており、LWRPを目的にコミュニティクックブックをインクルードするといった利用方法もあります。どうしても自前でLWRPを実装する必要がある場合も、目的の類似したコミュニティクックブックに内包されているLWRPを参考にして実装するのがお勧めです。

第9章

Chef Serverによる本番環境の構築と運用

第9章 Chef Serverによる本番環境の構築と運用

本章では、主に本番環境での運用を想定したChef Serverの構築方法と、knifeコマンドを使ったオペレーション、実際にChef Serverを利用して運用を行うために必要な手順をチュートリアル形式で説明します。

9.1 Chef Serverを利用するメリット

Chefでのサーバ管理・運用を始めようとしたときに、多くの方がまずChef Serverを構築して使うべきか、それともChef Soloだけでやってみようか、と悩むと思います。

Chef Soloの利用については、本書のこれまでの解説でイメージが湧くと思います。Chef SoloはChef本体を導入するだけで使うことができるため、サーバを準備する必要がなく簡単にかつシンプルに利用できます。よって、サーバが数台〜十数台程度であれば、Chef Soloで十分なケースも多々あるでしょう。

では、Chef Serverを導入するメリットは何なのかを説明します。筆者は次の3点が、Chef Serverを導入するうえでの主なメリットだと考えます。

- Search機能でロールなどの絞り込みができる
- クックブックの同期作業をしなくてよい
- Chef Clientをデーモンとして扱うこともできる

上記3点それぞれについて1つずつ簡単に説明します。

Search機能でロールなどの絞り込みができる

Chef Serverでは、Chefが管理すべき情報(ロール、ノード、クックブックなど)のほかに、各クライアントやノードの構成情報(ハードウェアやOSなど)も管理されています。これらの情報を使って、たとえばdatabaseのロールに所属しているクライアント一覧であったり、カーネルのバージョンが○○のクライアント一覧など、管理しているクライアント群から検索

して結果を絞り込める検索機能を持っています。

　これらができることで何がうれしいかと言うと、たとえばknife sshというknifeのサブコマンドでは、上記で絞り込んだクライアントに対してSSH経由でコマンドを実行したりすることも可能です。たとえばdatabaseのロールに所属するクライアントに対してアップデートプログラムを実行するといったような、あるクエリで絞り込まれた複数のクライアントに対して何かしらのアクションを実行することが簡単にできます。

クックブックの同期作業をしなくてよい

　Chef Soloを実行する際は、必ずノードとなるマシンにクックブックを配置する作業が必要となります。つまり、クックブックを変更し、Chef Solo

---

Column

Chef ServerにおけるClient(クライアント)とNode(ノード)の違い

　Chef Serverを利用するうえで理解しておきたい概念として、Client(クライアント)とNode(ノード)があります。これら2つの単語は、普段利用するうえで似たような意味で目にすることが多いですが、Chef Serverにおいては次のような違いがあります。

　クライアントは、Chef ServerのAPIと通信できる端末のことを指します。Chef Serverを利用した構成では、端末はChef ServerのAPIにアクセスし、情報を取得することでさまざまな処理を行います。端末はChef Serverへの初回アクセス時に、APIとの通信に必要なキーペアが作成され、以後は個別に識別されるようになります。

　ノードは、Chef Serverで管理されるサーバの単位になります。ロールやAttributeといった各種情報はノードに紐付けられます。また、第3章で紹介したOhaiを使って自動的に収集されたハードウェアやOSなどの情報もノードに紐付けられ保存されています。

　例を1つ挙げると、以降で紹介しますがknife(コマンドラインツール)は、Chef ServerのAPIと通信して処理を行いますので、Chef Serverにおいてknifeはクライアントの1つとして登録されます。しかし、Chefによる構成管理対象となるわけではないため、Chef Serverではノードとしては登録されません。

を実行するたびに再配置を行う必要があります。この作業はノードの台数や、ロールの種類が多くなるほど、煩わしい作業になるでしょう。もちろん、そういった処理を行うスクリプトを実装することで作業の自動化は可能ですが、Chef Serverを使うことでその煩わしさは解消されます。

Chef Serverでは、ロールやノード、クックブックをすべて一元管理しているデータベースを持っているので、接続されたChef Clientの名前から、処理に必要な情報（ロールやクックブック）だけを判断し、クライアントへと配信してくれます。

なお、それでもChef Soloを利用したい場合は、本書でもすでに紹介したknife-soloを使うとよいでしょう。knife-soloはローカルにあるレシピをリモートに同期させてChef Soloを実行することが可能です。

Chef Clientをデーモンとして扱うこともできる

Chef Clientは通常コマンドとして実行されますが、-dオプションを付けて実行することで、デーモン[注1]として動作します。Chef Clientはコマンドとして実行されると、そのタイミングでChef Serverと通信を行い処理を行いますが、デーモンとして起動することで、定期的にChef Serverと通信を行い、ノードをクックブックで定義されている構成を維持します。

デーモンで稼働させ、Chef Serverとの通信インターバルを短めに設定すると、ノードの状態は常にあるべき姿へと保たれます。しかし、仮にクックブックに誤った記述をしたままChef Serverにアップロードをしてしまった場合、Chef Clientをデーモンとして稼働させているノード群は、その誤った情報を全ノードで反映させてしまうため注意が必要です。利用する場合は、必ず第7章で解説しているテストなどのしくみでこういったリスクを担保できるようにすべきです。

注1　バックグラウンドプロセスとして常に動作し続ける機能のことです。

9.2
Chef Serverをセットアップする

　Chef Serverを使うためには、クライアントおよびノードから接続可能なネットワーク上にサーバとなるマシン（コンピュータ）を準備する必要があります。サーバとなるマシンは、専用のサーバ機はもちろん、通常の家庭にあるようなPCでもよいですし、クラウドサービスなどでサーバを借りて使用する形でもよいです[注2]。

　Chef Serverのソフトウェア自体は、開発元であるChef社のWebサイトにて公開されていますので、そこからダウンロードします[注3]。執筆時点（2014年3月現在）においてはLinux OSの次のプラットフォーム・バージョンがサポートされています。

- Red Hat Enterprise Linux（以降、RHEL）またはCentOS、バージョン5および6系
- Ubuntu、バージョン10.04、10.10、11.04、11.10、12.04、12.10

　対応プラットフォームやバージョンは、いずれも変更される可能性がありますので、最新の情報は上記Webサイトから確認するようにしてください。

　ここからは、サンプルとしてCentOS 6系のサーバにChef Serverをインストールする想定で解説します。

Chef Serverをダウンロードしインストールする

ダウンロードリンクを取得する

　まず、先ほど紹介したChefのインストールページにアクセスします。次に「Download options」にある「Chef Server」のタブをクリックします（図9.1）。

注2　Chef Serverの動きをちょっと見てみたい場合は、仮想コンテナとこれまでの章で紹介しているVagrantを使うと手軽に試すこともできます。
注3　http://www.getchef.com/chef/install/

第**9**章　Chef Serverによる本番環境の構築と運用

図9.1　Chef公式サイトのダウンロードページ

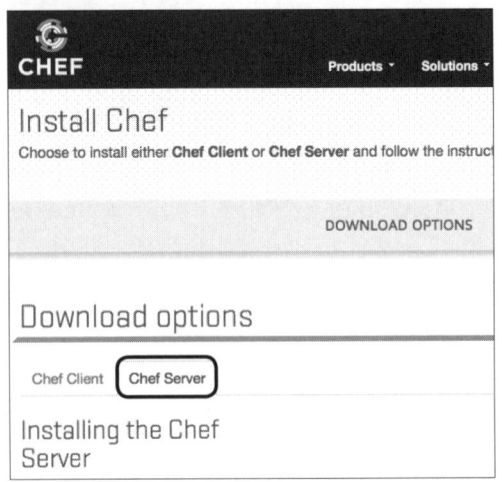

次にOSの種類（[Select an Operating System]）、バージョン（[Select a Version]）、アーキテクチャ（[Select an Architecture]）、Chefのバージョン（[Chef Version]）をプルダウンリストでそれぞれ選択します（**図9.2**）。

図9.2　Chef Serverパッケージのダウンロードリンクの取得

すると、パッケージのダウンロードリンクが表示されますので、サーバマシンからダウンロードしてインストールしましょう。

268

インストールする

サーバにログインし、図9.3のようにrpmコマンドでダウンロードリンク先を指定し、ダウンロードおよびインストールを行います。

図9.3　Chef Serverパッケージのダウンロードおよびインストール

```
$ sudo rpm -Uvh https://opscode-omnibus-packages.s3.amazonaws.com/el/6/x86
_64/chef-server-11.0.11-1.el6.x86_64.rpm   実際は1行
```

なお、このChef Serverのパッケージは、Chef Serverの稼働に必要なミドルウェア一式が詰め込まれているオールインワンなパッケージとなっています。執筆時点の最新版であるバージョン11.0.11のRHEL(CentOS)向けのRPMパッケージは約197MB程度のサイズとなっていますので、ダウンロードやインストールに時間がかかると思います。コーヒーでも飲みながら気長に待ちましょう。

インストールに成功すると、図9.4のように表示されるはずです。

図9.4　Chef Serverパッケージのインストール完了

```
$ sudo rpm -Uvh https://opscode-omnibus-packages.s3.amazonaws.com/el/6/x86
_64/chef-server-11.0.11-1.el6.x86_64.rpm   実際は1行
Retrieving https://opscode-omnibus-packages.s3.amazonaws.com/el/6/x86_64/c
hef-server-11.0.11-1.el6.x86_64.rpm
warning: /var/tmp/rpm-tmp.cBcxuu: Header V4 DSA/SHA1 Signature, key ID 83ef
826a: NOKEY
Preparing...                ########################################### [100%]
   1:chef-server             ########################################### [100%]
Thank you for installing Chef Server!

The next step in the install process is to run:

sudo chef-server-ctl reconfigure
```

名前解決を確認する

インストールが完了したあとは、図9.4に記載されているとおりsudo chef-server-ctl reconfigureを実行すればよいのですが、ここで1つ注意点があります。

このChef Serverが自身の名前(ホスト名やFQDN)を解決できる状態にしておかないと、セットアップや動作確認でうまく動かないかもしれませ

ん。Chef Serverから自身のホスト名にpingコマンドなどを実行してみて正しく名前解決が行われているかを確認してください。また、別の確認方法としては、ohaiコマンドを実行して、**図9.5**のようにfqdnが正しく取得できていれば問題ないはずです。

図9.5 ohaiコマンドを使ったFQDNの取得

```
$ sudo /opt/chef-server/embedded/bin/ohai | grep fqdn
  "fqdn": "chef-test01",
```

うまく取得できていない場合は、サーバマシンを内部ネットワーク（LAN）に設置しているケースで、それらのサーバの名前解決を行うためのDNSがない場合などが考えられます。そのような場合は、hostnameコマンドなどでホスト名の設定を行うことと、/etc/hostsファイルを編集し、**リスト9.1**のようにサーバのホスト名を入力するようにしてください[注4]。

リスト9.1 hostsファイルの編集

```
127.0.0.1    chef-test01 localhost localhost.localdomain localhost4 localhost4.localdomain4
```

ホスト名の設定を行ったうえで、図9.5のコマンドを実行すると、fqdnが取得できる状態となるはずです。

セットアップを実行する

ここまでで問題がなければ、sudo chef-server-ctl reconfigureを実行してみましょう。上記のコマンドを実行すると、バックグラウンドでChef Soloが動きはじめ、Chef Serverの動作に必要なソフトウェアのインストールや設定を自動で行ってくれます。

無事成功すると、**図9.6**のような文字列が出力されます。

図9.6 chef-server-ctl reconfigureの実行

```
$ sudo chef-server-ctl reconfigure
Starting Chef Client, ...
Compiling Cookbooks...
```

注4　今回の例では、ホスト名をchef-test01と記載していますが、ここは実際にサーバでhostnameコマンドを実行後に出力される文字列を入力すべきです。

```
Recipe: chef-server::default

略

Chef Client finished, 268 resources updated
chef-server Reconfigured!
```

動作確認用のテストを実行する

最後にChef Serverが正しく動いているかどうかのテストスイートを実行します。図9.7のコマンドを実行してください。

図9.7 chef-server-ctl testの実行

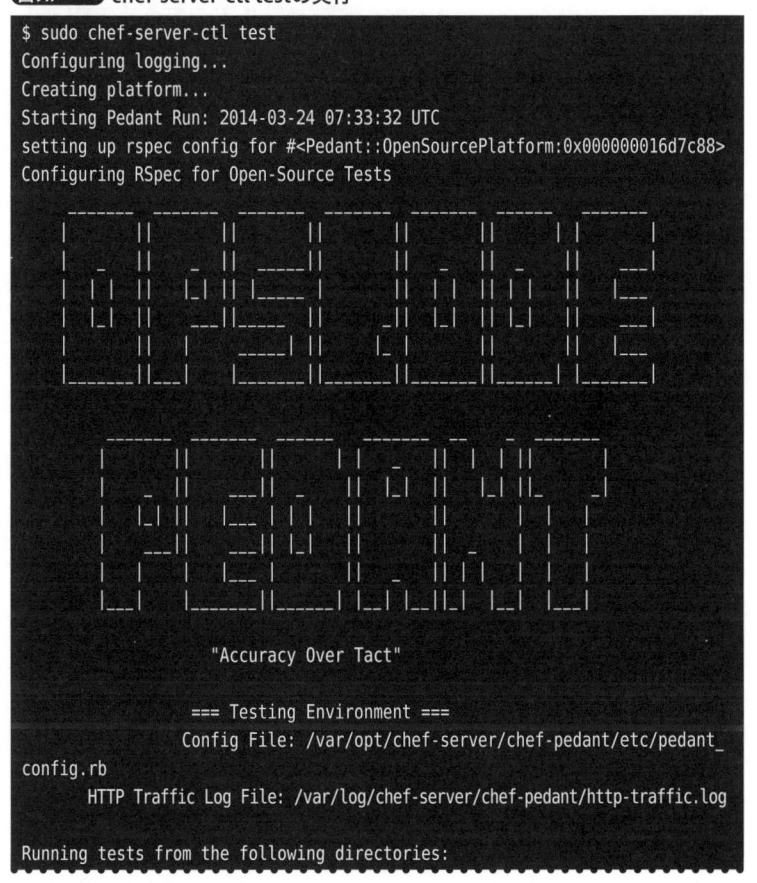

```
$ sudo chef-server-ctl test
Configuring logging...
Creating platform...
Starting Pedant Run: 2014-03-24 07:33:32 UTC
setting up rspec config for #<Pedant::OpenSourcePlatform:0x000000016d7c88>
Configuring RSpec for Open-Source Tests


       [ASCII art: Chef Pedant logo]


              "Accuracy Over Tact"

             === Testing Environment ===
                 Config File: /var/opt/chef-server/chef-pedant/etc/pedant_
config.rb
         HTTP Traffic Log File: /var/log/chef-server/chef-pedant/http-traffic.log

Running tests from the following directories:
```

第9章 Chef Serverによる本番環境の構築と運用

```
/opt/chef-server/embedded/service/chef-pedant/spec/api
Ruby?  Erlang? true
Run options:
  include {:focus=>true, :smoke=>true}
  exclude {:platform=>:multitenant, :cleanup=>true}
Creating client pedant_admin_client...

略

Finished in 50.21 seconds
70 examples, 0 failures
```

「0 failures」と表示され、テストスイートを流した結果すべてパスしたことがわかります。

ここまでで、Chef Serverをつかさどる各種ソフトウェアがサーバ内で動きはじめ、すでにアクセス可能な状態となっているはずです。psコマンドなどでそれらのプロセス、たとえば「chef-server(erlang)」や「chef-server-webui(unicorn)」「nginx」「postgresql」「chef-solr(java)」などを確認できます。

Chef Serverの設定を変更する

Chef Serverのセットアップ自体も、バックグラウンドでChef Soloが動くことによって、Chefのエンジンそのものでセットアップが実行されています。ということは、Chef Serverの構成内容を定義したクックブックやレシピが存在するということであり、構成をカスタマイズしたい場合などは、そのクックブックを編集して再実行したいケースもあるでしょう。

そういった場合は、次のディレクトリにChef Server自体のクックブックが展開されているため、確認および編集することも可能です。

/opt/chef-server/embedded/cookbooks/chef-server/

このクックブック内にあるレシピの中身を確認することで、インストールや設定時に何をやっているかは把握できますし、実際にChef Serverで定義されているパラメータ（Attribute）を変更したい場合は、/opt/chef-server/embedded/cookbooks/chef-server/attributes/default.rbで変更したい要素名

Column

テストでエラーが出力された場合

sudo chef-server-ctl test コマンドを実行した際に、**図a**のようなエラーが出力され、テストが流れはじめる前に止まってしまうことがあります。

図a chef-server-ctl testコマンド実行時エラー

```
$ sudo chef-server-ctl test
略
Exception during Pedant credentials setup
#<Errno::ECONNREFUSED: Connection refused - connect(2)>   ←エラー内容
/opt/chef-server/embedded/lib/ruby/1.9.1/net/http.rb:763:in `initialize'
/opt/chef-server/embedded/lib/ruby/1.9.1/net/http.rb:763:in `open'
/opt/chef-server/embedded/lib/ruby/1.9.1/net/http.rb:763:in `block in connect'
/opt/chef-server/embedded/lib/ruby/1.9.1/timeout.rb:55:in `timeout'
```

これは、**図b**のコマンドで確認できるのですが、nginxが起動していないため、クライアントから接続できない状態になっていることが原因です。

図b nginxが起動していない

```
$ sudo chef-server-ctl status
run: bookshelf: (pid 2137) 1885s; run: log: (pid 2136) 1885s
run: chef-expander: (pid 2096) 1891s; run: log: (pid 2095) 1891s
run: chef-server-webui: (pid 2297) 1868s; run: log: (pid 2296) 1868s
run: chef-solr: (pid 2053) 1892s; run: log: (pid 2052) 1892s
run: erchef: (pid 4899) 387s; run: log: (pid 2178) 1879s
down: nginx: 1s, normally up, want up; run: log: (pid 2454) 1857s
run: postgresql: (pid 1967) 1898s; run: log: (pid 1966) 1898s
run: rabbitmq: (pid 1635) 1914s; run: log: (pid 1634) 1914s
```

こういった場合も、nginxのログを/var/log/chef-server/nginx/currentから確認してみましょう。筆者が遭遇したケースでは、**リストa**のようなエラー出力があり、「server_name」が正しく設定されていないことが原因でした。

リストa nginxのログを確認(/var/log/chef-server/nginx/current)

```
2014-03-24_11:55:50.96535 nginx: [emerg] invalid number of arguments in
"server_name" directive in /var/opt/chef-server/nginx/etc/nginx.conf:49
```

このような場合、/etc/chef-server/chef-server-running.json の "chef-

第9章 Chef Serverによる本番環境の構築と運用

> server"〜"nginx"〜"server_name" 部分の文字列が nginx.conf に入るようになっているため、詳しくは後述する /etc/chef-server/chef-server.rb に nginx['server_name'] と nginx['url'] を設定することで上記のエラーは解決できるようになりますが、根本原因は、先ほども記載した Chef Server が自分自身の名前解決に失敗していることが挙げられるため、名前解決まわりの状況を確認するようにしてください。

を確認して、/etc/chef-server/chef-server.rb の設定ファイル内で再定義してあげれば、各種設定のパラメータ変更が可能となります。

たとえば、chef-server-webui のワーカプロセス数を変更したくなったとします。該当の設定は、/opt/chef-server/embedded/cookbooks/chef-server/attributes/default.rb を確認すると、次の要素名で設定されていることがわかります。

```
default['chef_server']['chef-server-webui']['worker_processes'] = 2
```

先ほど解説したとおり、これを変更する際はこの attributes/default.rb を編集するのではなく、/etc/chef-server/chef-server.rb というファイルに設定します。このファイルは、初期状態で存在しないファイルなので、なければ新規で作成しましょう。このようなしくみになっていますので、たとえば Chef Server 自体のバージョンアップなどで、/opt/chef-server 以下が書き換えられることがあっても、既存の設定は残ることになります。

さて、Chefのドキュメント[5]を参考にすると、上記の要素に対しては、chef_server_webui['worker_processes'] といった要素名で /etc/chef-server/chef-server.rb に記載すればよいことがわかります。

そのため、worker プロセスを4に変更したい場合は、次のように chef-server.rb に記載しファイルを保存します。

```
chef_server_webui['worker_processes'] = 4
```

その後、sudo chef-server-ctl reconfigure コマンドを実行することで、

注5 http://docs.opscode.com/config_rb_chef_server.html

変更が適用されます。

このように、Chef Server自体もクックブックで管理・状態定義されていて、ユーザからもAttributeやレシピを確認・変更できる点は美しいしくみと言えるでしょう。

Chef Serverでのオペレーション

Chef Serverのデーモン自体に対するオペレーションとしては、基本的にchef-server-ctlコマンドを使います。実行方法は図9.8のようなイメージです。

図9.8 chef-server-ctlコマンドの例

```
$ sudo chef-server-ctl (subcommand) [ARG]
```

よく使うであろう基本的なサブコマンドを表9.1に記します。

表9.1 chef-server-ctlの主なサブコマンド一覧

サブコマンド	説明
help	ヘルプを表示する
reconfigure	Chef Server自体の再設定・適用を行う
start	Chef Serverを構成するプロセス群を起動する
stop	Chef Serverを構成するプロセス群を停止する
restart	Chef Serverを構成するプロセス群を再起動する
status	Chef Serverを構成するプロセス群のステータスを表示する
tail	Chef Serverを構成するプロセス群のログをリアルタイムで表示する
test	Chef Serverの動作確認用テストを行う

ほかにもサブコマンドがいくつかありますので、詳細はhelpサブコマンドで確認してみてください。

Chef ClientからChef Serverへ接続してみる

Chef Serverのセットアップが済んだところで、次はChef Clientから疎通できるか確認してみましょう。

第9章 Chef Serverによる本番環境の構築と運用

Chef Clientを準備する

Chef Clientが稼働するマシンを準備します。Chef Client（Chef本体）のインストールについては第2章で紹介していますので参照してください[注6]。

まず、Chef Client側のマシンで**図9.9**のコマンドを実行します。

図9.9 /etc/chef/client.rb（設定ファイル）の生成

```
$ sudo knife configure client -s https://<Chef Serverのアドレス> /etc/chef
```

すると、/etc/chef/client.rbといった設定ファイルが生成されます。設定ファイルの中身は**リスト9.2**のようになっているはずです。

リスト9.2 /etc/chef/client.rbの設定例

```
log_level              :info
log_location           STDOUT
chef_server_url        'https://<Chef Serverのアドレス>'
validation_client_name 'chef-validator'
```

なお、第10章にて後述しますが、多くのサーバを管理する場合、各サーバで/etc/chef/client.rbを作成する作業は面倒ですので、自動化するべきでしょう。

次に、Chef Serverのマシンに配置されている/etc/chef-server/chef-validator.pemのファイルを、Chef Clientのマシンに/etc/chef/validation.pemとして配置しましょう。その際、/etc/chef/validation.pemのパーミッションは600としてください[注7]。

Chef Clientを実行する

これでChef Clientの基本的な設定は終わりです。**図9.10**のコマンドを実行してみてください。

注6 　以降の動作確認は、Chef ServerをインストールしたマシンにChef Clientをインストールしても確認することが可能です。
注7 　validator keyについては、「Chef Serverと認証する」（291ページ）で改めて解説します。

図9.10 chef-clientの実行

```
$ sudo chef-client
[2014-03-24T21:01:07+09:00] INFO: Forking chef instance to converge...
Starting Chef Client, version 11.10.4
[2014-03-24T21:01:07+09:00] INFO: *** Chef 11.10.4 ***
[2014-03-24T21:01:07+09:00] INFO: Chef-client pid: 2542
Creating a new client identity for chef-test01 using the validator key.
[2014-03-24T21:01:08+09:00] INFO: Client key /etc/chef/client.pem is not pr
esent - registering
[2014-03-24T21:01:09+09:00] INFO: HTTP Request Returned 404 Object Not Foun
d: error
[2014-03-24T21:01:09+09:00] INFO: Run List is []
[2014-03-24T21:01:09+09:00] INFO: Run List expands to []
[2014-03-24T21:01:09+09:00] INFO: Starting Chef Run for chef-test01
[2014-03-24T21:01:09+09:00] INFO: Running start handlers
[2014-03-24T21:01:09+09:00] INFO: Start handlers complete.
[2014-03-24T21:01:09+09:00] INFO: HTTP Request Returned 404 Object Not Found:
resolving cookbooks for run list: []
[2014-03-24T21:01:09+09:00] INFO: Loading cookbooks []
Synchronizing Cookbooks:
Compiling Cookbooks...
[2014-03-24T21:01:09+09:00] WARN: Node chef-test01 has an empty run list.
Converging 0 resources
[2014-03-24T21:01:10+09:00] INFO: Chef Run complete in 0.69519234 seconds

Running handlers:
[2014-03-24T21:01:10+09:00] INFO: Running report handlers
Running handlers complete

[2014-03-24T21:01:10+09:00] INFO: Report handlers complete
Chef Client finished, 0/0 resources updated in 2.556269092 seconds
```

　今回は、まだChef Serverにクックブックの登録やノードの設定を行っていないため、Chef Clientでは何も実行されず、`0/0 resources updated`と表示されていますが、図9.10のように出力されていれば、問題なくChef Serverとの疎通はとれているはずです。

9.3 knifeコマンドを利用したオペレーション

　knifeはChefに付属するコマンドラインツールで、第2章でも紹介しましたが、主にリポジトリの操作を行ったり、Chef ServerのAPIと通信するために利用します。Chefを運用するうえでは何かと便利に利用できるツールです。

　knifeは、Chefの世界ではクライアントとして振る舞います。多くのサブコマンドがビルトインされており、主にクックブックやロール、ノード、クライアントなどを管理するための操作手段（CLI）として利用されます。またknifeはプラガブルなアーキテクチャとなっており、プラグインを導入することでビルトインサブコマンド以外にもさまざまなオペレーションを行うことが可能となります。

knifeをセットアップする

　knifeを実行するために、まずChef Serverに配置されているadminユーザ用の鍵を、knifeを実行したいマシンに配置します。

　adminユーザ用の鍵（admin.pem）は、Chef Serverの/etc/chef-server/admin.pemに存在しているはずです。なお、admin.pemの配置場所は任意となります。迷ったら/etc/chefあたりに配置してください。

　admin.pemの配置が完了したら、次はknifeを実行したいマシンで**図9.11**のコマンドを実行します。実行すると、インタラクティブな形式でいくつか質問されるので、それに答えていきます。質問の文字列の最後に[]で囲まれた値がデフォルトの設定となり、デフォルトのままで問題がない場合は、何も入力せずに Enter を押下します。

　質問内容に関しては書かれているとおりです。基本的にデフォルトのままでよいと思いますが、Please enter the chef server URLの項目に関しては、環境に合わせてChef ServerのURLを入力してください。HTTPSで指定しておくとよいでしょう。また、admin.pemの配置場所を変更した場合もここで入力します。

なお、knifeコマンドを実行したいユーザがadmin.pemにアクセスできる必要があるので、パーミッションは適切に設定してください。

図9.11 knifeコマンドの設定

```
$ knife configure -i
WARNING: No knife configuration file found
Where should I put the config file? [/home/user/.chef/knife.rb]
Please enter the chef server URL: [https://chef-test01:443] https://127.0.0.1
Please enter a name for the new user: [user] knife
Please enter the existing admin name: [admin]
Please enter the location of the existing admin's private key: [/etc/chef-s
erver/admin.pem]
Please enter the validation clientname: [chef-validator]
Please enter the location of the validation key: [/etc/chef-server/chef-va
lidator.pem]
Please enter the path to a chef repository (or leave blank):
Creating initial API user...
Please enter a password for the new user:
Created user[knife]
Configuration file written to /home/user/.chef/knife.rb
```

成功するとknifeの設定ファイル(knife.rb)が配置されます。テストとして、**図9.12**のコマンドを実行してみてください。

図9.12 knife clientコマンドの実行

```
$ knife client list
chef-test01
chef-validator
chef-webui
```

Chef Serverと通信できていれば、クライアント一覧が出力されます[注8]。

knifeの主なサブコマンド

knifeコマンドは、**図9.13**のようにknifeコマンドのあとにサブコマンドと引数、オプションを付ける形で実行します。

注8 図のchef-test01の部分は、前節で動かしたChef Clientのクライアント名です。

第9章 Chef Serverによる本番環境の構築と運用

図9.13 knifeコマンドの例

```
$ knife SUB-COMMAND [ARGS] (options)
```

表9.2が、knife(バージョン11.10.4)のビルトインコマンド一覧です。knifeのビルトインコマンドについては、Chefのサイトに存在するドキュメント[注9]もかなり充実しており、利用についてはそれほど難しくありません。

表9.2 knifeの主なビルトインコマンド一覧

サブコマンド	説明
bootstrap	ノードの初期セットアップを行う
client	クライアントの管理を行う
configure	knifeの初期設定を行う
cookbook	クックブックの管理を行う
cookbook site	クックブック共有サイトと連携する
data bag	Data Bagの管理を行う
delete	Chef Serverで管理されているオブジェクトを削除する
diff	Chef Serverで管理されているオブジェクトの差分を表示する
download	Chef Serverからオブジェクトをダウンロードする
environment	Environmentの管理を行う
exec	ノードでChef Server APIとやりとりするスクリプトを実行する
index rebuild	Chef Server上のインデックスを再生成する
list	Chef Serverで管理されているオブジェクト一覧を表示する
node	ノードの管理を行う
raw	Chef Server APIへRESTリクエストを送る
recipe list	レシピを表示する
role	ロールの管理を行う
search	Chef Serverに登録されているノード情報を検索する
show	Chef Serverで管理されているオブジェクトを参照する
ssh	複数のノードでコマンドを同時実行する
status	Chef Serverに登録されているノードの状態を表示する
tag	タグの管理を行う
upload	Chef Serverへオブジェクトをアップロードする
user	ユーザの管理を行う

注9 http://docs.opscode.com/knife.html

本書でも簡単な利用方法については後述しますが、それ以上の詳しい利用方法などについては上記のドキュメントを参照してください。

knifeの基本的な使い方

基本的に、Chef ServerのAPIはRESTfulに実装されているため、knifeコマンドもそれに準ずる形で、create、show、edit、delete……のようにCRUDに準じたサブコマンドが使えるケースが多いです。

たとえば、クライアントを管理できるclientサブコマンドを例として操作例を紹介します。

クライアントを一覧表示する

Chef Serverで管理しているすべてのクライアントを表示したい場合は、引数にlistを指定します。具体的には図9.14のコマンドを実行します。

図9.14　クライアント一覧の取得
```
$ knife client list
chef-validator
chef-webui
```

クライアントを作成する

Chef Serverに新しいクライアントを登録したい場合は、引数にcreateと作成したいクライアントの名前を指定します。たとえば「db01」という名前のクライアントを作成する場合は、図9.15を実行してください。

図9.15　クライアントの作成
```
$ knife client create db01
```

すると、(環境変数「EDITOR」で指定された)エディタが起動し、登録されるクライアントの情報が表示されます(リスト9.3)。通常特に編集する必要はありませんので、このまま書き込んで保存します(Vimであれば:wq)。

第9章 Chef Serverによる本番環境の構築と運用

リスト9.3 クライアント情報の設定

```
{
  "name": "db01",
  "public_key": null,
  "admin": false,
  "json_class": "Chef::ApiClient",
  "chef_type": "client"
}
```

なお、環境変数「EDITOR」が登録されていない環境ではエディタが立ち上がらないため、**図9.16**のように設定してください。

図9.16 環境変数「EDITOR」の設定

```
$ export EDITOR=vim
```

一時的に環境変数を使いたい場合は、**図9.17**のようにコマンドの前に付けても実行できます。

図9.17 環境変数"EDITOR"を一時的に利用する実行例

```
$ EDITOR=vim knife client create db01
```

クライアントの作成が成功すると、**図9.18**のように作成された旨表示され、続いてChef Server APIとの通信に必要となる秘密鍵が表示されます。

図9.18 クライアント秘密鍵の表示

```
$ knife client create db01
Created client[db01]
-----BEGIN RSA PRIVATE KEY-----
MIIEpAIBAAKCAQEAxNKbK7EFC0HXWzeovoEO/2S3pxUXkQyjaEQfk+9dB7r+7o5K
yIBDK/XY9teI80ceIf/ReNKE0fpzg7h1Z2I1S+HC//gcCoOtGHfqYcCBcgRQ2T6f
kCu0Rncw92yiKbLPKQlGC5dRScxVkpJZFSZqrXOZwfP/9I9pEdKjQ1+dbyUPYSQa

略

-----END RSA PRIVATE KEY-----
```

※秘密鍵は他人に知られないよう扱いに注意してください。

なお、**図9.19**のように-fオプションを付けることで、秘密鍵を保存するファイルを指定することもできます。

図9.19 クライアント秘密鍵ファイルの作成
```
$ knife client create db01 -f /path/to/db01.pem
Created client[db01]
```

クライアントを表示する

作成したクライアントの情報を表示したい場合は、**図9.20**のように引数にshowとクライアントの名前を指定します。

図9.20 クライアント情報の取得
```
$ knife client show db01
admin:       false
chef_type:   client
json_class:  Chef::ApiClient
name:        db01
public_key:  -----BEGIN PUBLIC KEY-----
MIIBIjANBgkqhkiG9w0BAQEFAAOCAQ8AMIIBCgKCAQEAryokpEsongnLpvBjxN4T
HXz3eeJrs9g4Nl9cnH6AAZ492KVZWQzkB0gI25hEBUoZrRXUCGtyHrHlOVhd0y/s
L5NOv+DBPDbS22VGYq4GVSxmAvBAuui+UJ6czXHbPz/zHCBNsOEQhi34+Gscpwoe

略

-----END PUBLIC KEY-----
```

クライアントを編集／更新する

作成したクライアントの情報を編集・更新したい場合は、**図9.21**のように引数にeditとクライアント名を指定します。

図9.21 クライアント情報の編集
```
$ knife client edit db01
```

create(クライアントの作成)と同様にエディタが起動し、現在登録されているクライアントの情報が表示されるので、変更を加えたい部分を編集します。たとえば、管理者権限を付与したい場合は、adminフラグを**リスト9.4**のようにtrueへと変更します。

リスト9.4 クライアント情報の編集

```
{
  "name": "db01",
  "admin": true,

略
}
```

編集を終えてエディタの書き込み保存を行うと、Chef Serverの情報が更新されます。更新が完了すると**図9.22**のように表示されます。

図9.22 クライアント情報の編集が成功

```
Saved client[db01]
```

その後、knife client showコマンドなどで変更を加えたクライアントの情報を確認すると、先ほど編集したところが更新されているはずです。

クライアントを再登録する

一度Chef Serverに登録したクライアント名でクライアントを再登録したい場合は、引数にreregisterとクライアント名を指定します(**図9.23**)。

図9.23 クライアント情報の再登録

```
$ knife client reregister db01 -f db01.pem
```

なお、このサブコマンドを実行することで、キーペアは再作成されて登録されるため、以前のクライアント名で使用していた鍵は利用できなくなる(Chef Server APIと通信できなくなる)ので注意してください。

クライアントを削除する

クライアントを削除したい場合は、**図9.24**のように引数にdeleteとクライアント名を指定します。

図9.24 クライアント情報の削除

```
$ knife client delete db01
Do you really want to delete db01? (Y/N) Y
```

上記のように確認のダイアログが表示されますので、問題なければYを

入力して Enter を押下してください。

なお、引数に bulk delete を指定すると、正規表現を使用して複数のクライアントを一括削除することもできます（図9.25）。

図9.25　クライアント情報の一括削除

```
$ knife client bulk delete '^db'
The following clients will be deleted:

db01  db02

Are you sure you want to delete these clients? (Y/N) Y
Deleted client db01
Deleted client db02
```

簡単にでしたが、clientサブコマンドの簡単な操作について説明しました。次節では、実際にChef Serverを使って運用していくうえで必要となるフローを説明します。knifeコマンドでのオペレーションが中心となりますので、knifeの使い方という点では次節も参考になると思います。

9.4
Chef Serverを使った運用フロー

では、実際にChef Serverを利用して、運用を行うために必要な手順をチュートリアル形式で説明します。

クックブックを登録する

まずは利用したいクックブックをChef Serverへ登録します。一番簡単な方法はknifeコマンドを使うことでしょう。クックブックを登録するために必要なことは、任意のマシンで登録したいクックブックがあること、knifeコマンドが使えることが条件となります。

図9.26のようなknifeコマンドを実行することで、クックブックのアップロードができます。knife cookbook uploadのあとにアップロードしたいクックブック名と、-oオプションでクックブックが置かれているパスを指定します。

図9.26　クックブック(単体)のアップロード

```
$ knife cookbook upload sample -o <クックブックが置かれているパス>
Uploading sample        [0.1.0]
Uploaded 1 cookbook.
```

アップロードが成功すると、図のようにUploadedと表示されるはずです。なお、-oオプションを指定せずに実行するとcookbook_pathで設定されているパスが参照されます。

図9.27のように-aオプションを付けることで、指定したパスに配置されているすべてのクックブックをアップロードすることも可能です。

図9.27　クックブック(すべて)のアップロード

```
$ knife cookbook upload -a -o <クックブックが置かれているパス>
Uploading sample        [0.1.0]
Uploaded all cookbooks.
```

また、Berkshelfを利用してクックブックを管理している場合は、図9.28のようにberks uploadコマンドを使ってクックブックをChef Serverにアップロードできます。

図9.28　Berkshelfを利用したクックブックのアップロード

```
$ berks upload <クックブック>
```

なお、アップロードしたあとは、knife cookbook listコマンドでアップロードされたクックブックの確認が可能です(図9.29)。

図9.29　クックブック一覧の取得

```
$ knife cookbook list
sample   0.1.0
```

その他、cookbookサブコマンドは図9.30のものがあります。

図9.30 クックブックのサブコマンド一覧

```
$ knife cookbook --help

** COOKBOOK COMMANDS **
knife cookbook delete COOKBOOK VERSION (options)
knife cookbook metadata COOKBOOK (options)
knife cookbook list (options)
knife cookbook download COOKBOOK [VERSION] (options)
knife cookbook show COOKBOOK [VERSION] [PART] [FILENAME] (options)
knife cookbook create COOKBOOK (options)
knife cookbook metadata from FILE (options)
knife cookbook bulk delete REGEX (options)
knife cookbook upload [COOKBOOKS...] (options)
knife cookbook test [COOKBOOKS...] (options)
```

ノードを登録する

次に、ノードを登録します。ノードは実際にChef Clientとして登録/実行したいホスト名を指します。たとえば「db01」というノードを登録したい場合は、**図9.31**のコマンドを実行します。

図9.31 ノードの登録

```
$ knife node create db01
```

すると、（環境変数「EDITOR」で指定された）エディタが起動し、登録されるノードの情報が表示されます。必要事項を追記してください。たとえば、先ほど作成したsampleクックブックを実行したい場合は、ランリストに**リスト9.5**のように追記してください。編集が終われば書き込んで保存します。

リスト9.5 ノード情報の設定

```
{
  "name": "db01",
  "chef_environment": "_default",
  "json_class": "Chef::Node",
  "automatic": {
  },
  "normal": {
```

```
  },
  "chef_type": "node",
  "default": {
  },
  "override": {
  },
  "run_list": [
    "recipe[sample]"
  ]
}
```

保存が成功すると、図9.32のような文字列が表示されます。

図9.32 ノードの登録が成功

```
Created node[db01]
```

登録したノードの情報を見る場合は、showを使用します(図9.33)。

図9.33 ノード情報の参照

```
$ knife node show db01
Node Name:   db01
Environment: _default
FQDN:
IP:
Run List:    recipe[sample]
Roles:
Recipes:
Platform:
Tags:
```

なお、あとからノードの情報を編集したくなった場合は、図9.34のコマンドを実行します。

図9.34 ノード情報の編集

```
$ knife node edit db01
```

すると、先ほどのノード作成時と同様にエディタが起動し、編集できるようになります。

なお、ランリストに新しいレシピを登録するだけであれば、図9.35のコマンドでも可能です。

図9.35 ノード情報の"run_list"に新しいレシピを登録

```
$ knife node run_list add db01 'recipe[sample2]'
```

ロールを登録する

次は、ロールを登録してみましょう。ロールはマシン（ノード）の役割を定義した設定のことで、たとえば「Webサーバ」や「データベースサーバ」といった役割単位でグルーピングして、共通の設定を行いたい場合に使用します[注10]。

たとえば「db」というロールを登録したい場合は、**図9.36**のコマンドを実行します。

図9.36 ロールの登録

```
$ knife role create db
```

すると、（環境変数「EDITOR」で指定された）エディタが起動し、登録されるノードの情報が表示されます。必要事項を追記したあと保存します（**リスト9.6**）。

リスト9.6 ロール情報の設定

```
{
  "name": "db",
  "description": "",
  "json_class": "Chef::Role",
  "default_attributes": {
  },
  "override_attributes": {
  },
  "chef_type": "role",
  "run_list": [
    "recipe[mysql]"
  ],
  "env_run_lists": {
  }
}
```

注10 ロールについて詳しくは第4章の102ページを参照してください。

保存が成功すると、**図9.37**のような文字列が表示されます。

図9.37 ロールの登録が成功
```
Created role[db]
```

ロールの操作については、先ほどのノードとほぼ同様に、showやeditなどを引数に付与することで行えます。

また、作成したロールをノードに紐付ける場合は、knife node editコマンドなどで、**リスト9.7**のようにランリストを編集します。

リスト9.7 ノード情報にロールを紐付ける設定
```
{
  "name": "db01",
  "chef_environment": "_default",
  "normal": {
  },
  "run_list": [
    "role[db]"
  ]
}
```

この例だと、db01というノードのランリストはrole[db]が紐付いており、dbというロールのランリストにはrecipe[mysql]が紐付いているため、db01ではmysqlのレシピに基づいた環境が作られることになります。

クライアントで設定を適用する

ノードとなるマシンでchef-clientコマンドを実行することで、Chef Serverと通信して各種設定の反映や処理を行うためには、次の条件を満たす必要があります。

- ⓐ Chef Serverにクックブックが登録されている
- ⓑ Chef Serverにノードの情報が登録され、ランリストに適用したいレシピが登録されている
- ⓒ ノードとなるマシンにChef Serverと通信するためのclient keyもしくはvalidator key（後述）が配置されている

ⓐについては「クックブックを登録する」の項（285ページ）を、ⓑについ

ては「ノードを登録する」の項(287ページ)を参照してください。❸については以降で説明します。

Chef Serverと認証する

　クライアントがChef Serverと通信する際は、必ず最初に認証を行います。通常Chef Serverは、クライアントごとに秘密鍵を発行し、公開鍵を自身(Chef Server)に登録します。このキーペアは、先ほど説明したknifeコマンドのclientサブコマンドでも発行できますが、クライアントごとにその作業を行うのも面倒です。そのため、Chef Serverにあらかじめ用意されているvalidator keyを利用します。

　Chef Serverと通信する際にvalidator keyを使うと、そのクライアントをChef Serverに登録し、以降の認証で使用する鍵が発行されます。いわば、各クライアントで最初の1回目だけ利用できるマスタキーのようなものです。

　validator keyの利用については、すでに「Chef ClientからChef Serverへ接続してみる」の項(275ページ)にて簡単に解説していますが、validator keyはChef Serverに配置されています(/etc/chef-server/chef-validator.pem)ので、それをクライアント(ノード)となるマシンにコピーしておきます。クライアント(ノード)となるマシンでの配置先は/etc/chef直下で、ファイル名をvalidation.pemとリネームして配置してください。

chef-clientコマンドを実行する

　Chef Serverへのクックブックとノードの登録、および前述のとおりクライアントとなるマシンへvalidator keyの配置が完了すれば、もうそのクライアントとなるマシンからChef Serverへのアクセスが可能となります。クライアントとなるマシンから図9.38のコマンドを実行してみましょう。

図9.38　chef-clientコマンドの実行

```
$ sudo chef-client
[2014-03-24T21:18:27+09:00] INFO: Forking chef instance to converge...
Starting Chef Client, version 11.10.4
[2014-03-24T21:18:27+09:00] INFO: *** Chef 11.10.4 ***
[2014-03-24T21:18:27+09:00] INFO: Chef-client pid: 2970
Creating a new client identity for db01 using the validator key.
```

第9章 Chef Serverによる本番環境の構築と運用

```
[2014-03-24T21:18:27+09:00] INFO: Client key /etc/chef/client.pem is not pr
esent - registering
[2014-03-24T21:18:28+09:00] INFO: Run List is [recipe[sample]]
[2014-03-24T21:18:28+09:00] INFO: Run List expands to [sample]
[2014-03-24T21:18:28+09:00] INFO: Starting Chef Run for db01
[2014-03-24T21:18:28+09:00] INFO: Running start handlers
[2014-03-24T21:18:28+09:00] INFO: Start handlers complete.
[2014-03-24T21:18:28+09:00] INFO: HTTP Request Returned 404 Object Not Found:
resolving cookbooks for run list: ["sample"]
[2014-03-24T21:18:28+09:00] INFO: Loading cookbooks [sample]
Synchronizing Cookbooks:
[2014-03-24T21:18:28+09:00] INFO: Storing updated cookbooks/sample/recipes
/default.rb in the cache.
[2014-03-24T21:18:28+09:00] INFO: Storing updated cookbooks/sample/README.
md in the cache.
[2014-03-24T21:18:29+09:00] INFO: Storing updated cookbooks/sample/metadat
a.rb in the cache.
[2014-03-24T21:18:29+09:00] INFO: Storing updated cookbooks/sample/CHANGEL
G.md in the cache.
  - sample
Compiling Cookbooks...
Converging 0 resources
[2014-03-24T21:18:29+09:00] INFO: Chef Run complete in 0.857769588 seconds

Running handlers:
[2014-03-24T21:18:29+09:00] INFO: Running report handlers
Running handlers complete

[2014-03-24T21:18:29+09:00] INFO: Report handlers complete
Chef Client finished, 0/0 resources updated in 2.456865642 seconds
```

　上記は、ランリストに何もレシピを登録していない実行例ですのであっさりした表示となっていますが、最終行でfinishedの記載と、何項目アップデート処理が走ったかのカウントが表示されます。エラー表示もなく無事終了した場合、実行したノードはクックブックに記載した状態となっているはずです。

第10章

Chef Serverによる大規模システムの構築と運用

第10章 Chef Serverによる大規模システムの構築と運用

本章では、比較的大規模なノード数(1,000〜)の環境で、筆者がどのようにChef Serverを運用しているかを解説します。

10.1 Chefを使って大量サーバへ一括適用する

運用するサーバ台数が多くなると、同時に複数台のサーバに対して設定変更を行いたいケースが出てきます。その際、管理している複数のサーバに対して、特定の設定を適用・処理する方法を知る必要が出てきます。

第9章でも述べましたが、Chef Serverを使った構成でChef Client側で処理を実行するには、次の2通りのやり方があります。

- Chef Clientをデーモンとして起動しておき、定期的にChef Serverにアクセスする
- 複数のノードで手動で`chef-client`コマンドを実行し、Chef Serverにアクセスする

Chef Clientをデーモンとして起動する

Chef Clientをデーモンとして起動する場合は、**図10.1**のようなコマンドを実行します。

図10.1 Chef Clientをデーモンとして起動

```
$ sudo chef-client -d -i 1800 -s 300
```

`-d`は`chef-client`コマンドをデーモン化して実行するオプションで、`-i`は実行間隔(秒)、`-s`は実行間隔に加えてランダムに実行タイミングに遊びを持たせるオプション[注1]です。これらのオプションを付けて実行することで`chef-client`プログラムが常駐し、定期的にChef Serverに通信するようになります。

注1　全Chef Clientからの同時実行によるChef Serverの過負荷を避けるために設定します。

しかし、Chefを使った運用に慣れないうちは、Chef Clientをデーモンとして稼働させないほうがよいでしょう。実際、筆者は運用環境にてデーモンとして稼働させていません。

Chef Clientをデーモンとして稼働させることで定期的にChef Serverと通信されるようになりますが、Chef Serverにアップロードされたクックブックなどの情報が、常にChef Clientへいつ反映されてもおかしくない状況になります。もちろん、きちんとクックブックなどのテストや動作確認が完璧な状態で、いつ複数台で処理が走って適用されてもよいと言えるケースにおいては問題ありません。しかし、Chefに慣れないうちは、Chef Serverにアップロードしたあとに、本番環境で変更を加えても影響の出ない1台のサーバなどで、試しに稼働確認したいケースなどもあるでしょう。

Environmentをうまく活用して稼働環境が分けられていたり、テストによるクックブックの品質管理が問題なくできている場合は、デーモンで稼働させる選択でもよいと思います。

各ノードでchef-clientコマンドを一括実行する

では、デーモンとして稼働させない場合、複数台のクライアントにどうやって一括適用するかという話ですが、SSH経由などで各サーバでchef-clientを一括して実行するツールを利用します。

Chefで設定した内容を適用するためには、各ノードで`chef-client`コマンドを手動で実行すればよいわけですが、対象サーバの台数が数十台ともなってくるとさすがに大変です。そういった際には、複数のサーバに同じコマンドを送れるツールを利用します。

tomahawkを利用する

この手のツールはpsshやCapistrano、Fabricなどが有名ですが、筆者の運用環境ではtomahawk[注2]を使っています。tomahawkはPythonで実装されたSSHラッパで、同時に複数のサーバに対してSSHで同じコマンドを送ることができます。また、`sudo`コマンドでのパスワード入力への対応や、

注2　https://github.com/oinume/tomahawk

第10章 Chef Serverによる大規模システムの構築と運用

並列に複数のサーバで実行できたり、フェイルセーフな制御ができるなど、機能も充実しています。図10.2はtomahawkコマンドでの実行例です。

図10.2 tomahawkを利用した複数サーバでchef-clientコマンドを実行する例

```
$ tomahawk -c -p 4 -f ~/db-server.list 'sudo chef-client'
```

-cオプションはエラーが出ても処理を継続、-pオプションで同時並列処理数を指定、-fオプションでコマンドを実行したいサーバのリストファイルを渡しています。詳細は、tomahawkのhelpを参照してください。

knife sshコマンドを利用する

また、第9章でも少し紹介しましたが、knifeコマンドにもsshやssh_cheto(外部プラグイン)といったサブコマンドがあり、こちらは実行する対象サーバをChefのロール形式などで指定できます。図10.3は、knife sshコマンドでの実行例です。

図10.3 knife sshコマンドを利用した複数サーバでchef-clientコマンドを実行する例

```
$ knife ssh "role:db" "sudo chef-client"
```

knife sshに続けてサーチクエリと実行したいコマンドを記載します。上記の例では、"role:db"と書くことで、dbというロールに紐付けられている全ノードに対してchef-clientコマンドを実行できます。サーチクエリは基本的にAttributeに対する指定を行うため、たとえば"hostname:web-*"と書くと、ホスト名がweb-から始まるノードすべてが対象となります。その他オプションの詳細は、knife sshコマンドのhelpやChefのドキュメントを参照してください[注3]。

注3 http://docs.opscode.com/knife_ssh.html

10.2
大量物理サーバへ迅速にセットアップする

　Webサービスを運用していると、急なサーバ増設が必要となるケースがあります。

　たとえば、ある日突然サービスがヒットして大量のアクセスが急遽押し寄せることによって、余裕があったはずのサーバやネットワークのリソースがあっと言う間に逼迫してしまうケースであったり、ある日突然サーバが壊れてしまってシステムに不具合が発生したりするケースなどが挙げられます。

　実際に、筆者の所属する組織で運営しているとあるWebサービスは、オープンから3週間で100万ユーザを突破するなど、想像をはるかに超えるスピードで成長したこともあり、そのバックエンドで利用していたMongoDBはレプリカ[注4]が多くなってしまう特性を持ったサーバだったため、30台単位のサーバ増設を繰り返したケースが過去にありました。

　クラウドサービスを利用しているケースであれば、少し頑張ればなんとかなるかもしれませんが、オンプレミスな環境を想定したうえで、30台分OSのインストールから始めるとなると、非常に大変な作業であることは容易に想像がつくと思います。

PXE＋Kickstart＋Chefでサーバをセットアップする

　筆者の所属する組織でのこれまでの運用では、OSインストールの部分に関してはPXE（*Preboot eXecution Environment*）ブートと呼ばれるローカルディスクを利用しないネットワークブートの方式と、Kickstartと呼ばれるLinux OSのインストールを自動化するツールを組み合わせることで、OSインストールの自動化を行っていました。

　ただし、その状態からChefを使うためには、サーバごとにネットワーク

注4　冗長化または負荷分散目的などでマスタデータベースと同じ内容で複製されるデータベースのことです。

の設定やChefのインストール、Chefの設定を行う必要があります。しかし、セットアップの対象となるサーバが数十台あると、そのオペレーションはたいへん面倒であり、作業中にミスが発生する可能性もあります。

そこで、Kickstartの処理中に上記のChef関連のセットアップ作業をすべて行うようにしました[注5]。

導入の流れ

全体的なセットアップの流れとしては次のような形です。

❶事前にChef Server側でノードの設定をしておく
❷サーバマシンを物理設置し、LANケーブルをつなげて電源オン、PXEブートを開始する
❸ラベル[注6]とノード名を入力し、OSインストールを開始する
❹OSインストールと同時にChef Clientのインストールと設定を行う
❺Kickstartの%postセクションで`chef-client`コマンドを実行する

❶に関しては、OSの設定(ネットワークの設定など)をChefで行う想定のため、事前にChef Server側にIPアドレスやホスト名といったAttributeの設定が必要となります。

❷は実際に物理作業となりますので、ここは体を動かす必要があります。
❸~❺の流れについては以降で説明します。

システム構成的には、図10.4のように3つ登場することになります。

KickstartでChef Clientを設定する

Kickstartでは、%postセクションにスクリプトを記載することで、パッケージのインストールなどが完了したあとに、自由な処理を実行できるしくみが用意されています。

注5　PXEブートやKickstartに関しての詳細は、多くの文献やWebサイトで紹介されていますので、本書での説明は割愛します。
注6　Kickstartファイルを指定するエイリアスのことです。

10.2 大量物理サーバへ迅速にセットアップする

図10.4 PXE + Kickstart + Chefを実現する構成図

```
       Chef Client  ←─通信─→  PXE＋Kickstart サーバ
            ↖                     ↗
      OSインストール後は       通信
        直接通信
              ↘           ↙
                Chef Server
```

Chef Clientの設定内でサーバ自身のノード名を指定する

%postセクションにChef Clientをインストールする処理を書けばよいのですが、そこで問題になるのは、Chef Clientの設定内でサーバ自身のノード名(つまりホスト名)を指定する必要があるという点です(**リスト10.1**)。

リスト10.1 シンプルなChef Clientの設定ファイル例

```
chef_server_url  'https://xxx.xxx.xxx.xxx'
node_name        'hostname'
```

このChef Clientの設定ファイル(/etc/chef/client.rb)のnode_nameの部分にどのように自動で値を入れればよいかは、Kickstartの設定ファイルの%postインストールスクリプト内で**リスト10.2**のような処理を入れて実現しています。

リスト10.2 Kickstart処理内でノード名を取得

```
set -- `cat /proc/cmdline`
for x in $*; do
  case $x in node*)
    echo $x >> /tmp/ks-nodename
```

第10章 Chef Serverによる大規模システムの構築と運用

```
      ;;
    esac;
done

cat /tmp/ks-nodename | sed -e "s/\(.*\)node=\(.*\)/node_name '\\2'/" >> /e
tc/chef/client.rb
```

　上記の処理の流れを簡単に説明すると、/proc/cmdlineはブート時にカーネルに渡されるパラメータが入っています。PXEブートの際に、Kickstartの設定ファイルのありかなど、カーネルに渡すパラメータを入力するため、そのときにノード名を示す値を一緒に渡します。
　たとえば、PXEブート時に入力するラベルの部分で、**図10.5**のように入力します。

図10.5 PXEブート時にノード名を指定

```
boot: 1 node=chef-test01
```

　すると、/proc/cmdlineにはたとえば**リスト10.3**のような文字列が入ることになります。

リスト10.3 /proc/cmdlineの中身

```
ks=http://xxx.xxx.xxx.xxx/ks/CentOS_6.5_pxe.txt load initrd=centos_6_5_x86
_64/initrd.img devfs=nomount ksdevice=eth0 BOOT_IMAGE=centos_6_5_x86_64/vm
linuz node=chef-test01
```

　一番最後にnode=chef-test01が付いていることが確認できます。
　スクリプト内でこの文字列を拾って/tmp/ks-nodenameに入れている処理がリスト10.2のfor文で行われています。そして最後のsedコマンドでnode=chef-test01をnode_name 'chef-test01'に置換して、/etc/chef/client.rbに入れています。

%postインストールスクリプトに記述する内容

　次に、Kickstartの%postインストールスクリプトで記述すべき内容を書いておきます。

- Chef Client のインストール
- /etc/chef/client.rb ファイルを配置
- /etc/chef/client.rb で（サーバごとに異なる部分である）node_name のパラメータを上記で紹介した方法で設定
- /etc/chef/validation.pem ファイルを配置
- `chef-client` コマンドを実行

`chef-client` コマンドが実行できて Chef Server と疎通できれば、あとはどのような設定や処理でもクックブックに記載しておけば自動化できますので、たいていのことはセットアップ作業内での自動化が実現可能です。

なお、この方式はクラウドサービスを使っている環境でも実現可能です。たとえば Amazon EC2 では、インスタンス起動時に UserData と呼ばれる任意のデータ（文字列）をインスタンスに渡すしくみや、インスタンスにタグを付与できるしくみを持っているので、それらのしくみであらかじめノード名を設定し、OSの起動時に設定されたノード名を受け取って `chef-client` コマンドを実行、とすれば同様のことを再現できます。

10.3 Ohaiでマシンの情報を収集して活用する

Ohaiについては、第3章の60ページですでに紹介していますので、基本的な説明は省略します。

Chef Clientを利用すると、内部的にOhaiのライブラリが動作し、実行環境の情報をChefのAttributeのパラメータとして管理できるようになります。これらの情報は、クックブックの中で各種処理をするうえで利用することが可能です。よく使われるのは、OSの種別ごとにcase文などで処理を分けたりする場合です。

筆者の運用環境でよく使われているのは、各種ミドルウェアでメモリの値をもとにして設定するパラメータのデフォルト値を決めるときに利用します。たとえば、MySQLのInnoDB Buffer Pool SizeやJavaのHeap Sizeなどは、サーバに搭載されているメモリの容量に大きく依存します。4GB

のメモリを積んだサーバと、64GBのメモリを積んだサーバでは、設定すべき値が異なるはずです。各ノードのハードウェアスペックが違ったとしても、Ohaiから取得できる情報を活用することで、ある設定はデフォルト値として、搭載メモリ容量の70％を割り当てる、といったような使い方ができます。

たとえば、ノードのメモリの総容量を取得したい場合は、レシピでは次のように記述します。

```
node[:memory][:total]
```

10.4 複数メンバーでレシピ開発する際のリポジトリ運用

筆者の所属する組織では、複数のWebサービスを、それぞれ担当のエンジニアが運用しています。そのため、Chefリポジトリには複数システムの設定情報が入っており、それらを複数のエンジニアでメンテナンスしています。ここからは、そのような環境で実際にどのようにChefリポジトリ管理しているかを事例ベースで簡単に紹介します。

前提として、筆者の所属する組織におけるサービスの基本的な運用スタンスとして、各サービス担当の技術者が自由に技術要素を選択する（その代わり責任を持つ）というポリシーがあります。そのため、時間が経過するにつれ、複数のサービス・プロジェクトでChefを利用しはじめ、それぞれのChefリポジトリやサーバが独自で進化を遂げていました。そこで、各サービス・プロジェクトで生産されはじめている、Chefクックブックの統合に向けて動きはじめました。

狙いとしては、統合された共通のChefクックブックを整備することで、各プロジェクトでの構築／運用の効率化（リソースおよびノウハウの中央集約、車輪の再発明抑止）や、集約によるChef Serverの構築／運用の効率化、Chefを利用するうえで徐々にネックとなるテストのしくみの整備・提供がありました。

そこでできあがった、Chefリポジトリとその周辺の登場人物は**図10.6**のとおりです。

図10.6 Chefリポジトリメンテナンスの全体像

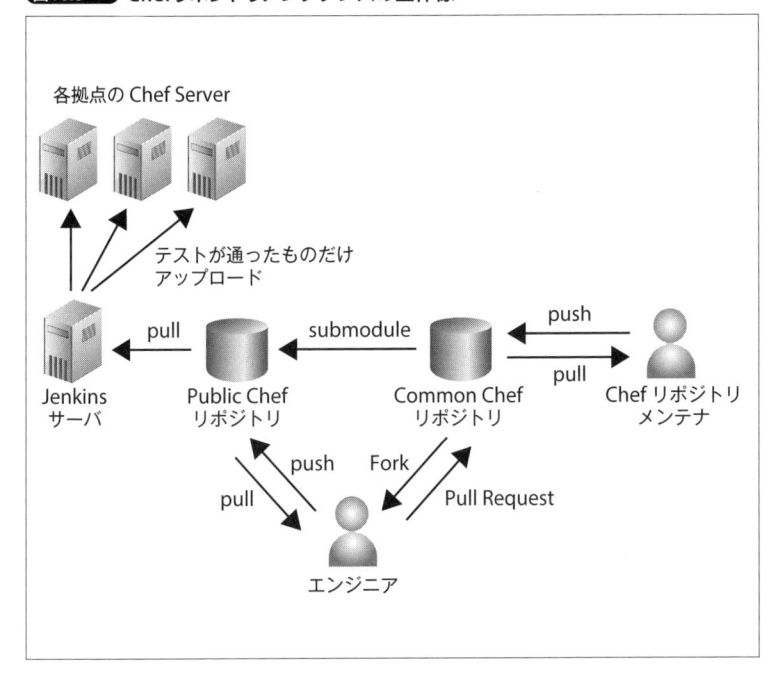

```
各拠点のChef Server
    ↑
    テストが通ったものだけ
    アップロード
                                              push
   pull        submodule
Jenkins ← Public Chef ← Common Chef ← Chef リポジトリ
サーバ    リポジトリ     リポジトリ  pull  メンテナ
              ↑ push  ↓ Fork
              pull    Pull Request
                 エンジニア
```

ここでChefプラットフォームとして提供しているものは、大きく分けると次の3つとなります。

- 共用利用可能なChefリポジトリ
- 複数のChef Server（+ Jenkins）
- テストプラットフォーム

3つのそれぞれについて説明します。

共用利用可能なChefリポジトリ

Chefリポジトリは2つ用意しました。OS設定やミドルウェアなど各サー

第10章 Chef Serverによる大規模システムの構築と運用

ビス共通で使えるクックブックを集めた「Common Chefリポジトリ」と、各サービス固有の状態を記載する「Public Chefリポジトリ」です。いずれも社内で運用しているGitHub Enterprise[注7]内のリポジトリとして管理しています。

Common Chefリポジトリは次のように運用します。

- OS設定や各ミドルウェア単位でクックブックを分割する
- 基本的に、熟練のChefリポジトリメンテナが管理する
- 修正による影響範囲が大きいため、各担当者が修正したい場合は、基本的にPull Requestベース[注8]で実施する

Public Chefリポジトリは次のように運用します。

- サービスごとのクックブック/ロール/ノードなどを定義する
- Common Chefリポジトリのレシピを各サービスで定義したクックブックにてインクルードして利用する

注7　GitHubをクローズドなイントラネット内で利用できるソフトウェアです。
注8　開発者のローカルリポジトリでpushした変更を、共有リポジトリやメインブランチへ取り込んでもらうためのリクエストのことです。

Column

データベースのバックアップ

Chef Serverで管理されているデータについては、すべてバックエンドのデータベース(Chef Serverをセットアップした際に作られています)に格納されています。データベースには、バージョン11からはPostgreSQL、バージョン10以前はCouchDBが採用されています。

PostgreSQLのバックアップに関しては、pg_dumpコマンドやpg_dumpallコマンドなどのバックアップツールを利用してください。これらの方法は多くの情報が世の中に出回っていますので、本書では割愛します。

なお、pg_dumpコマンドを利用する場合は、opscode-pgsqlユーザへスイッチすると楽です。デフォルトでは対象データベース名がopscode_chefとなります。

なお、クックブックだけではなく、ノードやロールなどChefを扱ううえで必要となる情報をすべて上記のリポジトリで管理しているため、何かトラブルがあった場合にChef Serverを復元する際も、これらのリポジトリからすべて復元できるようなポリシーで運用しています。

運用をしていくうえで、Chef Serverにしか持たない情報（クライアントの認証情報など）もありますので、それらが必要となる場合は必ずChef Serverのデータベースバックアップを行ってください。

複数のChef Server（+Jenkins）

多くのサービスがある都合上、物理的な配置場所が分散しているため、各拠点（データセンターまたはクラウドサービス）において利用可能なChef Serverを用意しています。

このサーバでは、Chef ServerおよびJenkinsが稼働しており、GitHub EnterpriseのChefリポジトリにpushされたものをJenkinsがチェックし、さらに自動テストをパスしたクックブック、ロール、ノード情報を、自動でChef Serverへアップロードするしくみとなっています。このサーバ自身もChef Soloを使って構築しています。

テストプラットフォーム

各担当者がクックブックをテストするしくみとして、次の2つを利用しています。

- **ChefSpec**：クックブック／レシピのユニットテストフレームワーク
- **Test Kitchen**：クックブック／レシピの振る舞いを実VM（仮想サーバ）上で確認するテスティングフレームワーク

ChefSpec[注9]は、RSpecで駆動するクックブックのテスティングフレームワークであり、実際にクックブックを適用することなく、クックブックが期待どおりに振る舞うように記述されているかをテストできるしくみです。

注9 https://github.com/sethvargo/chefspec

ですので、コード(クックブック)を書いているその場で確認、チェックがすばやくできます。

第7章の188ページでも紹介しましたが、Test Kitchenを使うことで、Vagrantなどを使って起動したVM上でクックブックを実際に適用し、その振る舞いが期待したとおりに動いているかを確認できます。

なお、Test Kitchenは、Vagrant以外でも動作することが可能です。筆者の所属する組織では、OpenStackを使った基盤があり、そちらで動作させています。事前にOpenStackとTest Kitchenを制御できる設定やRakeタスクを作っておくことで、誰でも簡単にOpenStack上のVM上でクックブックを適用した際のテスト、およびノードの状態確認が可能です。

10.5 Chefを活用して監視の自動設定を行う

システムを運用していくうえで欠かせないものの一つが監視でしょう。運用するサーバ台数が多くなることで管理の手間が大きくなることについては、サーバそのものだけではなく監視についても同様の課題があります。

先ほど、ミドルウェアごとにクックブックを分けていることを書きましたが、これらのクックブックに対して監視に必要となる情報を書いておけば、そのクックブックを使った時点でそのサーバの監視対象がわかることになります。

たとえば死活監視の場合、Apacheを使うケースでは、**リスト10.4**のように「特定のURLにリクエストを発行して、ステータスコード200が返ってくること」などといった監視が必要な情報をAttributeに持たせておきます。ここでは"http"という名の自作チェッカを使って、ステータスコードの確認を行う監視設定をしています。

リスト10.4 監視自動設定でのパラメータ例

```
monitoring = {
  :apache2_status => {
    :checker => "http",
    :level => "critical",
    :interval => 60,
    :params => {
      :port => node[:apache2][:http_port],
      :uri => node[:apache2][:monitor_url]
    }
  }
}
```

　このように、その他のクックブックに対しても監視情報を埋め込んでおくと、ノードやロールに対して標準化されたクックブックを選択していくことで、監視設定を生成するための必要な情報が集まることになります。

　このまとまった監視の情報を取得できるAPIを作っておき、そのAPIに監視対象としたいノードやロールのリストを渡すことで、監視の設定ファイルを自動生成できるようなしくみにしています。筆者の所属する組織では、このしくみに対応している監視プロダクトとしてMuninとNagios(Icinga)があり、現在はZabbixへの対応を進めています。

　こういったしくみを準備することで、特殊な監視項目以外については、少しパラメータを追加するだけで監視すべき項目を網羅できます。サーバ(ノード)を追加／削除しても、監視システムの設定ファイルを再生成して適用することで、監視システムの管理コストを大幅に減らすことが可能となります。

Appendix A

コマンドチートシート

Appendix A　コマンドチートシート

本 Appendix では、knife コマンド、chef-solo コマンド、Ohai を利用する際に必要な知識をリファレンス形式でまとめています。

チートシート内では、コマンドの書式と記述例を必要に応じて記述します。さらに詳細な例が知りたい場合はヘルプや公式ドキュメントを参考にしてください。チートシート中の記号などの意味は次のとおりです。

- 大文字：名称などを必須で指定します
- (options)：さらにオプションを指定できます
- [ ]：名称などを任意で指定します
- ...：複数の対象を指定できます

A.1 knifeコマンド

knife コマンドについては公式ドキュメント[注1]をもとに抜粋して紹介します。

bootstrap

対象のノードに Chef Client をインストールし、Chef を実行できる状態にする。

書式

```
$ knife bootstrap FQDN_or_IP_ADDRESS
```

client

Chef Client と Chef Server 間の認証情報の作成、更新、削除などを行う。

書式

```
$ knife client create CLIENT_NAME (options)
$ knife client show CLIENT_NAME (options)
$ knife client edit CLIENT_NAME
$ knife client list (options)
```

注1　http://docs.opscode.com/chef/knife.html

```
$ knife client delete CLIENT_NAME
$ knife client bulk delete REGEX
```

configure

複数のノードやワークステーションにknife.rbやclient.rbを作成する。

書式

```
$ knife configure (options)
$ knife configure
$ knife configure client '/directory'
```

cookbook

クックブックの作成やサーバへのアップロード、ダウンロード、検索、検証などを行う。

書式

```
$ knife cookbook create COOKBOOK_NAME (options)
$ knife cookbook list (options)
$ knife cookbook delete COOKBOOK_NAME [COOKBOOK_VERSION] (options)
$ knife cookbook upload [COOKBOOK_NAME...] (options)
$ knife cookbook download COOKBOOK_NAME [COOKBOOK_VERSION] (options)
$ knife cookbook test COOKBOOK_NAME (options)
```

cookbook site

Opscodeのコミュニティクックブックの導入や検索、公開を行う。

書式

```
$ knife cookbook site list
$ knife cookbook site search SEARCH_QUERY (options)
$ knife cookbook site show COOKBOOK_NAME [COOKBOOK_VERSION]
$ knife cookbook site download COOKBOOK_NAME [COOKBOOK_VERSION] (options)
$ knife cookbook site install COOKBOOK_NAME [COOKBOOK_VERSION] (options)
$ knife cookbook site share COOKBOOK_NAME CATEGORY (options)
$ knife cookbook site unshare COOKBOOK_NAME
```

data bag

Chef Server上のData Bagの作成や更新を行う。

書式

```
$ knife data bag create DATA_BAG_NAME [DATA_BAG_ITEM] (options)
$ knife data bag from file DATA_BAG_NAME_or_PATH
$ knife data bag list
$ knife data bag show DATA_BAG_NAME (options)
$ knife data bag edit DATA_BAG_NAME [DATA_BAG_ITEM] (options)
$ knife data bag delete DATA_BAG_NAME [DATA_BAG_ITEM] (options)
```

delete

Chef Server上のさまざまなオブジェクトの削除を、そのほかのコマンドのdeleteアクションと同様に行う。

書式

```
$ knife delete [PATTERN...] (options)
```

deps

ノード、ロール、クックブックの依存関係を確認する。

書式

```
$ knife deps (options)
```

diff

ローカルのリポジトリとChef Serverの差分を確認する。

書式

```
$ knife diff [PATTERN...] (options)
```

download

ロール、クックブック、Environment、ノード、Data Bagの情報をChef

Serverからローカルにダウンロードする。

書式

```
$ knife download [PATTERN...] (options)
$ knife download cookbooks
$ knife download environments
$ knife download roles
```

edit

その他の各コマンドと同様にオブジェクトを編集する。

書式

```
$ knife edit (options)
```

environment

Environmentの作成、閲覧、更新、削除を行う。

書式

```
$ knife environment create ENVIRONMENT_NAME -d DESCRIPTION
$ knife environment list -w
$ knife environment show ENVIRONMENT_NAME
$ knife environment edit ENVIRONMENT_NAME
$ knife environment delete ENVIRONMENT_NAME
```

exec

Chef Clientが設定されたノード上でRubyスクリプトを実行する。

書式

```
$ knife exec SCRIPT (options)
$ knife exec /path/to/script_file
$ knife exec -E 'nodes.all {|n| puts "#{n.name} has #{n.memory.total} free memory"}'  実際は1行
```

index rebuild

Chef Serverの検索インデックスを再構築する。

書式

```
$ knife index rebuild
```

list

knife cookbook list、knife data bag listなどのその他のコマンドと同様に、Chef Server上のオブジェクトを一覧する。

書式

```
$ knife list [PATTERN...] (options)
$ knife list roles/
$ knife list -R /
```

node

Chef Server上のノードを管理する。

書式

```
$ knife node [ARGUMENT] (options)
$ knife node create NODE_NAME
$ knife node list (options)
$ knife node show NODE_NAME (options)
$ knife node edit NODE_NAME (options)
$ knife node run_list add NODE_NAME RUN_LIST_ITEM (options)
$ knife node run_list remove NODE_NAME RUN_LIST_ITEM
$ knife node delete NODE_NAME
$ knife node bulk delete REGEX
```

raw

Chef ServerへRESTリクエストを送信する。

書式

```
$ knife raw REQUEST_PATH (options)
```

例 APIのパスを直接指定してリクエストを送る

```
$ knife raw /clients/mynode1
```

recipe list

Chef Server上のレシピを一覧する。

書式

```
$ knife recipe list REGEX
```

例 条件に当てはまるレシピを一覧する

```
$ knife recipe list 'couchdb::*'
```

role

Chef Server上のロールの管理を行う。

書式

```
$ knife role [ARGUMENT] (options)
$ knife role create ROLE_NAME (options)
$ knife role list
$ knife role show ROLE_NAME
$ knife role edit ROLE_NAME
$ knife role from file FILE
$ knife role delete ROLE_NAME
$ knife role bulk delete REGEX
```

search

Chef Server上にインデックスされたEnvironment、ノード、ロール、Data Bagを検索する。

書式

```
$ knife search INDEX SEARCH_QUERY
```

例 条件による検索例

```
$ knife search node 'ec2:*' -i
$ knife search node 'platform:ubuntu'
$ knife search node "role:web AND NOT name:web03"
```

show

Chef Server上のさまざまなオブジェクトの表示をその他のコマンドが持つshowアクションと同様行う。

書式

```
$ knife show [PATTERN...] (options)
```

例 種別ごとのオブジェクトを表示する

```
$ knife show cookbooks/
$ knife show roles/ environments/
```

ssh

対象のサーバまたはサーバ群に並列でsshコマンドを実行する。

書式

```
$ knife ssh SEARCH_QUERY SSH_COMMAND (options)
```

例 特定のロールのサーバへコマンドを送る

```
$ knife ssh "role:webserver" "sudo chef-client"
$ knife ssh "role:web" "uptime" -x ubuntu -a ec2.public_hostname
```

status

Chef Server 上のノードへ最後に Chef Client が実行された時間などの情報を表示する。

書式
```
$ knife status (options)
```

例 最後の実行時のランリストなどを取得する
```
$ knife status --run-list
$ knife status "role:web" --run-list
```

tag

Chef Server 上のノードに、その他のコマンドの指定で利用できるタグを設定する。

書式
```
$ knife tag [ARGUMENT]
```

例 node というホストに3つのタグを設定する
```
$ knife tag create node seattle portland vancouver
```

例 node というホストから2つのタグを削除する
```
$ knife tag delete node denver phoenix
```

例 指定したタグの付いたホストを一覧する
```
$ knife tag list devops_prod1
```

upload

カレントディレクトリから Chef Server にロール、cookbook、Environment、Data Bag をアップロードする。

書式
```
$ knife upload [PATTERN...] (options)
```

例 特定のオブジェクトをアップロードする
```
$ knife upload cookbooks
$ knife upload environments
$ knife upload roles
```

user

ユーザとそのユーザの RSA キーペアを管理する。

書式
```
$ knife user create USER_NAME (options)
$ knife user show USER_NAME (options)
$ knife user list (options)
$ knife user edit USER_NAME
$ knife user reregister USER_NAME (options)
$ knife user delete USER_NAME
```

例 任意の名称のユーザを作成する
```
$ knife user create "Radio Birdman" -f /keys/user_name
```

A.2
chef-soloコマンドのオプション

chef-soloコマンドについては公式ドキュメント[注2]をもとに抜粋して紹介します。

名前	説明
-f、--[no-]fork	プロセスをフォークして実行する
--[no-]color	色付けされた出力を使う
-c、--config CONFIG	設定ファイルを指定する
-d、--daemonize	プロセスをデーモン化する
-F、--format FORMATTER	出力のフォーマットを指定する
-g、--group GROUP	設定するグループの権限を指定する
-i、--interval SECONDS	Chef Clientを定期的に実行する秒数を指定する
-j JSON_ATTRIBS、--json-attributes	AttributeをJSON、またはURLから読み込む
-l、--log_level LEVEL	ログレベルを設定する(debug、info、wa ,0.rn、error、fatal)
-L、--logfile LOGLOCATION	ログの出力先を設定する。デフォルトは標準出力
-N、--node-name NODE_NAME	このクライアントへのノードの名称を指定する
-o RunlistItem,RunlistItem...、--override-runlist	現在のランリストを上書きする
-r、--recipe-url RECIPE_URL	gzipで圧縮されたtarボールのレシピをダウンロードして展開する
-s、--splay SECONDS	インターバル実行する際の実行間隔の秒数を指定する
-u、--user USER	設定するユーザ権限を指定する
-v、--version	Chefのバージョンを出力する
-W、--why-run	why-runを実行する(実際には何もせずに何が実行されるかを確認する)
-h、--help	ヘルプを表示する

注2 http://docs.opscode.com/chef_solo.html

A.3
Ohaiで取得できる項目の例

キー	説明
languages	Ruby、Python、Perl、PHPなどのプログラミング言語のバージョンや設定
kernel	カーネルのバージョンや種類
os	OSの分類
os_version	OSのバージョン
network	ネットワークインタフェースの状態など
counters	通信の状況など
hostname	ホスト名
fqdn	ホストのFQDN
domain	ドメイン名
ipaddress	IPアドレス
macaddress	MACアドレス
ip6address	IPv6アドレス
lsb	Linuxディストリビューションの種類やバージョン
platform	プラットフォーム種別
platform_version	プラットフォームのバージョン
platform_family	プラットフォームの系統(Debian系など)
ohai_time	Ohaiを実行した時間
dmi	DMI※のバージョンなど
virtualization	仮想化環境の種類やバージョン
keys	ホストのrsa dsaの公開鍵
chef_packages	ChefやOhaiのバージョンとパス
etc	passwdに登録されているユーザのリストなど
current_user	実行ユーザ
root_group	rootユーザのグループ
block_device	システム上のデバイス
memory	メモリの状況
uptime	稼働時間
filesystem	ノード上のファイルシステム
cpu	cpuの種類やコア数

※ BIOSに格納されたハードウェア情報のことです。

Appendix B

クックブックチートシート

Appendix B クックブックチートシート

本Appendixでは、クックブックを記述する際に必要な情報をリファレンス形式でまとめています。紹介する機能は公式ドキュメント[1]から抜粋しています。プロバイダはよく利用するものを掲載しています。

B.1 各リソース共通の機能

:nothingアクション

何も実行しない。ほかのアクションからnotifyされるリソースを指定するのに使える。

例 memcachedに関しては何も実行しない

```
service "memcached" do
  action :nothing
  supports :status => true, :start => true, :stop => true, :restart => true
end
```

Attribute

次のAttributeはすべてのリソースで利用可能。

名前	説明
ignore_failure	リソースの実行が何らかの理由で失敗してもレシピの実行を続ける。デフォルトはfalse
provider	使用するプロバイダを明示的に指定する。記述は次のような長い名前を使う。 例 Chef::Provider::Long::Name
retries	例外をキャッチしたときに処理を再試行する回数。デフォルトは0
retry_delay	リトライの前に待機する秒数。デフォルトは2
supports	リソースが対応するオプションとヒントを含むハッシュを指定。chef-clientがプロバイダを特定するのに利用されることがある

注1 http://docs.opscode.com/chef/resources.html

ガード条件

実行時にノードの状態を判定し、対象リソースの処理を行うかどうかを制御する。文字列が指定された場合はコマンドとして、Rubyブロックが与えられたときはRubyとして実行される。

名前	説明
not_if	結果がtrueだったときに実行しない
only_if	結果がtrueだったときにのみ実行する

ガード条件に指定できる引数

引数	説明
:user	コマンドを実行するユーザを指定する 例 not_if "grep adam /etc/passwd", :user => 'adam'
:group	コマンドを実行するグループを指定する 例 not_if "grep adam /etc/passwd", :group => 'adam'
:environment	環境変数をハッシュで指定する 例 not_if "grep adam /etc/passwd", :environment => { 'HOME' => "/home/adam" }
:cwd	コマンドを実行するディレクトリを指定する 例 not_if "grep adam passwd", :cwd => '/etc'
:timeout	コマンドがタイムアウトする秒数を指定する 例 not_if "sleep 10000", :timeout => 10

Attributeの遅延評価

Attributeへの設定内容に、実行時にRubyコードを評価した内容を使うための構文。

書式

attribute_name lazy { code_block }

例　templateリソースとの組み合わせ

```
template "template_name" do
  # some attributes
  path lazy { " some Ruby code " }
end
```

notification

次のNotificationはどのリソースでも使用できる。

名前	説明
notifies	現在のリソースが状態を変更したので、別のリソースに処理を通知する
subscribes	別のリソースが状態を変更した際に処理を実行する。notifiesと逆方向の動作

Timer

次のTimerはどのNotificationでも使える。

名前	説明
:delayed	処理をキューに送り、Chef Clientの実行の最後に実行する
:immediately	処理を即座に実行する

> **例** 設定ファイルを変更したのでApacheを即座に再スタートする

```
template "/etc/www/configures-apache.conf" do
  notifies :restart, "service[apache]", :immediately
end
```

相対パス

例のようなパス指定で、Linux、OS X、Windowsそれぞれのホームディレクトリのパスを返す。

> **例** 相対パスの利用

```
template "#{ENV['HOME']}/chef-getting-started.txt" do
  source "chef-getting-started.txt.erb"
  mode 00644
end
```

B.2 リソース

package

パッケージを管理する。パッケージをローカルファイルからインストールする場合はremote_fileまたはcookbook_fileリソースでファイルをノードに追加する必要がある。

書式

```
package "name" do
  some_attribute "value" # 対応するAttributeと値
  other_attribute "value"
  action :action # 対応するアクションを指定する
end
```

アクション

名前	説明
:install	デフォルト。パッケージをインストールする。バージョンが指定された場合は指定されたバージョンをインストールする
:upgrade	パッケージをインストールし、パッケージが最新であることを保証する
:reconfig	パッケージを再設定する
:remove	パッケージを削除する
:purge	パッケージと設定ファイルを削除する(Debianプラットフォームのみ)

Attribute

名前	説明
options	コマンドに追加で渡す1つまたは複数のオプション。APT、dpkg、Gentoo、RPM Package Manager、RubyGemsに対応。デフォルトはnil
package_name	パッケージの名前。デフォルトはリソースブロックに付けられた名前
provider	任意。使用するプロバイダを長い名称で指定。使えるプロバイダの一覧は後述。 例 provider Chef::Provider::Long::Name
source	任意。ローカルファイルを使うプロバイダへのファイルの指定
version	インストールまたはアップグレードされるパッケージのバージョン。デフォルトはnil

Appendix B クックブックチートシート

名前	説明
allow_downgrade	yum_packageのみ。yumのダウングレードができるかどうか。デフォルトはfalse
arch	yum_packageのみ。インストールまたアップグレードされるarch。デフォルトはnil
flush_cache	yum_packageのみ。処理のあとにyumのキャッシュをクリアするかどうか。デフォルトは{ :before => false, :after => false }
gem_binary	gem_packageのみ。使用するgemsのバイナリ。Ruby 1.8で実行しつつRuby 1.9をインストールする際に便利
response_file	任意。パッケージ導入の際に利用する結果ファイル。デフォルトはnil

プロバイダ

プロバイダの指定は次のLong nameをAttributeに指定するか、短縮名をリソースとして記述する。

Long name	短縮名	備考
Chef::Provider::Package	package	chef-clientが実行時に適切なプロバイダを決定する
Chef::Provider::Package::Apt	apt_package	−
Chef::Provider::Package::Dpkg	dpkg_package	optionsアトリビュートと同時に使用する
Chef::Provider::Package::EasyInstall	easy_install_package	−
Chef::Provider::Package::Freebsd	freebsd_package	−
Chef::Provider::Package::Ips	ips_package	−
Chef::Provider::Package::Macports	macports_package	−
Chef::Provider::Package::Pacman	pacman_package	−
Chef::Provider::Package::Portage	portage_package	optionsアトリビュートと同時に使用する
Chef::Provider::Package::Rpm	rpm_package	optionsアトリビュートと同時に使用する
Chef::Provider::Package::Rubygems	gem_package	optionsアトリビュートと同時に使用する
Chef::Provider::Package::Rubygems	chef_gem	optionsアトリビュートと同時に使用する
Chef::Provider::Package::Smartos	smart_o_s_package	−
Chef::Provider::Package::Solaris	solaris_package	−
Chef::Provider::Package::Yum	yum_package	−
Chef::Provider::Package::Zypper	package	SUSEプラットフォームの際に使うプロバイダ

利用例

▌例　パッケージを導入する
```
package "tar" do
  action :install
end
```

▌例　バージョンを指定して導入する
```
package "tar" do
  version "1.16.1-1"
  action :install
end
```

▌例　プロバイダを指定して導入する
```
package "tar" do
  action :install
  source "/tmp/tar-1.16.1-1.rpm"
  provider Chef::Provider::Package::Rpm
end
```

▌例　レスポンスファイルを使ってインストーラーを進める
```
package "sun-java6-jdk" do
  response_file "java.seed"
end
```

chef_gem

gemをchef-clientが専用に使っているRubyにインストールする。gem_packageと同じAttributeが利用できるが、gem_binaryは常にchef-clientが使用するRubyになるので変更できない。

利用例

▌例　クックブックの中で使うGemをインストールする
```
chef_gem "right_aws" do
  action :install
end

require 'right_aws'
```

cookbook_file

クックブック中のfilesディレクトリから、Chefを実行しているノードの指定されたパスにファイルを配置する。ホスト名やホストのプラットフォームに応じて異なるファイルを配置できる。

アクション

名前	説明
:create	デフォルト。ファイルを作成する
:create_if_missing	ファイルが存在しない場合は作成する。ファイルがあれば何もしない
:delete	ファイルを削除する
:touch	ファイルのタイムスタンプを更新する

Attribute

名前	説明
atomic_update	ファイルの更新をリソースごとに独立して行う。デフォルトはtrue
backup	バックアップを残す数。falseにするとバックアップしない。デフォルトは5
content	ファイルに書き込まれる文字列。指定されるとファイルの内容を置き換える。デフォルトはnil
cookbook	ファイルが配置されているクックブック。別のクックブックからファイルを配置する際に使う。デフォルトはnil（現在のクックブック）
force_unlink	対象のファイルがファイルでない場合の振る舞いを決める。trueに指定すると対象のファイルがシムリンクだった場合に削除する。falseの場合はエラーとなる。デフォルトはfalse
group	グループオーナーをIDか文字列で指定
inherits	Windowsのみ。上位のディレクトリの権限を継承。デフォルトはtrue
manage_symlink_source	シムリンクのリンク先の管理をするかどうか。デフォルトはnil
mode	8進数でのファイルの権限。modeが指定されずファイルが存在している際はもとの権限が使われる。:createアクションの際は0777が指定されたとみなし、システムのumaskをさらに適用する
owner	ファイルオーナーをIDか文字列で指定。指定されない場合は現在のユーザか存在しているファイルのオーナーのままとなる
path	ファイルへのパス
provider	オプション。プロバイダをLong Nameで指定
rights	Windowsのみ。Windowsでのユーザと権限
source	filesディレクトリ内のファイルの場所。デフォルトはリソースブロックの名前

利用例

> **例** パッケージ管理用の設定ファイルをコピーしてからパッケージを導入する

```
cookbook_file "/etc/yum.repos.d/custom.repo" do
  source "custom"
  mode 00644
end

yum_package "only-in-custom-repo" do
  action :install
  flush_cache [:before]
end
```

file

すでにノード上に存在しているファイルを管理する。

対応するアクションとAttribute

対応するアクション
:create、:create_if_missing、:delete、:touch

対応するAttribute
atomic_update、backup、content、force_unlink、group、inherits、manage_symlink_source、mode、owner、path、provider、rights

利用例

> **例** 既存のファイルの権限を設定する

```
file "/tmp/something" do
  mode "644"
end
```

remote_file

リモートのファイルをローカルに配置する。fileリソースやcookbook_fileと類似。fileリソースと同じアクションとAttributeも指定可能。

Attribute

名前	説明
source	必須。取得するファイルのURI。http://、ftp://、file:// の URI を指定可能。デフォルトは nil
checksum	ファイルの SHA-256 チェックサム。チェックサムが一致しない場合はダウンロードしない。デフォルトは nil
ftp_active_mode	FTP にパッシブモードを使うかアクティブモードを使うかどうか。デフォルトは false
headers	カスタムヘッダのハッシュ。デフォルトは {}
use_conditional_get	If-Modified-Since や ETag を使った GET リクエストを行う。デフォルトは true
use_etag	ETag ヘッダを使うかどうか。デフォルトは true
use_last_modified	If-Modified-Since ヘッダを有効にするかどうか。デフォルトは true

利用例

> **例** リモートからファイルを取得する

```
remote_file "/tmp/testfile" do
  source "http://www.example.com/tempfiles/testfile"
  mode 00644
  checksum "3a7dac00b1" # A SHA256 (or portion thereof) of the file.
end
```

template

ファイルを埋め込み型 Ruby(ERB) を使って管理する。file リソースのアクションと Attribute を内包している。

Attribute

名前	説明
helper	インラインでヘルパーメソッドを定義 **例** helper(:hello_world) { "hello world" }
helpers	ヘルパーメソッドをインラインかライブラリから定義。デフォルトは [] **例** helpers(MyHelperModule)。
local	テンプレートがすでにノードに存在しているかどうか。デフォルトは false
source	テンプレートがノードに存在しているかどうか。デフォルトは false
variables	Ruby テンプレートに渡す変数のハッシュ

利用例

> **例** 変数を指定してテンプレートからファイルを作成する

```
template "/tmp/config.conf" do
  source "config.conf.erb"
  variables(
    :config_var => node["configs"]["config_var"]
  )
end
```

service

サービスを管理する。

アクション

名前	説明
:enable	起動時にサービスを有効にする
:disable	サービスを起動時に無効にする
:nothing	デフォルト。何もしない
:start	サービスを開始する。停止または無効にするまで動作する
:stop	サービスを停止する
:restart	サービスを再起動する
:reload	設定を再読み込みする

Attribute

名前	説明
pattern	プロセスリストから検索するパターン。デフォルトはサービス名
provider	オプション。使用するプロバイダを Long Name で指定
reload_command	設定を再読み込みする際のコマンド。デフォルトは nil
restart_command	サービスを再起動する際のコマンド
service_name	サービス名。デフォルトはこのリソースに付けられたブロック
start_command	サービスを開始する際のコマンド。デフォルトは nil
status_command	サービスの状態を確認するコマンド。デフォルトは nil
stop_command	サービスを停止するコマンド。デフォルトは nil
supports	対応するアクションのリストを chef-client に伝える。デフォルトは { :restart => true, :status => true }

Appendix B　クックブックチートシート

プロバイダ

serviceリソースのプロバイダに短縮名は存在せず、必ずproviderアクションで指定することで任意のプロバイダを設定する。

Long name	説明
`Chef::Provider::Service::Init`	chef-clientが実行時に自動でプロバイダを判定する
`Chef::Provider::Service::Init::Debian`	DebianとUbuntuプラットフォームで使われる
`Chef::Provider::Service::Upstart`	Upstartプラットフォームで使われる
`Chef::Provider::Service::Init::Freebsd`	FreeBSDプラットフォームで使われる
`Chef::Provider::Service::Init::Gentoo`	Gentoo Linuxプラットフォームで使われる
`Chef::Provider::Service::Init::Redhat`	Red HatとCentOSプラットフォームで使われる
`Chef::Provider::Service::Solaris`	Solarisプラットフォームで使われる
`Chef::Provider::Service::Windows`	Windowsプラットフォームで使われる
`Chef::Provider::Service::Macosx`	OS Xプラットフォームで使われる

利用例

> **例**　サービスを開始し、有効にする

```
service "example_service" do
  supports :status => true, :restart => true, :reload => true
  action [ :enable, :start ]
end
```

> **例**　プロセス名を指定する

```
service "samba" do
  pattern "smbd"
  action [:enable, :start]
end
```

execute

コマンドを実行する。コマンドの実行を行うかどうかを判定する`not_if`や`only_if`のガード条件と組み合わせて使うことが多い。

アクション

名前	説明
:run	デフォルト。コマンドを実行する
:nothing	コマンドを実行しない。ほかのリソースのnotifiesから実行される処理を定義するのに使う

Attribute

名前	説明
command	実行するコマンドの名前。デフォルトはリソースブロックに付けられた名前
creates	コマンドが生成するファイル。指定したファイルが存在するときはコマンドを実行しない。デフォルトはnil
cwd	コマンドを実行するワーキングディレクトリ。デフォルトはnil
environment	環境変数のハッシュ。デフォルトはnil。形式は{"ENV_VARIABLE" => "VALUE"}
group	コマンド実行前に変更すべきグループの名前かIDを指定。デフォルトはnil
path	実行するコマンドをサーチするパス。ここで指定されたパスは環境変数には追加されない。デフォルトはnil(システムパス)
provider	オプション。利用するプロバイダをLong Nameで指定する
returns	コマンドが返す値。許可する値の配列にもできる。結果が指定した値でない場合は例外が発生する。デフォルトは0
timeout	コマンドのタイムアウトまで待機する時間の秒数。デフォルトは3600
user	コマンド実行前に変更すべきユーザ名かID。デフォルトはnil
umask	ファイルに設定するmaskまたはumask。デフォルトはnil

利用例

> **例** notifies経由でコマンドを実行する

```
execute "slapadd" do
  command "slapadd &lt; /tmp/something.ldif"
  creates "/var/lib/slapd/uid.bdb"
  action :nothing
end

template "/tmp/something.ldif" do
  source "something.ldif"
  notifies :run, "execute[slapadd]"
end
```

> **例** ファイルを touch する形でコマンドを排他的に実行する

```
execute "upgrade script" do
  command "php upgrade-application.php && touch /var/application/.upgraded"
  creates "/var/application/.upgraded"
  action :run
end
```

script

指定したインタプリタでスクリプトを実行する。execute リソースのすべてのアクションと Attribute も利用できる。

Attribute

名前	説明
code	実行されるコードをクオート(" ")した文字列。デフォルトは nil
flags	インタプリタを実行する際にコマンドラインに渡される1つまたは複数のフラグ。デフォルトは nil
interpreter	スクリプトを実行するインタプリタ。デフォルトは nil

プロバイダ

Long name	短縮名	説明
Chef::Provider::Script	script	実行時に chef-client がプロバイダを決定する
Chef::Provider::Script::Bash	bash	bash コマンドのインタプリタを使う
Chef::Provider::Script::Csh	csh	Csh コマンドインタプリタを使う
Chef::Provider::Script::Perl	perl	Perl コマンドインタプリタを使う
Chef::Provider::Script::Python	python	Python コマンドインタプリタを使う
Chef::Provider::Script::Ruby	ruby	Ruby コマンドインタプリタを使う

利用例

> **例** スクリプトを実行する

```
script "install_something" do
  interpreter "bash"
  user "root"
  cwd "/tmp"
  code <<-EOH
  wget http://www.example.com/tarball.tar.gz
```

```
  tar -zxf tarball.tar.gz
  cd tarball
  ./configure
  make
  make install
  EOH
end
```

| 例 | 短縮名を使ってbashスクリプトを実行する |

```
bash "install_something" do
  user "root"
  cwd "/tmp"
  code <<-EOH
  wget http://www.example.com/tarball.tar.gz
  tar -zxf tarball.tar.gz
  cd tarball
  ./configure
  make
  make install
  EOH
end
```

powershell_script

Microsoft Windowsプラットフォーム上でPowerShellインタプリタを使ってスクリプトを実行する。scriptとそれをベースにしたリソースと似ている。

Attribute

名前	説明
architecture	スクリプトを実行するプロセスのアーキテクチャ。指定できる値は:x86 (32ビットプロセッサ)、:x86_64(64ビットプロセッサ)。値が指定されない場合はchef-clientがOhaiによって実行環境を判定する
code	クオートされた実行されるコード。デフォルトはnil
flags	インタプリタの実行時に渡されるフラグ。デフォルトは[-NoLogo, -NonInteractive, -NoProfile, -ExecutionPolicy RemoteSigned, -InputFormat None, -File]

利用例

> **例** 一時ディレクトリに移動してファイルへ書き込む

```
powershell_script "cwd-to-win-env-var" do
  cwd "%TEMP%"
  code <<-EOH
    $stream = [System.IO.StreamWriter] "./temp-write-from-chef.txt"
    $stream.WriteLine("chef on windows rox yo!")
    $stream.close()
  EOH
end
```

ruby_block

Rubyコードをchef-clientの実行中に実行する。ruby_blockブロック中のRubyコードはほかのリソースをまとめて実行している際に実行される。ブロックの外のコードはクックブックをコンパイルする際に実行される。

アクション

名前	説明
:create	デフォルト。Rubyブロックを作成する

Attribute

名前	説明
block	Rubyコードのブロック。デフォルトはnil
block_name	ブロックの名前。デフォルトはruby_blockのあとに付けた名前

利用例

> **例** Yumのキャッシュをクリアしてから処理を行う

```
execute "create-yum-cache" do
  command "yum -q makecache"
  action :nothing
end

ruby_block "reload-internal-yum-cache" do
  block do
    Chef::Provider::Package::Yum::YumCache.instance.reload
  end
  action :nothing
end
```

```
end

cookbook_file "/etc/yum.repos.d/custom.repo" do
  source "custom"
  mode 00644
  notifies :run, "execute[create-yum-cache]", :immediately
  notifies :create, "ruby_block[reload-internal-yum-cache]", :immediately
end
```

cron

crontabを使ったcronジョブを管理する。cron.dディレクトリを使ったcronジョブはfileリソースやtemplateリソースを使う。

アクション

名前	説明
:create	デフォルト。crontabファイルにエントリを作る。同名のエントリがすでにあるときは上書きする
:delete	crontabファイル上の指定したエントリを削除する

Attribute

名前	説明
command	実行するコマンドまたはファイルへのパス
day	タスクが実行される日(1-31)。デフォルトは*
home	HOME環境変数をセット
hour	タスクが実行される時間(0-23)。デフォルトは*
mailto	MAILTO環境変数をセット
minute	タスクが実行される分(0-59)。デフォルトは*
month	タスクが実行される月(1-12)。デフォルトは*
path	PATH環境変数をセット
shell	SHELL環境変数をセット
user	コマンドを実行するユーザ名。変更された場合は変更前のユーザのタスクは削除されるまでは実行される。デフォルトはroot
weekday	タスクを実行する曜日(0-6)。デフォルトは*

利用例

> **例** 任意のコマンドを毎朝5時に定期実行する

```
cron "noop" do
  hour "5"
  minute "0"
  command "/bin/true"
end
```

> **例** 日曜の朝8時に実行する

```
cron "name_of_cron_entry" do
  hour "8"
  weekday "6"
  mailto "admin@opscode.com"
  action :create
end
```

deploy

Capistranoのようなデプロイを提供する。設定項目などが多くかなり複雑なリソースなので注意が必要。

アクション

名前	説明
:deploy	デフォルト。アプリケーションをデプロイする
:force_deploy	現在の同一のコードを削除して新しくアプリケーションを再デプロイする
:rollback	前回のリリースにアプリケーションをロールバックする

Attribute

名前	説明
after_restart	リスタート後に実行されるRubyブロックかスクリプトへのパス。デフォルトはdeploy/after_restart.rb
before_migrate	マイグレーション前に実行されるRubyブロックかスクリプトへのパス。デフォルトはdeploy/before_migrate.rb
before_restart	リスタート前に実行されるRubyブロックかスクリプトへのパス。デフォルトはdeploy/before_restart.rb
before_symlink	シムリンク前に実行されるRubyブロックかスクリプトへのパス。デフォルトはdeploy/before_symlink.rb

名前	説明
branch	revisionへのエイリアス
create_dirs_before_symlink	シムリンク前のディレクトリを作成。デフォルトは %w{tmp public config}
deploy_to	アプリケーションがデプロイされるルート。デフォルトはブロックに付けられた名前
environment	環境変数に設定するハッシュ
group	コードをチェックアウトする際のグループ。デフォルトはnil
keep_releases	リリースを保管する数。デフォルトは5
migrate	マイグレーションコマンドを実行するかどうか。デフォルトはfasle
migration_command	マイグレーションを実行するコマンドの文字列
purge_before_symlink	シムリンク前に削除するディレクトリ。デフォルトは %w{log tmp/pids public/system}
repo	repositoryのエイリアス
repository	リポジトリのURI
repository_cache	アプリケーションのソースコードのキャッシュを行うディレクトリ。デフォルトはcached-copy
restart_command	リスタートを実行するコマンド。デフォルトはnil
revision	チェックアウトするリビジョン。HEADなどのSCMが認識するシンボルでもよい。デフォルトはHEAD
rollback_on_error	エラー発生時に前回のリリースにロールバックするかどうか。デフォルトはfalse
scm_provider	SCMプロバイダの名前。デフォルトはChef::Provider::Git、任意でChef::Provider::Subversionに設定可能
symlinks	共有ディレクトリへマッピングするファイルの情報。デフォルトは{"system" => "public/system", "pids" => "tmp/pids", "log" => "log"}
symlink_before_migrate	マイグレーション前にシムリンクするファイルのマップ。デフォルトは{"config/database.yml" => "config/database.yml"}
user	コードをチェックアウトするユーザ。デフォルトはnil

利用例

> **例** GitからRailsアプリケーションをデプロイする

```
deploy "/my/deploy/dir" do
  repo "git@github.com/whoami/project"
  revision "abc123" # or "HEAD" or "TAG_for_1.0" or (subversion) "1234"
  user "deploy_ninja"
  enable_submodules true
  migrate true
```

```
  migration_command "rake db:migrate"
  environment "RAILS_ENV" => "production", "OTHER_ENV" => "foo"
  shallow_clone true
  keep_releases 10
  action :deploy # or :rollback
  restart_command "touch tmp/restart.txt"
  git_ssh_wrapper "wrap-ssh4git.sh"
  scm_provider Chef::Provider::Git # is the default, for svn: Chef::Provider::Subversion
end
```

directory

ディレクトリを管理する。

アクション

名前	説明
:create	デフォルト。ディレクトリを作成する
:delete	ディレクトリを削除する

Attribute

名前	説明
group	ディレクトリのグループの名前かID
inherits	Windowsのみ。上位のディレクトリの権限を継承するかどうか。デフォルトはtrue
mode	ディレクトリに設定する権限。デフォルトは0755
owner	ディレクトリに設定するオーナー名かID
path	ディレクトリへのパス。デフォルトはブロックに付けられた名前
provider	オプション。プロバイダをLong Nameで指定
recursive	ディレクトリを再帰的に作成、削除するかどうか。デフォルトはfalse
rights	Windowsのみ。設定する権限

利用例

> **例** ディレクトリを作成する

```
directory "/tmp/something" do
  owner "root"
  group "root"
```

```
  mode 00755
  action :create
end
```

例 ディレクトリを作成する(Windows)

```
directory "C:\\tmp\\something.txt" do
  rights :full_control, "DOMAIN\\User"
  inherits false
  action :create
end
```

env

Windowsの環境キーを管理する。

対応するアクションとAttribute

対応するアクション
:create、:delete、:modify

対応するAttribute
delim、key_name、provider、value

erl_call

分散したErlangシステムを接続する。

対応するアクションとAttribute

対応するアクション
:run、:nothing

対応するAttribute
code、cookie、distributed、name_type、node_name、provider

git

Gitリポジトリを管理する。Git 1.6.5以上が必要。

アクション

名前	説明
:sync	デフォルト。指定バージョンへ更新、またはclone、チェックアウトする
:checkout	cloneまたはチェックアウトする
:export	エクスポートし、バージョン管理に関する付帯物を除外する

Attribute

名前	説明
additional_remotes	リポジトリに設定する追加のremoteの配列
depth	shallow cloneの際に過去何世代を含めるか。デフォルトはnil
destination	ソースをclone、チェックアウト、エクスポートする先のパス。デフォルトはリソースに付けたブロック名
enable_submodules	submoduleのinitやupdateをするかどうか。デフォルトはfalse
group	チェックアウト時のグループ。デフォルトはnil
reference	revisionへのエイリアス
remote	同期の際に使うリモート
repository	リポジトリのURI
revision	チェックアウトするリビジョン。HEADなどの表記も可能。デフォルトはHEAD
ssh_wrapper	GitをSSHから使う際のSSHラッパへのパス。デフォルトはGIT_SSH環境変数の内容
user	チェックアウト時のユーザ。デフォルトはnil

利用例

例 Gitからソースコードをチェックアウトする

```
git "/opt/mysources/couch" do
  repository "git://git.apache.org/couchdb.git"
  reference "master"
  action :sync
end
```

subversion

Subversionリポジトリを管理する。

アクション

名前	説明
:sync	デフォルト。指定バージョンへ更新、またはclone、チェックアウトする
:checkout	cloneまたはチェックアウトする
:export	エクスポートし、バージョン管理に関する付帯物を除外する
:force_export	現在のソースが存在していても上書きしてエクスポートする

Attribute

名前	説明
destination	ソースをclone、チェックアウト、エクスポートする先のパス。デフォルトはリソースに付けたブロック名
group	チェックアウト時のグループ。デフォルトはnil
reference	revisionへのエイリアス
repository	リポジトリのURI
revision	チェックアウトするリビジョン。HEADなどの表記も可能。デフォルトはHEAD
svn_arguments	Subversionコマンドへの追加の引数
svn_info_args	chef-clientがsvn infoコマンドを使う際の引数
svn_password	Subversionリポジトリにアクセスするパスワード
svn_username	Subversionリポジトリにアクセスするユーザ名
user	チェックアウト時のユーザ。デフォルトはnil

利用例

例 Subversionからソースコードをチェックアウトする

```
subversion "CouchDB Edge" do
  repository "http://svn.apache.org/repos/asf/couchdb/trunk"
  revision "HEAD"
  destination "/opt/mysources/couch"
  action :sync
end
```

user

ローカルのユーザを管理する。

アクション

名前	説明
:create	デフォルト。ユーザを作成する。すでに存在している場合は指定された内容と同期する
:remove	ユーザを削除する
:modify	存在するユーザを更新する。存在しない場合は例外が発生する
:manage	ユーザを管理する。ユーザが存在しない場合は何もしない
:lock	ユーザのパスワードをロックする
:unlock	ユーザのパスワードをアンロックする

Attribute

名前	説明
comment	ユーザへのコメント。デフォルトはnil
gid	グループの識別子。デフォルトはnil
home	ホームディレクトリの場所。デフォルトはnil
password	パスワードのshadow hash。ruby-shadowが必要。デフォルトはnil
shell	ログインシェル。デフォルトはnil
supports	サポートする機能を示すハッシュ。デフォルトは{:manage_home => false, :non_unique => false}
system	システムユーザを作成するかどうか。デフォルトはnil
uid	ユーザIDの数値。デフォルトはnil
username	ユーザ名。デフォルトはブロックに付けた名前

利用例

例 ランダムなユーザを作成する

```
user "random" do
  supports :manage_home => true
  comment "Random User"
  uid 1234
  gid "users"
  home "/home/random"
  shell "/bin/bash"
  password "$1$JJsvHslV$szsCjVEroftprNn4JHtDi."
end
```

group

グループを管理する。

アクション

名前	説明
:create	デフォルト。グループを作成する。すでに存在している場合は指定された内容と同期する
:remove	グループを削除する
:modify	存在するグループを更新する。存在しない場合は例外が発生する
:manage	グループを管理する。グループが存在しない場合は何もしない

Attribute

名前	説明
append	メンバーをグループに追加。デフォルトは false
gid	グループの識別子。デフォルトは nil
group_name	グループの名前。デフォルトはブロックに付けた名前
members	グループに所属するユーザ。デフォルトは nil
system	グループがシステムグループかどうか。デフォルトは nil

利用例

> **例** ユーザをグループに追加する

```
group "www-data" do
  action :modify
  members "maintenance"
  append true
end
```

mount

ファイルシステムのマウントを管理する。

アクション

名前	説明
:mount	デフォルト。デバイスをマウントする
:umount	デバイスをアンマウントする
:remount	デバイスを再マウントする
:enable	エントリをfstabに追加する
:disable	エントリをfstabから削除する

Attribute

名前	説明
device	:umountと:remountの際は必須。ブロックデバイスやリモートノード、ラベル、uuidを指定。デフォルトはnil
device_type	デバイスの種類。:device、:label、:uuidが指定可能。デフォルトは:device
dump	ftabsをdumpする周期。デフォルトは0
fstype	必須。ファイルシステムの種類。デフォルトはnil
mount_point	デバイスがマウントされるパス。デフォルトはリソースブロックの名前
options	マウントオプションの配列
pass	fsckコマンドのpassナンバー。デフォルトは2
supports	サポートする機能のハッシュ。デフォルトは{ :remount => false }

利用例

例 ローカルデバイスをマウントする

```
mount "/mnt/local" do
  device "/dev/sdb1"
  fstype "ext3"
end
```

例 リモートファイルシステムをマウントする

```
mount "/export/www" do
  device "nas1prod:/export/web_sites"
  fstype "nfs"
  options "rw"
end
```

ifconfig

インタフェースを管理する。

アクション

名前	説明
:add	デフォルト。ifconfigでネットワークインタフェースを設定し設定ファイルへ書き込む
:delete	ネットワークインタフェース設定を無効にし設定ファイルを削除する
:enable	ifconfigでネットワークインタフェースを有効にする
:disable	ifconfigでネットワークインタフェースを無効にする

Attribute

名前	説明
bcast	ブロードキャストアドレス。デフォルトはnil
bootproto	ブートプロトコル。デフォルトはnil
device	設定するネットワークインタフェース。デフォルトはnil
hwaddr	ハードウェアアドレス。デフォルトはnil
inet_addr	インターネットホストアドレス。デフォルトはnil
mask	ネットマスク。デフォルトはnil
metric	ルーティングメトリック。デフォルトはnil
mtu	MTU値。デフォルトはnil
network	ネットワークアドレス。デフォルトはnil
onboot	起動時に有効にするかどうか。デフォルトはnil
onparent	親インタフェースが有効になった際に有効にするかどうか。デフォルトはnil
target	このインタフェースに割り当てるIPアドレス。デフォルトはこのブロックに付けられた名前

利用例

> **例** ネットワークインタフェースを設定する

```
ifconfig "192.186.0.1" do
  device "eth0"
end
```

http_request

HTTPリクエストを送信する。

アクション

名前	説明
:get	デフォルト。GETリクエストを送る
:put	PUTリクエストを送る
:post	POSTリクエストを送る
:delete	DELETEリクエストを送る
:head	HEADリクエストを送る
:options	OPTIONSリクエストを送る

Attribute

名前	説明
headers	カスタムヘッダのハッシュ。デフォルトは{}
message	HTTPリクエストのメッセージ。デフォルトはこのブロックの名前
url	HTTPリクエストを送るURL。デフォルトはnil

利用例

例 GETリクエストを送信する

```
http_request "some_message" do
  url "http://example.com/check_in"
end
```

例 POSTリクエストを送信する

```
http_request "posting data" do
  action :post
  url "http://example.com/check_in"
  message :some => "data"
  headers({"AUTHORIZATION" => "Basic #{Base64.encode64("username:password")}"})
end
```

link

シムリンクやハードリンクを管理する。

アクション

名前	説明
:create	デフォルト。リンクを作成する
:delete	リンクを削除する

Attribute

名前	説明
group	設定するグループ名かID
link_type	リンクの種類。:symbolicか:hard。デフォルトは:symbolic
owner	設定するオーナーのID
target_file	リンクの名前。デフォルトはブロックに付けられた名前
to	リンク先の実際のファイル

利用例

例 シンボリックリンクを作成する

```
link "/tmp/passwd" do
  to "/etc/passwd"
end
```

例 ハードリンクを作成する

```
link "/tmp/passwd" do
  to "/etc/passwd"
  link_type :hard
end
```

log

ログを記録する。

アクション

名前	説明
:write	デフォルト。ログを書き込む

Attribute

名前	説明
level	ログのレベル。:debug、:info、:warn、:error、:fatal から指定。デフォルトは :info
message	ログに記録するメッセージ。デフォルトはブロックの名前

利用例

> **例** デフォルトレベルでのログを記録する

```
log "your string to log"
```

> **例** 明示的にレベルとメッセージを指定する

```
log "message" do
  message "This is the message that will be added to the log."
  level :info
end
```

mdadm

RAID デバイスを管理する。

アクション

名前	説明
:create	デフォルト。新しいアレイを作成する
:assemble	作成済みのアレイをアクティブなアレイにアセンブルする
:stop	アクティブなアレイを停止する

Attribute

名前	説明
bitmap	write-intent bitmap へのパス。デフォルトは nil
chunk	チャンクのサイズ。デフォルトは 16
devices	RAID アレイに参加するカンマ区切りのデバイスのリスト。デフォルトは []
exists	RAID アレイが存在するかどうか。デフォルトは false
level	RAID レベル。デフォルトは 1
metadata	superblock タイプ。デフォルトは 0.90
raid_device	RAID デバイスの名前。デフォルトはブロックに付けられた名前

利用例

> **例** RAID1のアレイを作成する

```
mdadm "/dev/md0" do
  devices [ "/dev/sda", "/dev/sdb" ]
  level 1
  action [ :create, :assemble ]
end
```

> **例** RAID5のアレイを作成する

```
mdadm "/dev/sd0" do
  devices [ "/dev/s1", "/dev/s2", "/dev/s3", "/dev/s4" ]
  level 5
  metadata "0.90"
  chunk 32
  action :create
end
```

ohai

Ohaiにノードの情報を再読み込みさせる。クックブック内でシステム情報を変更したあとなどに使う。

対応するアクションとAttribute

対応するアクション
:reload

対応するAttribute
name、plugin、provider

利用例

> **例** Ohaiをリロードする

```
ohai "reload" do
  action :reload
end
```

registry_key

Windowsのレジストリ情報を管理する。

アクション

名前	説明
:create	デフォルト。レジストリキーを作成する
:create_if_missing	レジストリキーが存在していなければ作成する
:delete	指定したキーを削除する
:delete_key	指定したキーとすべてのサブキーを削除する

Attribute

名前	説明
architecture	キーを管理するノードのアーキテクチャ。:x86（32ビットレジストリ）、:x86_64（64ビットレジストリ）、:machine（自動判定）。デフォルトは:machine
key	削除また作成されるレジストリキー。デフォルトはブロックに付けられた名前
recursive	キー作成または削除を再帰的に行うかどうか
values	レジストリキーに対してセットする値のハッシュ。ハッシュには:name、:type、:dataのキーを含む。:typeは:binary、:string、:multi_string、:expand_string、:dword、:dword_big_endian、:qwordのいずれか

利用例

例 レジストリキーを追加する

```
registry_key "HKEY_LOCAL_MACHINE\\SOFTWARE\\Microsoft\\Windows\\CurrentVersion\\Policies\\System" do
  values [{
    :name => "EnableLUA",
    :type => :dword,
    :data => 0
  }]
  action :create
end
```

remote_directory

クックブックのfiles以下からディレクトリを転送する。

対応するアクションとAttribute

対応するアクション
:create、:create_if_missing、:delete

対応するAttribute
cookbook、files_backup、files_group、files_mode、files_owner、inherits、overwrite、path、provider、purge、rights、source

利用例

> **例** クックブック内のディレクトリを配置する

```
remote_directory "/tmp/remote_something" do
  source "something"
  files_backup 10
  files_owner "root"
  files_group "root"
  files_mode 00644
  owner "nobody"
  group "nobody"
  mode 00755
end
```

route

ルーティングテーブルを管理する。

アクション

名前	説明
:add	デフォルト。ルーティングを追加する
:delete	ルーティングを削除する

Attribute

名前	説明
device	ルーティングを適用するネットワークインタフェース
gateway	ルーティングのゲートウェイ
netmask	ネットマスク
target	このルーティングのIPアドレス。デフォルトはこのブロックに付けた名前

利用例

> **例** ルーティングを追加する

```
route "10.0.1.10/32" do
  gateway "10.0.0.20"
  device "eth1"
end
```

B.3
Recipe DSL

attribute?

実行中のノードにAttributeが存在するかを確認する。

> **例** attribute?の利用例

```
if node.attribute?('ipaddress')
  # the node has an ipaddress
end
```

cookbook_name、recipe_name

現在のクックブック名やレシピ名を返す。

> **例** recipe_nameの利用例

```
Chef::Log.info("I am a message from the #{recipe_name} recipe in the #{cookbook_name} cookbook.")
```

data_bag、data_bag_item

Data Bag情報を読み込む。

例 data_bag_itemの利用例
```
# appsという名前のdata_bagにmy_appというエントリがある場合
my_bag = data_bag_item("apps", "my_app")
```

platform?

現在のプラットフォームが指定したプラットフォームかどうかを判定する。

例 platform?の利用例
```
if platform?("redhat", "centos", "fedora")
  # code for only redhat family systems.
end
```

platform_family?

現在のプラットフォームの系統を判定する。

例 platform_family?の利用例
```
if platform_family?("rhel")
  # do RHEL things
end
```

resources

リソースコレクションからリソースを取得する。

例 resourcesの利用例
```
file "/etc/hosts" do
  content "127.0.0.1 localhost.localdomain localhost"
end

f = resources("file[/etc/hosts]")
f.mode 00644
```

search

Chef Server上のデータを検索する。

例 searchの利用例

```
webservers = search(:node, "role:webserver")

template "/tmp/list_of_webservers" do
  source "list_of_webservers.erb"
  variables(:webservers => webservers)
end
```

tag、tagged?、untag

ノードに設定されたタグ情報を利用する。

例 tag、tagged?、untagの利用例

```
tag("machine")

if tagged?("machine")
  Chef::Log.info("Hey I'm #{node[:tags]}")
end

untag("machine")

if not tagged?("machine")
  Chef::Log.info("I has no tagz")
end
```

value_for_platform

実行中のプラットフォームに応じた情報を返却する。

例 value_for_platformの利用例

```
package_name = value_for_platform(
  ["centos", "redhat", "suse", "fedora" ] => {
    "default" => "httpd"
  },
  ["ubuntu", "debian"] => {
    "default" => "apache2"
```

      }
)
```

### value_for_platform_family

実行中のプラットフォーム系統に応じた情報を返却する。

**例** value_for_platform_familyの利用例

```
package = value_for_platform_family(
  ["rhel", "fedora", "suse"] => "httpd-devel",
  "debian" => "apache2-dev"
)
```

B.4
Windows向けDSL

registry_data_exists?

レジストリのデータの有無を判定する。

例 registry_data_exists?の利用例

```
registry_data_exists?(
  KEY_PATH,
  { :name => "NAME", :type => TYPE, :data => VALUE },
  ARCHITECTURE
)
```

registry_get_subkeys

レジストリのサブキーを取得する。

例 registry_get_subkeysの利用例

```
subkey_array = registry_get_subkeys(KEY_PATH, ARCHITECTURE)
```
```

registry_get_values

レジストリのデータを取得する。

> **例** registry_get_values の利用例
>
> ```
> subkey_array = registry_get_values(KEY_PATH, ARCHITECTURE)
> ```

registry_has_subkeys?

レジストリのサブキーの有無を判定する。

> **例** registry_has_subkeys? の利用例
>
> ```
> registry_has_subkeys?(KEY_PATH, ARCHITECTURE)
> ```

registry_key_exists?

レジストリのキーの有無を判定する。

> **例** registry_key_exists? の利用例
>
> ```
> registry_key_exists?(KEY_PATH, ARCHITECTURE)
> ```

registry_value_exists?

レジストリのデータの有無を判定する。

> **例** registry_value_exists? の利用例
>
> ```
> registry_value_exists?(
>   KEY_PATH,
>   { :name => "NAME", :type => TYPE, :data => VALUE },
>   ARCHITECTURE
> )
> ```

B.5
Chef社がメンテナンスするクックブック

下記のクックブックはChef社が管理し、LWRPなどを含んでいる。

- apt
- aws
- bluepill
- chef_handler
- daemontools
- djbdns
- dmg
- dynect
- firewall
- freebsd
- gunicorn
- homebrew
- iis
- maven
- nagios
- pacman
- php
- powershell
- python
- rabbitmq
- riak
- samba
- sudo
- supervisor
- transmission
- users
- webpi
- windows
- yum

索引

数字

37signals 225

A

Active Directory 85
Amazon EC2 .... 124, 129
Amazon Linux 134
AMI 118
Apache 36–37, 138
apache2 99
ApplicationsOnline 240
Applicationクックブック 232
APT 62
Attribute 60, 67–68, 99, 148, 322
　〜の遅延評価 323
　〜の優先度 107
attribute? 354
attributes（ディレクトリ） 88
AWS 118
aws（GitHubアカウント） 226

B

Basecamp 225
bash 73, 194
Bats 193–194
BDD 194
Bento 19, 113, 117, 191
Berksfile 45, 243
Berksfile.lock 95
Berkshelf 31, 94, 138, 207, 242
box 19
Bundler 95, 138
Busser 193

C

Capistrano 8, 52, 109, 338
CentOS 122
CFEngine 8
CHANGELOG.md 88
Chef 9
　〜の実行サイクル 245
Chef Client 10, 109, 294
Chef Server 10, 109, 264
　〜の設定を変更する 272
　〜をセットアップする 267
Chef Solo 10, 12, 16, 112
　〜をインストールする 23
　〜を実行する 26
chef_gem 327
chef_type 103
Cheffile 241
Cheffile.lock 241
chef-server-ctl 275
chef-server-ctl reconfigure 270
chef-server-ctl test 271
chef-solo 319
ChefSpec 305
chef-validator.pem 276, 291
Chefプラグイン 256
Chefリポジトリ 44
Client 265
converge 245
convergence 50
cookbook_file 67, 71, 328
cookbook_name 354
cookbooks 46
creates 74

cron	79, 337
crontab	337

D

Data Bag	84, 355
data_bag(Recipe DSL)	355
data_bag_item	355
data_bags(ディレクトリ)	46
deb	183
Debian系OS	120
default.rb	97
Definition	257
definitions	88
deploy	338
DevOps	4
directory	58, 70, 340
dkms	121
driver_config	192
dstat	27
dummy box	129

E

EC2-Classic	129
EC2-VPC	129
engineyard	226
Enterprise Chef	9
env	341
Environments	105
environments(ディレクトリ)	46
EPEL	97, 121, 141
ERB	41, 68
erl_call	341
Erlang	341
/etc/chef/client.rb	276

/etc/chef-server/chef-server.rb	274
execute	332

F

Fabric	8, 109
FastCGI	147
file	71, 80, 329
files(ディレクトリ)	88
flac	116
Fluentd	55, 183
Foodcritic	230

G

gcc	121
gem	162
gem_package	79
Gemfile	138, 190
Git	44, 240
git(リソース)	78, 342
Git Plugin	204
GitHub	45, 78, 157, 198
.gitignore	44, 96
group	58, 69, 345
Guest Additions	121

H

http_request	80, 348

I

Icinga	307
idempotence	48
ifconfig	72, 347
Infrastructure as Code	6, 45

iptables 151, 178

J

JavaScript 167
Jenkins 201
json_class 103
jsonファイル 133

K

Kickstart 120, 298
kitchen 199
.kitchen.yml 191
knife 25, 189, 278, 310
knife bootstrap 310
knife client 310
knife configure 311
knife cookbook 311
knife cookbook site 311
knife cookbook site install 94
knife cookbook site list 94
knife cookbook site search 93
knife cookbook site show 93
knife data bag 312
knife delete 312
knife deps 312
knife diff 312
knife download 312
knife edit 313
knife environment 313
knife exec 313
knife index rebuild 314
knife list 314
knife node 314
knife raw 315

knife recipe list 315
knife role 315
knife search 316
knife show 316
Knife Solo Data Bag 87
knife solo init 95
knife ssh 296, 316
knife status 317
knife tag 317
knife upload 318
knife user 318
knife.rb 98
knife-ec2 251
knife-esx 251
knife-github-cookbooks 251
knife-google 251
knife-kvm 251
knife-lastrun 251
knife-linode 251
knife-openstack 251
knife-rackspace 251
knife-solo 30, 112, 251
knife-azure 251
knifeプラグイン 250

L

LDAP 85
Librarian-Chef 240
libraries 88
license.lic 126
lightweight provider 259
lightweight resource 259
link 81, 349
Linux 121

| log | 349 |
| LWRP | 259, 359 |

M

MCollective	109
mdadm	350
metadata.rb	89, 209
minitest	193-194
mount	73, 77, 346
Munin	307
MySQL	36, 38, 171
mysqldump	181

N

Nagios	307
nginx	138
Node	265
Node.js	167
nodes	46
Nodeオブジェクト	34, 102
not_if	75, 332
:nothingアクション	322
Notification	64-65, 245, 248
notification（リソース）	324

O

Ohai	60, 77, 301, 320
ohai（リソース）	351
Ohaiプラグイン	254, 257
only_if	75, 332
OPcache	149
Open Source Chef	9
OpenStack	118
Opscode	10, 224
Opscode Community	92
opscode-cookbooks	224

P

package	37, 62, 325
Packer	118
perlbrew	73
PHP	143
PHP 5.5	152
PHP-FPM	143
pivotal-sprout	226
platform?	355
platform_family?	355
PowerShell	335
powershell_script	335
preseed	120
providers	89
Provisioner	112
Puppet	8, 13
PXEブート	300

R

Rack	162
RAIDデバイス	350
Rails	165
rbenv	156
RDBMS	171
README.md	88
recipe_name	354
recipes	89
Red Hat系OS	120
registry_data_exists?	357
registry_get_subkeys	357
registry_get_values	358

registry_has_subkeys?	358
registry_key	352
registry_key_exists?	358
registry_value_exists?	358
Remi	152
remote_directory	353
remote_file	329
resources	89, 355
RiotGames	226
roles	47
route	81, 353
RPM	183
RSpec	195
Ruby	133, 155
Ruby on Rails	165
ruby_block	81, 248, 336
ruby-build	156, 160
RubyGems	79, 183
run_action	247
run_list	35
RVM	203

S

Sahara	115
sandboxモード	115
〜から抜ける	116
〜の状態を確認する	117
script	73, 334
search	356
serverspec	193, 195
service	37, 64, 331
SHA-256	72
site-cookbooks	33, 47
Subscribe	64, 66
subversion	343

T

tag	356
tagged?	356
td-agent	55, 186
TDD	194
template	41, 67, 330
templates（ディレクトリ）	89
Test Kitchen	188, 305
Timer	324
tomahawk	295
Treasure Data	183

U

Unicorn	162
untag	356
user	58, 69, 344

V

Vagrant	17, 101, 112, 188
〜の共有ディレクトリ	40
vagrant box add	19
vagrant destroy	21
vagrant halt	21
vagrant ssh	20
vagrant ssh-config	21
vagrant up	20
Vagrant VMware Fusion Provider	126
VAGRANT_LOG=info	136
vagrant-aws	129
Vagrantbox.es	19, 117
Vagrantfile	20–21, 46, 112

vagrant-omnibus	113, 141
validation.pem	276, 291
validator key	291
value_for_platform	356
value_for_platform_family	357
Veewee	118
VirtualBox	17, 121, 189
VMware Fusion	125

W

| which | 76 |

X

| xargs | 108 |
| XP | 200 |

Y

yum	62, 121
yum-epel	97
yumリポジトリ	141

Z

| Zabbix | 307 |

あ行

アジャイル開発	4
暗号化	86
依存関係	240
ウォーターフォール	3
エクストリームプログラミング	200
エスケープ	222
エラー	218-219
オーケストレーション	109
オープンソース	171

| オムニバスインストーラー | 12, 23 |

か行

開発環境	138
ガード条件	323
環境変数	133
キーペア	131
クックブック	24, 92
〜のアップロード	286
〜の依存関係を管理する	240
〜をインポートする	94
〜を検査する	230
〜を作成する	33
〜を分割する	234
クライアント／サーバ	10
クロスプラットフォーム	28, 73
継続的インテグレーション	200
コミュニティクックブック	45, 92, 141, 224

さ行

サーバの状態	49
シェルスクリプト	7
シムリンク	349
収束	50, 245
条件付きアクション	229
ジョブ	205
シンボリックリンク	81
スタンドアロン	10
スレーブ	173
スワップ	76
セキュリティグループ	129
相対パス	324
属性	55, 82, 84

た行

チェックサム 72
ディレクトリレイアウト
 クックブックの〜 87
 リポジトリの〜 45
テスト 188
テスト駆動開発 194
データベース
 〜のバックアップ 304
デプロイ 51, 232
デプロイツール 8
デーモン 266, 294

な行

内部DSL 13
認証 291
ノード 34
 〜を登録する 287

は行

バイナリログ 174
バージョン管理 44
バージョン管理システム 198
バックアップ 181
 データベースの〜 304
パッケージ管理システム 183
ハードコーディング 229
ハードリンク 81, 349
ヒアドキュメント 74
ファイルシステム 346
プライベートネットワーク 22
振舞駆動開発 194
プロビジョナー 112

ま行

プロビジョニング 142
プロビジョニングツール 18
冪等性 29, 48, 73, 75

ま行

マウント 346
マスタ 173
マネジメントコンソール 130
マルチVM 101, 173–174
マルチプラットフォーム 238

や行

優先度
 Attributeの〜 107
 クックブックパスの〜 98

ら行

ランリスト 35
リソース 50, 54
リポジトリ 24
ルーティングテーブル 81, 353
ループ 227
レジストリ 352, 357–358
レシピ 24
レプリケーション 173
ロール 102
 〜を登録する 289
ロールバック 116

著者紹介

吉羽 龍太郎（よしば りゅうたろう）

第1章、第7章を担当。クラウドコンピューティング、DevOps、インフラ構築自動化、アジャイル開発、テスト自動化を中心としたコンサルティングを生業としている。認定スクラムプロフェッショナル（CSP）／認定スクラムプロダクトオーナー（CSPO）／認定スクラムマスター（CSM）／Microsoft MVP for Visual Studio ALM。

安藤 祐介（あんどう ゆうすけ）

第8章、巻末リファレンス担当。PHPやPaaSなどを活用するソフトウェア開発とその支援に携わる。コミュニティ活動としては子ども向けのプログラミング教室、CoderDojoなどにも参加し幅広く活動中。

伊藤 直也（いとう なおや）

第2章、第3章、第4章を担当。元・㈱はてな執行役員最高技術責任者（CTO）。グリー㈱を経て、2012年よりフリーとなり、2013年からKAIZEN platform Inc.技術顧問。id:naoya。

菅井 祐太朗（すがい ゆうたろう）

第5章、第6章を担当。2010年よりRuby on RailsでのWebアプリケーションをサーバサイドから支えるエンジニアとして活動し、現在はウェブペイ㈱に在籍。北海道を心から愛している。

並河 祐貴（なみかわ ゆうき）

第9章、第10章担当。これまで、数々のオープンソースソフトウェアの検証／導入／運用や、クラウドサービスを利用したサービス構築／運用を実践。現職の㈱サイバーエージェントで大規模にChefを導入した事例は国内でも早い段階から知られ、現在のChef人気の礎を築く。

●カバー・本文デザイン
西岡 裕二
●レイアウト
酒徳 葉子（技術評論社制作業務部）
●本文図版
スタジオ・キャロット
●編集アシスタント
向井 美帆（WEB+DB PRESS編集部）
●編集
池田 大樹（WEB+DB PRESS編集部）

WEB+DB PRESS plusシリーズ
Chef実践入門
――コードによるインフラ構成の自動化

2014年 6月25日 初 版 第1刷発行

著 者	吉羽 龍太郎、安藤 祐介、伊藤 直也、 菅井 祐太朗、並河 祐貴
発行者	片岡 巌
発行所	株式会社技術評論社 東京都新宿区市谷左内町21-13 電話　03-3513-6150　販売促進部 　　　03-3513-6175　雑誌編集部
印刷／製本	日経印刷株式会社

定価はカバーに表示してあります。

本書の一部または全部を著作権法の定める範囲を超え、無断で複写、複製、転載、あるいはファイルに落とすことを禁じます。

©2014 吉羽 龍太郎、安藤 祐介、伊藤 直也、菅井 祐太朗、並河 祐貴

造本には細心の注意を払っておりますが、万一、乱丁（ページの乱れ）や落丁（ページの抜け）がございましたら、小社販売促進部までお送りください。送料小社負担にてお取り替えいたします。

ISBN 978-4-7741-6500-4 C3055
Printed in Japan

本書に関するご質問は記載内容についてのみとさせていただきます。本書の内容以外のご質問には一切応じられませんので、あらかじめご了承ください。

なお、お電話でのご質問は受け付けておりませんので、書面またはFAX、弊社Webサイトのお問い合わせフォームをご利用ください。

〒162-0846
東京都新宿区市谷左内町21-13
株式会社技術評論社
『Chef実践入門』係
FAX 03-3513-6173
URL http://gihyo.jp/
　　（技術評論社Webサイト）

ご質問の際に記載いただいた個人情報は回答以外の目的に使用することはありません。使用後は速やかに個人情報を廃棄します。